Volker Koos

Heinkel

Raketen- und Strahlflugzeuge

Volker Koos

Heinkel

Raketen- und Strahlflugzeuge

AVIATIC VERLAG

ISBN 978-3-925505-82-9

1. Auflage
© AVIATIC VERLAG GmbH, Oberhaching 2008

Gestaltung und Satz:
Ruth Kammermeier, München

Druck und Bindung:
Bosch-Druck, Landshut-Ergolding

Printed in Germany

Inhalt

Die Strahlflugzeuge der Ernst Heinkel Flugzeugwerke

Vorwort

Die Ernst Heinkel Flugzeugwerke Rostock und die spätere Ernst Heinkel AG haben in der kurzen Zeitspanne von nur zehn Jahren von 1935 bis 1945 eine bedeutende Rolle in der Entwicklung des Strahlantriebs und seiner Anwendung im Flugzeugbau gespielt. Auch auf dem Gebiet des raketengetriebenen Flugs nahmen sie eine Pionierrolle ein. Es waren Heinkel-Flugzeuge, die 1939 die weltweit ersten Flüge mit regelbarem Raketenantrieb und mit luftatmendem Strahltriebwerk ausführten. Der kurz danach ausgebrochene Weltkrieg und die Geheimhaltung verhinderten, dass diese technischen Pionierleistungen damals die ihnen zustehende Würdigung und Bekanntheit erlangten. Nach dem Krieg galt das Interesse der Sieger allgemein den letzten von der Luftwaffe noch zum Einsatz gebrachten Strahl- und Raketenflugzeugen und den teilweise futuristischen Projekten, die Ursprünge der Entwicklung waren nur aus bruchstückhaften Beuteberichten ersichtlich. Die umfangreichen Forschungs- und Erprobungsergebnisse verschwanden unter erneuter Geheimhaltung noch einmal jahrelang in den Archiven der Sieger und ihre Auswertung half diesen bei Aufbau und Entwicklung der eigenen Militärmacht. In der Atmosphäre des „Kalten Krieges" galt es, möglichst schnell die neuen Erkenntnisse in das eigene Militärarsenal zu übernehmen. Historische Prioritäten oder die Würdigung der Leistungen des vormaligen Gegners spielten dabei nur eine zweitrangige Rolle oder wurden mehr oder weniger bewusst ignoriert. Die Propaganda gaukelte das Bild von der ideologischen und damit auch technischen Überlegenheit des jeweiligen Systems vor. Im gespaltenen Deutschland war es zehn Jahre verboten, sich mit dem Flugzeugbau zu beschäftigen. Die führenden Ingenieure mussten sich anderen Arbeitsgebieten zuwenden bzw. arbeiteten für Jahre im Dienste der Siegermächte oder anderer Staaten, wo sie teilweise auch blieben. Wenn sich heute zwar die Erkenntnis durchgesetzt hat, dass wesentliche Pionierleistungen auf dem Gebiet des Strahlflugs deutschen Ursprungs sind, so ist es hier im Lande doch immer noch so, dass dies wenig Interesse und Beachtung findet. Es gibt keine ernstzunehmenden Versuche, die immer noch zu großen Teilen in Beutearchiven verborgenen Unterlagen zu finden und aufzuarbeiten oder gar als Kulturgut nach Deutschland zurückzuholen. Das passt wohl in das Selbstverständnis einer Nation, die sich in wochenlanger Mediendiskussion mit der Frage auseinandersetzt, ob man „stolz sein kann, ein Deutscher zu sein". Nachdem vor nunmehr sechzig Jahren der hoffentlich letzte Weltkrieg endete, wäre es an der Zeit, auch in Deutschland die Leistungen der an diesen technikhistorisch weltbedeutenden Erfindungen beteiligten Männer und Frauen zu würdigen. Die Zeit war damals reif für diesen wichtigen zweiten Schritt in der Luftfahrt nach den ersten Motorflügen etwa 30 Jahre vorher. Wo diejenigen lebten, die als erste erfolgreich waren, dafür konnten sie nichts, und ebenso wenig war es ihre Schuld, dass diese Erfindung, wie fast jede der bedeutenden technischen Neuerungen, sofort zuerst für militärische Zwecke eingesetzt wurde, das insbesondere im Krieg und von einem menschenverachtenden politischen System. Wer meint, die damaligen Leistungen abwerten zu müssen, weil sie im nationalsozialistischen Deutschland erreicht wurden, oder weil das damals herrschende System unter den Bedingungen des Krieges auch massenhaft Zwangsarbeiter aus den besetzten Ländern und Häftlinge aus den Konzentrationslagern unter teilweise unmenschlichen Bedingungen zur Produktion dieser damals als Waffen benutzten Strahlflugzeuge einsetzte, sollte nicht die Zeitumstände vergessen. Vielleicht hilft ein Nachdenken über die geringen eigenen heutigen Möglichkeiten zur Verhinderung von Kriegen und Kriegsverbrechen.

Ernst Heinkel (24. Januar 1888 – 30. Januar 1958) hat durch sein Interesse an technischen Neuentwicklungen und die Finanzierung der notwendigen Versuche wesentlich zum Erfolg des weltweit ersten Strahlflugs beigetragen.

Dank

Bedingt durch die damalige Geheimhaltung und die späteren Kriegsereignisse ist es heute nur noch schwer möglich, komplette Originalunterlagen über die hier beschriebenen Entwicklungen zu finden. Im Prinzip sind vor allem nur diejenigen Unterlagen wieder zugänglich, die von den USA erbeutet und entweder in die Bundesrepublik zurückgeführt wurden oder zumindest noch als Mikrofilme in den Vereinigten Staaten beschaffbar sind. In gewissem Maße trifft letzteres auch auf die Dokumente zu, die 1945 nach Großbritannien verbracht wurden. Nur bruchstückhaft sind solche Beutebestände bisher aus der ehemaligen UdSSR und anderen Staaten bekannt. Bei der Erstellung dieses Buches halfen insbesondere das ehemalige Heinkel-Archiv in Stuttgart und Herr Karl-Ernst Heinkel, die Sondersammlungen des Deutschen Museums in München und Dipl.-Ing. W. Heinzerling, Dr. W. Füßl und Frau M. Dierolf, die Deutsche Forschungsanstalt für Luft- und Raumfahrt e.V., Abteilung Bibliotheks- und Informationswesen, Herr Dipl.-Ing. H. Fütterer, das Imperial War Museum Duxford, Herr S. Walton und die Smithsonian Institution in Washington, D.C., die mir den Aufenthalt im dortigen National Air and Space Museum durch ein Short Term Visitors Grant ermöglichte. Es war ein Glück für mich, noch einige der damals Beteiligten oder ihre Familienangehörigen zu treffen, die mir in der einen oder anderen Weise halfen. Mein Dank dafür gilt Frau M. Nicolai (verw. Peter), Frau H. von Ohain, Frau G. Raue, Frau D. Warsitz und den Herren Dr. Max Bentele, Prof. Franz X. Hafer (†), Flugkapitän Kurt Heinrich (†), Dr. B. Irrgang, A. Jensen (†), Prof. Rudolf Kapp (†), Prof. W. Künzel, Dipl.-Ing. Max Mayer (†), H. H. Matthaes, Flugkapitän Friedrich Ritz (†), E. Prisell, F.-R. Strobelt, N. Ulrich. Weitere Hilfe, Fotos und dokumentarisches Material erhielt ich von Freunden und Briefpartnern. Hier möchte ich besonders folgende nennen: M. Boehme, W. Brix, M. Conner, E. Creek, H.-P. Dabrowski, D. Downer-Smith, T. Fabel, J.-C. Fayer, R. Göbel, D. Herwig, Dr. A. Hiller, T. H. Hitchcock, M.A. Maslov, Dr. R. Müller, F. Müller-Romminger, Dr. M. J. Neufeld, K. Peters, P. Petrick, F. Piacenza, E. Prisell, C. Regel, R. Reisinger, H. Schubert, J. R. Smith, W. Sommerfeld, H.-J. Speck, B. Stüwe, M. Szigeti und K. K. Vahrenholt. Einen besonderen Dank schulde ich auch meiner Frau, die meine intensive Beschäftigung mit der Luftfahrtgeschichte toleriert und ermöglicht.

Über jede weitere Unterstützung aus dem Leserkreis in Form von Fotos, Unterlagen, Erinnerungen, Berichtigungen und Ergänzungen würde ich mich freuen.

Hans von Ohain (14. Dezember 1911 – 13. März 1998) und der nach seinen Plänen gefertigte Nachbau seines ersten geflogenen Strahltriebwerks der Welt He S 3 b.

Dr. Volker Koos
Drostenstr. 1
D-18147 Rostock
Telefon: 0381-6861730

Der Beitrag der Heinkel-Werke zum Raketenflug

Die ersten Raketenflugversuche bei Heinkel

Die Vorgeschichte

1935 begann die Zusammenarbeit zwischen dem Technischen Amt im Reichsluftfahrtministerium (RLM) und dem Heereswaffenamt (HWA) auf dem Gebiet des Raketenantriebs für Flugzeuge. Das Heereswaffenamt förderte bereits seit einiger Zeit die Arbeiten Wernher von Brauns zur Entwicklung einer militärischen Fernrakete mit Flüssigtreibstoff. Beim RLM war Major Wolfram Freiherr von Richthofen 1933 Leiter der Entwicklungsabteilung im Technischen Amt geworden. Nachdem ihm durch einen Unfall die bei den Junkers-Werken betriebenen Raketenversuche bekannt geworden waren, informierte er am 6. Februar 1935 die Abteilung Waffen Prüfwesen 1 (Wa. Prw. 1) im HWA darüber.

Dort wollte man sofort Verbindung mit Junkers aufnehmen, um Parallelarbeit zu vermeiden und die Geheimhaltungsfrage zu erörtern. So besichtigten am 13.2.1935 Hauptmann Zanssen und Dr. von Braun von Wa. Prw. 1 die Rückstoß-Abteilung bei den Junkers-Werken in Dessau, wo die Versuche unter der Leitung von Prof. Dr. Mader von Ing. Winkler ausgeführt wurden. Winkler benutzte als Treibstoffkombination verflüssigtes Methan und flüssigen Sauerstoff, wobei die Raketenbrennkammer durch Wasser gekühlt wurde. Ziel der Arbeiten war zunächst ein raketengetriebener Startwagen, der unter dem Sporn überladener Landflugzeuge befestigt werden sollte, weiter sollten abwerfbare Startraketen für Wasserflugzeuge und als Endziel Raketentriebwerke für Flugzeuge entstehen. Das HWA verpflichtete die Beteiligten zur strengsten Geheimhaltung des gesamten Arbeitsgebietes. Im

Der robuste Junkers-Tiefdecker A 50 „Junior" eignete sich durch seine Ganzmetallbauweise gut für die ersten Versuche zum Einbau eines Raketentriebwerks.

Bericht über diesen Besuch stellt Zanssen fest, dass die Entwicklung bei Wa. Prw. 1/I weiter fortgeschritten war, dass aber auch die Versuche bei Junkers fortgeführt werden sollten, um möglichst viele verschiedene Wege zu erproben.

Bei einer Besprechung am 10.5.1935 im RLM schlug Major von Richthofen Hptm. Zanssen eine Zusammenarbeit bei der Entwicklung von Raketenflugzeugen mit der Firma Junkers vor. Man dachte an Raketenabfangjäger, die schnell zur Flughöhe künftiger Höhenbomber aufsteigen konnten. Zanssen schätzte den Stand der Arbeiten der eigenen Abteilung so ein, dass sofort Versuche mit Raketenantrieb für Flugzeuge gemacht werden könnten. Eine Zusammenarbeit mit Junkers wäre nur möglich bei absoluter Geheimhaltung, auch der eigenen Entwicklungen, gegenüber dem Flugzeugwerk.

In einer von Wernher von Braun verfassten Stellungnahme der Abt. Wa.Prw.1 des HWA vom 27.6.1935 über die Entwicklung eines Raketenflugzeugantriebs in Verbindung mit dem RLM wird die Schaffung einer speziellen Raketenversuchsanstalt für diesen Zweck empfohlen und auch bereits dabei eventuell zu klärende Fragen der schallnahen und Überschallgeschwindigkeit werden angesprochen. Das waren die ersten

Ideen, die später zum gemeinsamen Forschungsstandort von Heereswaffenamt und RLM in Peenemünde führten.

Am 27. Juni 1935 fand eine Besprechung zwischen Vertretern des RLM, der Abteilung Wa.Prw. 1 des HWA und Prof. Mader und Dipl.-Ing. Zindel von den Junkers-Werken auf dem Schießplatz Kummersdorf statt. Dabei führte das HWA zuerst erfolgreich ein Raketentriebwerk von 300 kp Schub mit der Brennstoffkombination Spiritus und Flüssigsauerstoff vor. Dann wurde von Major von Richthofen die Schaffung eines Raketen-Abfangjägers mit einer Gipfelhöhe von 12 bis 15 km, die in ca. einer Minute erreicht werden sollte, und einer Gesamtflugdauer von etwa einer halben Stunde als Endziel der Entwicklung bezeichnet. Man einigte sich darauf, zuerst eine kleinere Maschine für die Versuche zu bauen, die im Schleppflug oder ähnlich auf etwa 3000 m Flughöhe gebracht werden sollte, um dort den Raketenantrieb zu erproben.

Heinkel He 112 R und Vorversuche

Am 4.9.1935 besprachen und bestätigten die Herren Wernher von Braun vom HWA und Massenbach vom RLM eine zwei Tage vorher entworfene „Vereinbarung über Zusammenarbeit auf dem

Generalluftzeugmeister Ernst Udet und Firmenchef Hellmuth Walter bei einer Besichtigung der Walter-Werke in Kiel.

Heinrich Hertel (1910-1981)

geboren am 13.11.1901 in Düsseldorf.

1921 Studium Bauwesen und Flugtechnik an den TH München und Berlin.

1926 Diplom an der TH München, Fachrichtung Flugzeugbau.

1926 Bis 1933 Wissenschaftlicher Mitarbeiter bei der DVL in Berlin-Adlershof.

1931 Promotion an der TH Berlin-Charlottenburg.

1933 Ab Oktober Technischer Hauptassistent bei Ernst Heinkel.

1934 Ab März Technischer Direktor der Ernst Heinkel Flugzeugwerke. In dieser Position hat er prägenden Einfluss auf die dortigen Arbeiten auf dem Gebiet des Strahl- und Raketenantriebs für Flugzeuge.

1938 Ernennung zum Honorarprofessor.

1939 Berufung in den Vorstand der Junkers Flugzeug- und Motorenwerke AG in Dessau.

1940 Technischer Direktor und Entwicklungschef bei Junkers.

1945 Nach Kriegsende in Frankreich bei verschiedenen Instituten und Firmen in Entwicklung und Konstruktion tätig.

1955 bis 1970 Ordentlicher Professor an der TU Berlin. Leiter des Instituts für Luftfahrzeugbau.

1959 Wissenschaftlicher Berater bei den VFW.

1982 Heinrich Hertel stirbt am 5. Dezember in Berlin.

Gebiet der Rauchspur zwischen HWA, RLM, Junkers und Heinkel". Damit ist neben Junkers erstmals auch die Firma Heinkel erwähnt. Da die gesamten Arbeiten unter strengster Geheimhaltung erfolgten, waren vorerst von Heinkel-Seite nur der Firmenchef selbst, sein technischer Direktor Hertel, Chefkonstrukteur Schwärzler, die Gebrüder Günter vom Projektbüro und der Leiter der Versuchsabteilung Dr. Matthaes als zugangsberechtigt genannt. In einer Werksbesprechung in Rostock-Marienehe am 16. Oktober stellte Dr. von Braun dann EHF die Daten über Abmessungen und Gewichte der bisherigen Raketenmotoren (Tarnbezeichnung „Ofen") zur Verfügung, deren Schub 300 und 1500 kp

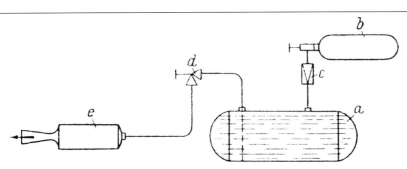

Schematische Darstellung der ersten Walter-Rakete für einen Schub von 130 kg aus dem Jahre 1936.

a Treibstoff-Behälter
b Druckluft-Flasche
c Druckminderer
d Regelventil
e Zersetzer mit Schubdüse

Funktionsschema des ersten in der He 72 D-EPAV erprobten „kalten" Walter-Triebwerks mit 130 kp Schub.

Flugzeugführer und Konstrukteur: Erich Warsitz und Walter Künzel, die durch ihren persönlichen Einsatz viel zum Erfolg der ersten Raketenflugversuche beitrugen.

betrug. Die Treibstoffförderung erfolgte bis dahin durch Inertgas-Überdruck in den Behältern, eine Verbesserung der spezifischen Leistungen wurde durch den Einsatz von Pumpen für die Förderung von Treibstoff und Oxydator erwartet. EHF machte Vorschläge für die nächsten Versuchsaufbauten, wobei auf vorhandene Flugzeugtypen mit kleinen Abänderungen zurückgegriffen werden sollte. Eine Änderung der Triebwerksgröße zur Anpassung an das Flugzeug betrachtete man als einfach. Im Dezember 1935 war bei Heinkel die Projektbearbeitung so weit, dass feststand, ein Triebwerk mit 1000 kp Schub zu benötigen. Noch in der ersten Monatshälfte sollten Ingenieure von EHF für die Versuchsarbeiten in Kummersdorf eintreffen. Heinkels Technischer Direktor Heinrich Hertel hatte den jungen Dipl.-Ing. Walter Künzel als Sachbearbeiter und Verbindungsingenieur zum Leiter dieser kleinen Gruppe ernannt, die über ein Jahr in Kummersdorf zusammen mit Wernher von Braun und seiner Gruppe an der Anpassung des Raketentriebwerks für die Verwendung in einem Flugzeug arbeitete. Die Kosten für Entwurf und Bau des Triebwerks und den Einbau in einen He 112-Rumpf wurden am 14. Dezember 1935 auf 200 000,- Mark veranschlagt.

Leider liegen für den Verlauf der Versuche und Arbeiten im Jahr 1936 fast keinerlei dokumentarische Belege vor, so dass man hier auf die oft Jahrzehnte später aufgezeichneten Erinnerungen von Beteiligten angewiesen ist. In diesem Jahr liefen vor allem weitere Versuche zur Erhöhung der Betriebssicherheit der Raketentriebwerke. Zuerst begann man mit der Bodenerprobung eines von Braun-Triebwerks mit rund 300 kp Schub und Druckgasförderung in einem Sportflugzeug Junkers „Junior", wobei es aber nicht zu Flugversuchen selbst kam. In einer Kostenaufstellung vom 24. Oktober 1935 veranschlagte Dr. von Braun dafür rund 30 000,- Mark. Am 24. April 1936 waren dann mehrere Versuche an diesem Versuchsgerät gelaufen. Im Ergebnis sollte allerdings eine Neukonstruktion des Triebwerks erfolgen, was weitere 20 000,- Mark erforderte. Da es damals Schwierigkeiten mit der Stellung von Monteuren durch die DVL gab und über Flugversuche nichts bekannt wurde, kann angenommen werden, dass diese Versuche nie zu Flügen des Junior mit Raketenschub führten, obwohl sie sich bis August 1936 hinzogen. Anfang Juni war der Einbau des neuen Triebwerks in die Junkers A 50 ci durch die DVL in Kummersdorf erfolgt, doch zeigte sich bald, dass die nun verwendete Brennkammer aus Elektron nicht sicher war. Bei Standläufen fiel manchmal unter dem Brennstoffdruck im Kühlmantel die innere Wandung ein oder die Kammer brannte seitlich durch, so dass Flüge mit diesem Triebwerk nicht zu verantworten waren. Als Abhilfe wollte man Hydronalium für die Brennkammer verwenden. Erst nach dem Eintreffen dieser neuen Öfen waren Standversuche möglich, deren Beginn am 8. Juni noch nicht genauer als in 4 bis 6 Wochen abgeschätzt werden konnte. Ein DVL-Bericht über den „Stand der Arbeiten am Rückstoßgerät Kummersdorf (HWA)" vom 9.8.1936 gibt einige Details. Danach hatten neben einer größeren Reihe von Versuchen auf dem Prüfstand, die der Erprobung des Ofens sowie verschiedener Zündarten dienten, auch 15 Versuche mit der im Versuchsträger eingebauten Anlage stattgefunden. Dabei kam es zu zwei Explosionen, die allerdings den Führer durch Sprengstücke nicht verletzt hätten. Einmal war dabei der Elektron-Ofen völlig in Stücke gerissen worden. Die Rumpfunterseite des Flugzeugs wurde kurz vor dem Aufhängeschild stärker beschädigt. In einem im Juli 1950 verfassten Bericht über die Entwicklung von Raketen mit flüssigen Treibstoffen schreibt Walter Riedel, dass es nie zu einer Flugerprobung des „Junior" mit Raketenantrieb kam, da das HWA nicht gestattete, dass Wernher von Braun sie selbst flog. Hauptprobleme blieben die Kühlung und das Durchbrennen der Triebwerks-Brennkammer. Dabei spielte u. a. die waagerechte Lagerung des Triebwerks eine Rolle und ebenso befürchtete man eine unregelmäßige Verbrennung durch die beim Flug auftretenden Beschleunigungskräfte. Deshalb baute man in Kummersdorf nach einem Vorschlag Heinrich Hertels eine Zentrifuge, in der man ein Triebwerk in einer karussellartigen Vorrichtung montierte, wobei die Treibstoffflaschen und Druckgasbehälter auf der anderen Seite des Zentrifugenarms, der insgesamt etwa 10 bis 12 m lang war, eine Ausgleichsmasse bildeten. Auf die-

sem Schleuderprüfstand konnten Triebwerke auch bei Beschleunigungen auf gekrümmter Bahn untersucht werden.

Ebenfalls 1936 intensivierte sich die Zusammenarbeit des RLM mit der Firma Walter in Kiel, die seit dem Herbst 1935 an der Entwicklung von Rückstoßantrieben auf der Basis von konzentriertem Wasserstoffsuperoxid arbeitete. Ursprünglich von Hellmuth Walter zur Anreicherung von Verbrennungsgasen für U-Boot-Antriebe mit Sauerstoff untersucht, wurde bald auch die Verwendungsmöglichkeit des H_2O_2 als Raketenantrieb erkannt. Konzentriertes Wasserstoffsuperoxid (Tarnbezeichnungen dafür waren z. B. Auxilin, Auxol oder T-Stoff) zerfällt in Anwesenheit eines Katalysators nach der Formel

$$2\,H_2O_2 = 2\,H_2O + O_2.$$

Dabei entsteht eine hohe Zersetzungswärme. Das sauerstoffreiche Wasser-Dampf-Gemisch war verschiedenartig verwendbar. Einmal konnte es zum Antrieb von Turbopumpen dienen, dann war der etwa $500\,^0$ C heiße Dampfstrahl direkt als sogenannter „kalter" Raketenantrieb nutzbar. Drittens entstand bei Verbrennung von zusätzlichen Kohlenwasserstoff-Brennstoffen mit Hilfe des bei der H_2O_2-Zersetzung gebildeten

Diese bekannte Darstellung des Raketenversuchsflugzeugs He 112 V-4 ist nicht echt und wurde aus einer normalen Seitenansicht umgezeichnet.

Durch die abgenommene Verkleidung wird der bei Heinkel erfolgte Einbau des Walter-Triebwerks R 202 im Focke-Wulf „Stößer" (W.Nr. 822) sichtbar.

freien Sauerstoffs das sogenannte „heiße" Walter-Triebwerk, dessen Verbrennungsgase Temperaturen bis zu 2000 ^{0} C erreichen konnten. Mit der Unterstützung der Arbeiten auf diesem Gebiet löste sich das RLM allmählich aus der Abhängigkeit vom Heer auf dem Raketenantriebssektor.

Im Sommer 1936 fanden Vorführungen beider Raketenmotoren statt, an denen als Vertreter der Heinkel-Werke jeweils Walter Künzel teilnahm, der bei Heinkel im Auftrag von Prof. Hertel die Arbeiten am Raketenprojekt leitete. Am 9. Juni wurde ein Braun-Triebwerk mit 300 kp Schub und Wasserkühlung der Düse in Kummersdorf vorgeführt, wobei sich als Schlussfolgerung ergab, dass wegen ungleichmäßiger Verbrennung Änderungen an der Düse nötig waren. Am Ende des Monats erfolgte die Vorführung von zwei „kalten" Walter-Triebwerken mit 1000 bzw. 200 kp Schub in Kiel. Auch hier verlief der Prozess der Zersetzung noch teilweise unvollkommen. Die zur gleichen Zeit bei Walter in Entwicklung befindliche Dampferzeugungsanlage für den Antrieb einer von der Firma Odesse in Oschersleben gebauten Turbinenpumpe für die Raketen-

treibstoffe war ebenfalls in der ersten Erprobungsphase.

Die Versuche zur Vervollkommnung beider Raketensysteme für den Einsatz in Flugzeugen dauerten praktisch das ganze Jahr 1936 an. Etwa gegen Ende 1936 erfolgten dann wahrscheinlich die ersten Einbauversuche des Braun-Triebwerks in einen Bruchrumpf der He 112 in Kummersdorf, wo unter Leitung von Künzel das Versuchskommando der Heinkel-Werke arbeitete.

Nach den grundlegenden Einbau- und Brennversuchen der Raketentriebwerke in He 112-Bruchrümpfen in Kummersdorf liefen die Vorbereitungen zum Einbau in komplette He 112-Jäger, um die neue Antriebsart auch im Flug zu erproben. Bei den Heinkel-Werken waren dafür zwei Versuchsmuster der He 112 in Vorbereitung. Während die He 112 V-4 (Werknummer 1974, Kennzeichen D-IPMY) für das Braun-Triebwerk vorgesehen war, sollte die He 112 V-3 (W.Nr. 1292, D-IDMO) ein Walter-Triebwerk erhalten. Die V-3 war am 1.4.1936 vom Heinkel-Chefpiloten Gerhard Nitschke eingeflogen worden. Sie war nach der Werkserprobung bis Ende August 1938 in Travemünde in Erprobung und nach einer Fahrwerksreparatur von Dezember 1936 bis Anfang Januar 1937 kurz beim Versuchskommando VK/88 der Legion Condor in Spanien geflogen, bevor sie nach der Rückkehr bei Heinkel für die neue Aufgabe umgerüstet wurde. Das Heinkel-Angebot Nr. 4081 „zum Bau der Versuchszelle He 112 V-4 in Einzelfertigung mit vorgesetztem Motor" stammte vom 11.12.1935 und der offizielle Lieferauftrag datiert vom 23.4.1936. Die He 112 V-4 hatte ihren Erstflug mit Heinkel-Einflieger Kurt Heinrich am 23.6.1936 und ist wahrscheinlich gleich nach der Werkserprobung an die Sonderentwicklung übergeben worden. Am 27. Januar 1937 erklärte Dipl.-Ing. Künzel in einer Besprechung mit RLM-Vertretern, dass nun die Klärung der Pilotenfrage für die He 112-Raketenversuche dringlich würde. Damit ist klar, dass die Standversuche mit dem Raketenmotor eine ausreichende Verlässlichkeit erreicht hatten, so dass an die Flugerprobung zu denken war. Im Aktenvermerk über die Monatsbesprechung zur R-Entwicklung vom 18. Februar 1937 ist dann auch verzeichnet, dass die Versuche mit dem He 112-Bruchrumpf nach 20 Versuchen nunmehr ohne Rückschläge liefen. Die ersten Brennversuche in der He 112 V-4

sollten nach einer Schwingungserprobung der Maschine auf dem Rüttelstand in der folgenden Woche anlaufen. Die Flüge waren dann zuerst mit gefüllten Tanks, aber ohne Raketenschub geplant. Die gesamte Triebwerksanlage war durch die Pumpenförderung vereinfacht, allerdings arbeitete der dafür benötigte Walter-Dampferzeuger noch stoßhaft.

In diesem Zeitraum, also Herbst 1936/Anfang 1937, fanden auch die ersten Flugversuche mit einem einfachen kalten Walter-Antrieb in einer Heinkel He 72 „Kadett" (Kennzeichen: D-EPAV) statt. Bei diesen Flügen auf dem abgelegenen Feldflugplatz Ahlimbsmühle hatte das Triebwerk einen Schub von 100 bis 130 kp, maximal 150 kp über 45 Sekunden bei einem spezifischen T-Stoff-Verbrauch von 9 $g.kp^{-1}.s^{-1}$, und arbeitete mit Pressluftförderung und festem Katalysator (Natrium-Permanganat in Pastenform). Der interne Bericht über diese Flugversuche stammte vom 6. Februar 1937, d. h. die Flüge fanden vor diesem Datum statt. Eine Nachkriegsquelle nennt als Erstflugmonat den August 1936 und als Flugzeugführer Ernst-W. Pleines von der DVL. Die Verwendung des pastenförmigen Katalysators erwies sich als wenig befriedi-

Beim Standlauf des „kalten" Walter-Raketenmotors in Neuhardenberg tritt der dafür typische Heißdampfstrahl aus. Im Hintergrund steht die He 112 V-4 D-IPMY.

gend. Es existieren aber auch einige weitere Dokumente, die auf eine Fortsetzung der Erprobung der He 72, allerdings mit einem Triebwerk auf Alkohol-Sauerstoff-Basis, hinweisen. Am 22. Februar 1937 sandte das Heereswaffenamt-Prüfwesen D die für Einbauarbeiten in die He 72 erforderlichen Zeichnungen an die DVL-Flugabteilung und das RLM, LC II 2, entwarf Anfang März einen Terminplan für die Raketen-Flugversuche, in dem unter He 72 der Einbau des Triebwerks R 102 bis Anfang April, die anschließende Abnahme, Überführung und Standversuche bis Anfang Mai und die Flugerprobung etwa ab dem zweiten Monatsdrittel Mai angesetzt waren. Diese Flüge sollten dann aber auf dem Flugplatz Neuhardenberg durchgeführt werden. Es sind bisher allerdings keine weiteren dokumentarischen oder fotografischen Beweise für Flüge der He 72 mit Raketenantrieb bekannt geworden. Die Archivalien der DVL sind als sowjetische Beute noch nicht freigegeben. Neben der Involvierung der Abteilung Prw. D gibt auch die Triebwerksbezeichnung R 102 einen entscheidenden Hinweis auf die Art des Triebwerks und dessen Hersteller, wenn dies auch erst aus späteren Dokumenten ersichtlich ist. Während in der Literatur bisher

meist mit den erst später im Krieg eingeführten Triebwerksbezeichnungen operiert wird, hat es im hier betrachteten Vorkriegszeitraum ein gänzlich anderes Bezeichnungssystem für die Strahlantriebe gegeben. Gerade bei den Raketenmotoren beispielsweise der He 176 haben sich durch die Unkenntnis dieser Tatsache einige Fehler in der Literatur eingenistet, die zwar immer wieder kopiert werden, aber falsch sind.

R 102 wird am 15. September 1938 als Triebwerk der Versuchsstelle Peenemünde-Ost genannt, das sich in Entwicklung für die He 176 befand. Damals wurde diese Bezeichnung in R II 102 geändert. Etwa ein Jahr später (16.11.1939) wird dies noch einmal bestätigt und das R II 102 als Raketentriebwerk des HWA für He 176 mit Alkohol/Sauerstoff erwähnt, dessen Auslieferungstermin bzw. Einführungsreife für den 1.1.1940 geplant war.

Die Vorbereitungen für die Erprobung der He 112 V-4 mit dem Braunschen Triebwerk liefen indessen weiter. Im März 1937 war als Flugzeugführer Erich Warsitz von der Erprobungsstelle Rechlin ausgewählt, der an den Versuchen mit der bereits geprüften und probegebrannten Maschine teilnahm. Der Umbau der He 112 V-4 sollte laut einem

Szene vom Erprobungs-flugplatz Neuhardenberg im Sommer 1937. Erkennbar sind die Fw 56 mit dem im Rumpf montierten Raketentriebwerk und die provisorischen auf dem Platz für die Dauer der Versuche benutzten Zelte, Wohnwagen und der mobile Montagekran.

Vorbereitungen für einen Versuchslauf des Walter-Triebwerks in der Heinkel He 112 V-3.

Aktenvermerk vom 1. März Mitte des Monats fertig sein. In der ersten Aprilhälfte waren der Zusammenbau, Schüttel- und Standversuche geplant, wonach in der zweiten Monatshälfte die Flugerprobung beginnen sollte.

In einem Schreiben vom 12.4.1937 werden diese Termine vom RLM, LC II 2 f, präzisiert. Danach sollten zwei Tage später zur sogenannten „Einsatzübung Neuhardenberg" von Kummersdorf, Versuchsstelle West, die He 112, Geräte- und Tankwagen für Sauerstoff und Alkohol, ein Ankergerüst für den „Kadett" und fünf Ersatztriebwerke R 101 für die He 112 und drei für die He 72 mit 300 kp Schub per Lastwagen abgesandt werden. Der „Kadett" sollte ebenfalls am 14.4.1937 nach Neuhardenberg überflogen werden und dort im Zelt für Probebrennen und Versuche verankert werden. Sein erster Flug war für den 17.4. geplant, der Flugklartermin für die He 112 sollte nach Montage und Schüttelerprobung am 20.4.1937 sein. Zur weiteren Tarnung war Zivilkleidung befohlen, die Postanschrift lautete: Platzlandwirt Kummer, Sportplatz Neuhardenberg.

Der Ablauf der eigentlichen Versuche in Neuhardenberg ist bisher leider nur spärlich dokumentiert.

Einen wichtigen Teil der 1937 in Neuhardenberg durchgeführten Flugversuche stellte die Erprobung von Starthilfsraketen dar, deren Entwicklung zwischenzeitlich bei den Walter-Werken Kiel angelaufen war. Zuerst erprobte man die Verwendung von zwei Walter-Geräten R I 201, die für 30 Sekunden je 300 kp Schub abgaben, an einer Heinkel He 111. Nach Brennschluss klinkten die Geräte aus und landeten am Fallschirm, so dass sie nach erneuter Betankung wieder einsatzfähig waren. Flugzeugführer war bei all diesen Flügen Erich Warsitz. Während die Entwicklung des Antriebs bei Walter erfolgte, wurden die Entwicklung der Zelle, des Schalt- und Abwurfmechanismus und die gesamte Erprobung von Heinkel durchgeführt. Die Weiterentwicklung dieser Starthilfsraketen führte zu Schüben von 500 bis 1500 kp, wobei das „kalte" und das „heiße" Verfahren angewendet wurden. In Neuhardenberg wurden im September 1937 bereits Startversu-

Vom Boden aus wird 1937 ein Raketenversuchsflug in Neuhardenberg aufmerksam beobachtet.

che mit bis zu 12 Tonnen Abfluggewicht geflogen. Dabei stellte auch die Landung hohe fliegerische Anforderungen an Warsitz, da die Hauptlast aus zehn Tonnen Sandsäcken bestand und nur die ebenfalls mitgeführten zwei Tonnen Zementbomben vor der Landung abgeworfen werden konnten. Das Gesamterprobungsprogramm umfasste weit mehr als 100 Starts. Auf der Grundlage der Neuhardenberger Versuche entstanden bei den Walter-Werken drei verschiedene Starthilfsraketen, die sich im Einsatz tausendfach bewährten. Das Gerät R I 202 oder HWK 109-500 arbeitete nach dem „kalten" Verfahren und lieferte einen Schub von 500 kp über 30 Sekunden. Nur durch die Brennkammer unterschieden sich die „heißen" Starthilfen R I 203 (HWK 109-501) und R I 210 (HWK 109-502). Das erste erzeugte 1000 kp Schub für 42 Sekunden, das zweite 1500 kp für 30 Sekunden.

Das damalige Triebwerk der He 112 V-4 arbeitete mit Druckförderung der Treibstoffe, seine Versions-Bezeichnung war R 101a.

Am 3. Juni 1937 schaltete Erich Warsitz erstmals im Flug das Raketentriebwerk der He 112 V-4 ein. Vorher waren am Boden 25 Zündversuche mit der Zündanlage und drei Standläufe mit 50 % des Maximalschubs erfolgreich verlaufen. Vor dem Start fanden am Boden bei laufendem Kolbenmotor noch drei Zündversuche der Rakete erfolgreich statt. Die Maschine hob bei einem Startgewicht von 2150 kg mit vollen Benzinbehältern, 50 kg Alkohol und 15 kg Sauerstoff in den Tanks um 16.47 Uhr ab. In 800 m Höhe betätigte Warsitz die Zündanlage, konnte die Zündflamme nach seinen Anzeigeinstrumenten anschließend aber nicht wieder löschen. Um ein Durchbrennen des Raketenofens zu vermeiden, musste er anschließend das Zusatz-Triebwerk starten, um die Brennkammer zu kühlen und den getankten Alkohol zu verbrennen. Nach 10 Sekunden Brenndauer gelang es Warsitz, den Raketenmotor abzuschalten. Da aber weiterhin Brandgeruch in die Kabine strömte und am Heck ein Flimmern auf einen Brand hindeutete, landete er die Maschine wegen der nur noch 100 m betragenden Flughöhe auf dem Bauch. Die anschließende Untersuchung des Flugzeugs ergab, dass die beim Standversuch lang lohende Zündflamme und Spiritusreste durch den Unterdruck im Flug in das Rumpfheck gezogen worden waren und dort für einen Brand gesorgt hatten. Es wurden Maßnahmen, wie Abdichtung des Düsenrandes am Rumpf, Einbau einer Brandschotts, Herstellen eines Überdrucks im Rumpfheck u.a. beschlossen und die Maschine zur Reparatur an EHF gesandt. Erich Warsitz sollte aber die He 112 V-4 mit dem Braun-Triebwerk nie mehr fliegen.

Da man in der Zwischenzeit auch mit den Bauten in der neuen Raketen-Versuchsanstalt in Peenemünde an der Ostsee gut vorankam, wurde in der letzten Juniwoche entschieden, den Bruchrumpf der He 112, der in Kummersdorf für die Einbau- und Standversuche mit den Raketenmotoren diente, sobald wie möglich nach Peenemünde zu überführen, um so den Schuppen C am Prüfstand IV in Kummersdorf für andere Zwecke frei zu bekommen. In der Folge kam es aber zu Verzögerungen, die Verschiebungen nach sich zogen.

Bisher nicht ausreichend dokumentiert sind die parallel laufenden Arbeiten des RLM an den mit Walter-Triebwerken ausgerüsteten Versuchsträgern. Auch dabei waren natürlich eine Reihe von Vorversuchen und Detailuntersuchungen nötig, doch verliefen diese Arbeiten insgesamt zügiger und mit weniger Verzögerungen ab.

Ein verbessertes „kalt" arbeitendes Triebwerk Walter R 202 mit einem Maximalschub von 300 kp, der durch Auswechseln der Düsen auf 100 bzw. 200 kp bei entsprechend größerer Brenndauer reduziert werden konnte, wurde bei Heinkel in den Rumpf einer Fw 56 „Stößer" (Kennzeichen: D-INYJ, Werknummer: 822) eingebaut. Der pastenförmige Katalysator wurde durch eine eingespritzte flüssige Permanganat-Lösung (Z-Stoff) ersetzt, die ebenso, wie der T-Stoff durch Druckluft im Verhältnis 1:20 eingespritzt wurde. Die Versuchsflüge damit führte der DVL-Pilot W. Ahlborn im Sommer 1937 in Neuhardenberg aus. Die Gesamtmasse des Raketenmotors mit allen Leitungen, Ventilen und Halterungen betrug 53,7 kg. Zum Ausgleich der Schwerpunktverschiebung durch den gefüllten 80-Liter-Auxol-Behälter hinter dem Führersitz war eine Ausgleichsmasse von 90 kg am Motorträger nötig. Da bei 300 kp Schub durch den schnellen Auxolverbrauch innerhalb von nur 27 Sekunden die dabei auftretende Längsmomentänderung eine Messung bei konstanten Bedingungen nicht zuließ, wurden die 30 Messflüge bei

Je eine Walter-Starthilfsrakete war unter den Flächen der Heinkel He 111 montiert.

Start der He 111 mit Zusatzraketenschub.

200 kp Schub durchgeführt, wobei durch die Brenndauer von fast 40 Sekunden eine Messzeit von 10 Sekunden möglich war. Untersucht wurde der Einfluss des Raketenschubs beim stationären Vollgas-Geradeaus-Steigflug, beim stationären Kurvenflug und bei Startmessungen. Für 300 kp Schub war eine maximale Brenndauer von 30 Sekunden bei einem spezifischen Verbrauch von 10 $g.kp^{-1}.s^{-1}$ berechnet worden. Die zu einer selbständigen Einheit zusammengefassten Komponenten dieses Triebwerks ergaben das zuerst von Erich Warsitz unter einer He 111 erprobte abwerfbare Starthilfstriebwerk mit der Werksbezeichnung R I 201. Die Einsatzerprobung dieses Musters erfolgte parallel zu den Experimenten mit der Fw 56 in Neuhardenberg.

Offizielle Flugberichte über die Erprobung der He 112 V-3, die mit einem „kalten" Walter-Triebwerk des Typs R II 201a ausgerüstet war, sind bisher nicht aufgetaucht. Dadurch ist zu diesen Versuchen nur wenig bekannt. Die Neuerung bestand in der Schubregelung durch den Einsatz einer dampfgetriebenen Turbinenpumpe TP 1 zur T-Stoff-Einspritzung. Diese war von der Firma Klein, Schantzlin und Becker gebaut worden. Der Dampfgenerator bestand aus einem Reaktionsgefäß, in das T-Stoff und Z-Stoff mit Druckluft eingespritzt wurden. Die Z-Stoff-Einspritzung in die Brennkammer erfolgte ebenfalls durch Pressluft, während die T-Stoff-Förderung mit der Pumpe erfolgte. Im März 1937 ist die Maschine in einer EHF-

Aufstellung über die He 112 als „abgeliefert", mit handschriftlicher Ergänzung „Künzel" enthalten. Im Juni ist dann „Sonderraum Künzel" vermerkt. Die ersten sechs Flugversuche der He 112 V-3 fanden vom 13. November bis 3. Dezember 1937 in Neuhardenberg statt. In einer Besprechung bei Heinkel am 18.12.1937 werden mehrfach die Erfahrungen mit speziellen Ventilen bei diesen Flugversuchen mit der V-3 erwähnt, die bei der He 176 V-2 mit Braun-Triebwerk ebenfalls verwendet werden sollten. Die nächste kurze Erwähnung der He 112 V-3 stammt vom November 1938, als sie sich in Peenemünde-West befand. Bei diesen Flügen im Herbst 1938 besaß das Walter-Triebwerk ein automatisches Startsystem für die Turbinenpumpe. Den T-Stoff für den Starter und für den Dampferzeuger entnahm man dabei aus der Hauptpumpenversorgung und nicht wie vorher aus einem separaten Tank. Mit diesem Triebwerk erfolgten die ersten Starts der He 112 mit abgeschaltetem Kolbenmotor. Dies waren die ersten Flüge eines nur von Flüssigkeitsraketen getriebenen Flugzeugs in der Welt. Ein Aktenvermerk vom 3.12.1938 besagt, „dass die von Seiten des Flugzeugbauers an der He 112 zu klärenden Fragen durch Versuchsflüge mit der V-3 bereits erledigt werden konnten". Insgesamt hatte Warsitz in der Zeit vom 6. Juli bis 2. November 1938 in Peenemünde 28 Versuchsflüge auf der He 112 V-3 absolviert, wobei sechs Starts nur mit Raketenschub, also abgeschaltetem Kolbenmotor, erfolgten. Der maximale Schub von 1000 kp konnte für 30 Sekunden erzeugt werden, wobei der spezifische Kraftstoffverbrauch 9 $g.kp^{-1}.s^{-1}$ betrug. Die vorgesehene Flugerprobung der V-4 war deshalb auf die Erprobung des Raketenmotors als Vorstudie für die He 176 V-2 beschränkbar. Damit wird bestätigt, dass die He 112 V-3 bis Ende 1938 erfolgreich ein komplettes Versuchsprogramm mit Raketenschub absolviert hatte. So ordnete der Generalluftzeugmeister am 16. November 1939 auch die Einstellung sämtlicher Arbei-

Der Beitrag der Heinkel-Werke zum Raketenflug

ten am „Walter-Raketentriebwerk R II 201a für die He 112 mit 1000 kp Schub" an. Über den weiteren Verbleib der Maschine ist bisher nichts bekannt. Der Mangel an Dokumenten über die Zusammenarbeit der Walter-Werke in Kiel mit dem RLM bei der Entwicklung des Raketenantriebs für Flugzeuge liegt wohl auch daran, dass diese Unterlagen, soweit sie sich bei Kriegsende in Kiel befanden, als Beute nach England gingen und von dort noch nicht wieder an deutsche Archive oder Museen zurückgegeben wurden.

Deshalb können die Flüge der He 112 V-3 mit dem Walter R II 201a-Triebwerk bisher fast nur mit Hilfe der Erinnerungen der damals Beteiligten beschrieben werden. Dabei scheinen die von Walter Künzel am genauesten zu sein, während der Pilot Erich Warsitz insbesondere bei Zeitangaben nicht sicher zu sein scheint. Walter Künzel schreibt, „obwohl wir damals einige Monate später mit den Arbeiten für die He 112 mit Walter-Antrieb begannen, kam dieses Flugzeug als erstes zum Fliegen". Weiter erinnert er sich an die Erprobung der He 112 V-3: „Die Erpro-

Die Funktion der Versuchsraketen wurde aus der Bodenwanne der He 111 gefilmt.

Im September 1937 wurden bereits Starts mit bis zu 12 Tonnen Startgewicht mit Raketenhilfe in Neuhardenberg erprobt. Die Beladung bestand aus Sandsäcken und Zementbomben. Ganz rechts Walter Künzel und Erich Warsitz.

bung der He 112 begann als erstes mit eingebauter Triebwerksanlage und vollem Fluggewicht. Hierbei wurden starke Bahnneigungsflüge zur Untersuchung des Verhaltens der Maschine bei hohen Geschwindigkeiten bis zu 700 km/h durchgeführt. Obwohl eine Reihe von Verstärkungen vorgenommen waren, gab es bei einem dieser Versuchsflüge doch bereits solche Deformationen, dass die rechte Fahrwerksklappe so stark verklemmt war, dass das Fahrwerk trotz langer Bemühungen von Herrn

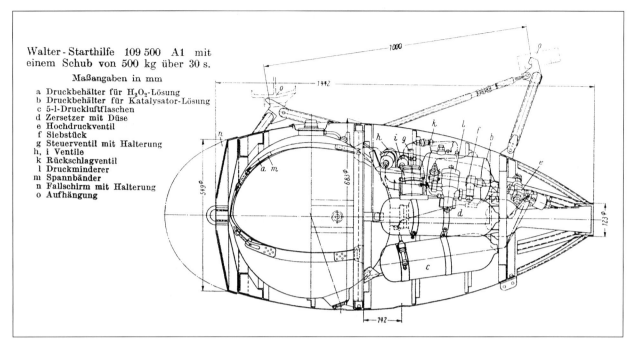

Walter - Starthilfe 109 500 A1 mit
einem Schub von 500 kg über 30 s.

Maßangaben in mm

a Druckbehälter für H$_2$O$_2$-Lösung
b Druckbehälter für Katalysator-Lösung
c 5-l-Druckluftflaschen
d Zersetzer mit Düse
e Hochdruckventil
f Siebstück
g Steuerventil mit Halterung
h, i Ventile
k Rückschlagventil
l Druckminderer
m Spannbänder
n Fallschirm mit Halterung
o Aufhängung

Aufbau des „kalten"
Starthilfsraketentriebwerks
Walter 109-500 A1, das 30
Sekunden einen Schub von
500 kp abgab.

Warsitz nicht mehr ausgefahren werden konnte. Die Folge war eine Bauchlandung, die aber sonst gut verlief. Nach Durchführung einiger Verstärkungen kam es dann zum ersten Flug. Herr Warsitz startete mit dem normalen Motor und schaltete dann das Raketentriebwerk in 2000 m Höhe ein. Dieser erste Flug war ein voller Erfolg und eine Vielzahl von bisher aufgeworfenen Bedenken konnte schlagartig zerstreut bzw. widerlegt werden.

Unseren tastenden Forschungsarbeiten lag aber damals schon eine klare Vorstellung für eine Verwendung in der Militärtechnik zu Grunde. Sie wissen, dass im Jahre 1936 und 1937 noch nicht im entferntesten an leichte schubstarke TL-Triebwerke zu denken war. Dagegen stand aber die Aufgabe, sehr schnell steigende Jäger zu entwickeln. Das zusätzlich in einem Jäger eingebaute Raketentriebwerk sollte als Steighilfe diese Aufgabe lösen. Ein umfangreiches Flugprogramm, welches erst in Neuhardenberg und später auf dem Peenemünder Flugplatz durchgeführt wurde, hatte zum Ergebnis, dass diese Aufgabe in der von uns vorgesehenen Form zu lösen war.

Entsprechend dem Versuchsprogramm wurde anfangs das Raketentriebwerk erst in der Luft bei laufendem

Motor eingeschaltet. Später folgten Flüge, bei denen der normale Motor stillgelegt, die Luftschraube auf Segelstellung gestellt und dann nur mit dem Raketentriebwerk als Antrieb allein geflogen wurde. Weit schwieriger gestalteten sich dann die Flüge, bei denen mit stehender Luftschraube nur mit dem Raketentriebwerk allein vom Boden gestartet wurde. Da bei diesem Startvorgang die Ruderdrücke fehlten, da diese ja nicht durch die Luftschraube beaufschlagt wurden, brach die Maschine trotz genauester Einstellung der Triebwerksachse laufend aus. Das Richtungshalten mit den Bremsen gelang nur teilweise und kostete sehr viel Energie.

Erst die Anwendung eines Strahlruders brachte uns über diese Schwierigkeit hinweg. Das Strahlruder war in der Mitte der Düse angebracht und wurde nur bei vollen Ruderausschlägen wirksam."

Es ist also die He 112 V-3 sehr erfolgreich von November 1937 bis November 1938 geflogen und mit ihr konnten die zahlreichen bisher unbekannten und teilweise auch unerwarteten Grundprobleme des Raketenflugs gelöst werden. In der bisherigen Literaturdarstellung werden die Raketenflüge meist einseitig auf die Erprobung des gefährlicheren

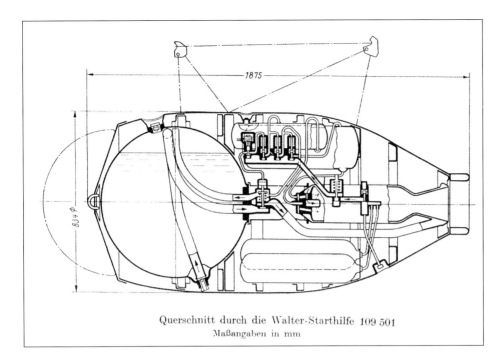

Querschnitt durch die Walter-Starthilfe 109 501
Maßangaben in mm

Braun-Triebwerks bezogen und entsprechend dramatisch dargestellt, obwohl dessen Erprobung lange Zeit nur auf dem Boden stattfand, da die Zuverlässigkeit des gesamten Triebwerkssystems viel schwerer zu erreichen war.

Die Reparatur der in Neuhardenberg notgelandeten He 112 V-4 sollte bei EHF bis 15. Juli 1937 beendet sein. Es folgte ein Briefwechsel über die bis dahin durchzuführende Änderungen am Raketenmotor. Ein kurzzeitiges Problem bestand darin, dass das Heereswaffenamt auch den Einbau des Triebwerks in Peenemünde ausführen wollte, da man fürchtete, Heinkel könnte ansonsten die dabei gewonnenen Erkenntnisse über das Triebwerk firmenintern ausnutzen. Erst am 13. Juli lag die Genehmigung des Chefs der Abteilung Prüfwesen beim HWA vor, den Raketenmotor zum Einbau von Peenemünde nach Rostock zu senden.

Anscheinend wurde dann aber die Triebwerksanlage mit Druckförderung als zu unzuverlässig eingeschätzt, so dass man das Triebwerk vor neuen Flugversuchen auf Pumpenförderung umstellen wollte, woraus erneut langwierige Erprobungen und Bodenversuche resultierten. Im Oktober 1937 war be-

schlossen, den He 112-Bruchrumpf für die Pumpenversuche herzurichten. In einer Besprechung am 13. Dezember 1937 legte man fest, dass EHF den Bruchrumpf mit den neuen Tankeinbauten in der ersten Januarwoche 1938 an Peenemünde-Ost liefert. Die He 112 V-4 sollte bei Heinkel mit dem neuen Triebwerk R 101 b ausgerüstet werden und am 15.3.1938 für Standversuche in Peenemünde-Ost zur Verfügung stehen. Als neuer Flugklartermin war der 15. Mai 1938 angesetzt. Im Januar 1938 meldete sich Heinkels Technischer Direktor Hertel bei Wernher von Braun und teilte mit, dass die Arbeiten an der Maschine im vollen Gange seien. Da auch die gesamte elektrische Anlage grundüberholt wurde, benötigte er ein Schaltschema der Zündanlage und Angaben zum Einbauort der Zündspule. Im April 1938 erfolgten erneute Versuche mit der He 112 in Peenemünde, wobei es sich aber nur um Standversuche gehandelt haben kann. Die Arbeiten am Triebwerk R 101b mit Pumpenförderung waren schwieriger als erwartet. Erst Ende April 1938 wurde erneut ein Triebwerk an EHF zum Einbau in die He 112 V-4 geliefert. Gleichzeitig ergaben sich ständig weitere Änderungen aus den Ergebnissen der Versuche am Versuchsrumpf in Peene-

Eine weitere Fotosequenz vom Start einer Heinkel 111 mit Walter-Starthilfsraketen. Die He 111 H-1, KC+NX, gehörte zur E-Stelle Peenemünde-West.

münde, der erst ab Februar 1938 mit der vollständigen Anlage ausgerüstet werden konnte. Probleme bereiteten die eingesetzten Ventile, die Regelung der Turbinenpumpe im unteren Drehzahlbereich, Unregelmäßigkeiten in der O_2-Förderung durch Gasbildung wegen mangelnder Vorkühlung des Behälter- und Leitungssystems und andere. Es wurden neue, pneumatisch betätigte, Ventile entwickelt und eingebaut, ebenso eine Sauerstoffbetankung mit Vorkühlung und veränderte Regelschaltungen. In Prüfstandsversuchen testete man eine elektrische Glühzündung. In der zweiten Augustwoche 1938 wurde dann mit dem Einbau des Raketenmotors in die He 112 V-4 begonnen. Anfang November war die Maschine in Peenemünde eingetroffen und wurde dort für die Prüfstandläufe vorbereitet, die Ende der zweiten Novemberwoche beginnen sollten.

In der Zwischenzeit war im September das Triebwerk mit Pumpenförderung von R 101b in R II 101a umbenannt worden, das vorherige mit Druckförderung hieß nun R II 101, anstelle von R 101a. Ende November 1938 waren die Standversuche mit dem R II 101a am Bruchrumpf der He 112 noch nicht beendet und ebenso der Einbau in die He 112 V-4. Die angestrebte Glühzündung war fallengelassen und durch pyrotechnische Zündung ersetzt worden, wofür mehre Zündsätze am Triebwerk vorhanden waren, die beim Wiederanfahren jeweils von Flugzeugführer eingeschaltet werden mussten.

Erst im Mai 1939 wurde das jetzt als R II 101b bezeichnete Triebwerk als in der He 112 V-4 abnahmefähig gemeldet. Nach den Ausführungen von Wernher von Braun entsprach dieses Triebwerk nicht vollkommen dem neuesten Entwicklungsstand, sollte aber nicht mehr geändert werden, da damit ein erneuter vollständiger Aufbau verbunden gewesen wäre. Als Sachbearbeiter und Flugzeugführer war nun Flugbaumeister Dipl.-Ing. Gerhard Reins für die Maschine eingesetzt. Vor der Übergabe sollten

noch die Abnahmeversuche durch den Sachbearbeiter von Peenemünde West durchgeführt werden. Diese beinhalteten vier Läufe mit Vollschub, drei mit Regelung zwischen höchstem und niedrigsten Schub und drei mit Abstellen und Wiederanfahren des Triebwerks. Diese Versuchsläufe fanden bis zum 6.6.1939 in Peenemünde-Ost statt. Einige Unregelmäßigkeiten waren dabei zwar noch aufgetreten, trotzdem sollte die Maschine nach Beseitigung der Störungen nach Peenemünde-West gebracht und dort für die Flugerprobung vorbereitet werden. Der erreichte Triebwerksschub hatte 290 bis 800 kp bei Brennkammerdrücken von 4 bis 11 atü betragen. Am 15. Juni 1939 wurde vereinbart, die Maschine nach nun abgeschlossenen 13 Abnahmeversuchen am 9.6.1939 nach Peenemünde West zu überführen, wo sie überholt und flugklar gemacht werden sollte.

Das Datum des ersten erneuten Raketenflugs von Gerhard Reins mit der He 112 V-4 ist bisher nicht bekannt. Offensichtlich gingen die Versuche aber auch weiter, nachdem am 12.9.1939 Ernst Udet in seinem Befehl zur Verringerung der Entwicklungsvorhaben den Abbruch aller Arbeiten an der He 176 angeordnet hatte. Ein entsprechender Befehl über die Verringerung der Entwicklungsarbeiten auf dem Triebwerksgebiet vom 16. November 1939 ist nämlich schon weniger konsequent, da darin zwar die Einstellung der Arbeiten an den Walter-Triebwerken R II 201 a für

Eine Starthilfsrakete Walter R I 203 mit 1000 kp Schub. Ihr Serienbau erfolgte später auch im Heinkel-Werk „Jenbacher Hüttenwerke" in Tirol.

Von der Erprobung der He 112 R sind nur sehr wenige Fotos erhalten geblieben. Diese Flugaufnahme der He 112 V-4 stammt aus einem Filmstreifen.

Porträt des mit der He 112 V-4 am 18.6.1940 in Peenemünde abgestürzten Flugbaumeisters Gerhard Reins.

die He 112 R und R II 204 für die He 176 angeordnet wird, aber die jeweiligen Antriebe des Heereswaffenamtes R II 101a und R II 102 als ausgeliefert bzw. bis zum 1.1.1940 auszuliefern aufgeführt sind.

Nach 24 einwandfreien Flügen mit Strahlantrieb stürzte am 18. Juni 1940 Dipl.-Ing. Reins bei einem Messflug zur Ermittlung der horizontalen Höchstgeschwindigkeit mit und ohne Raketenantrieb in der He 112 V-4 in Peenemünde tödlich ab. Als Absturzursache wurde ein Bruch des Höhenrudergestänges infolge eines Brandes im Heck der - Maschine festgestellt. Der Untersuchungsbericht nennt als Ursache dafür wahrscheinlich aus einem Haarriss im Triebwerkskühlmantel ausgetretenes Alkohol-Wassergemisch, das sich entzündet hatte. Mit diesem Unfall endete die Erprobung der He 112 als Versuchsträger für Raketenmotoren.

Die Heinkel He 176

Noch 1936 beauftragte das RLM die Heinkel-Werke ein reines Raketenversuchsflugzeug zu entwickeln, für das unter der Nummer P 1033 ab Mitte Dezember 1936 die Projekt- und Vorarbeiten begannen, die bis Ende Juni 1937 liefen. Als Baumusterbezeichnung des Projekts P 1033 wählte man Heinkel He 176. Es sollten vier Versuchsmuster gebaut und mit dem Braunschen und dem Walter-Triebwerk ausgerüstet wer-

den. Die Maschinen waren als reine Versuchsflugzeuge ohne Bewaffnung o. ä. militärische Einbauten projektiert. Ernst Heinkel hoffte damit, die magische „1000-km/h-Grenze" erreichen zu können.

Am 16. Januar 1937 fand die erste Attrappenbesichtigung des Musters im streng abgeschirmten „Sonderraum Künzel" bei den Heinkel-Werken in Rostock-Marienehe statt. Dabei wurden Festlegungen zum Einbau der Instrumente getroffen, die nur an den Kabinenseiten unterzubringen waren, da es keinen Platz für ein zentrales Gerätebrett gab. Eine Reihe von Einbaufragen für die Triebwerke konnten noch nicht endgültig entschieden werden, da z. B. für das Braun-Triebwerk die endgültigen Angaben zu Leitungsschema, Gewichten, Platzbedarf, Regelungsvorrichtungen und Behälterinhalten noch nicht vorlagen. Die Zündung des Triebwerks sollte über eine Gaszündflamme erfolgen. In der Planung waren damals noch das Braun-Triebwerk mit Pumpenförderung und mit Druckstickstoffsystem, das Walter-Triebwerk und auch noch zwei unterschiedliche Rumpfquerschnitte, oval und kreisrund. Die Maschine war äußerst klein projektiert und hatte nur minimale Abmessungen mit 5 Metern Spannweite, einer Rumpflänge von rund 6 Metern und einer Tragfläche von nur 5,5 m^2 bei einer Flügelstreckung von 4,6. Der Pilot saß halb auf dem Rücken liegend im Bug des Flugzeugs, das nur einen Rumpfdurchmesser von wenig mehr als 80 Zentimetern hatte.

Die Entwicklung der Raketentriebwerke für die He 176 wurde so betrieben, dass man den gesamten Einbau, die Leitungsverlegung und die Einpassung aller Einbauten und Geräte in die sehr knapp bemessene Zelle in einer Einbauattrappe untersuchte. Nach den dabei gewonnenen Erkenntnissen baute man parallel die für den Flug vorgesehenen Zellen, die aber auch häufig geändert wurden. Als Vorstudien für die Triebwerke wurde deren Flugerprobung in der He 112 durchgeführt. Im Aktenvermerk über die Monatsbesprechung R-Entwicklung vom 18.1.1937 findet sich der Vermerk, dass für das Projekt P 1033 ein Abschluss der vorläufigen Entwicklung vor dem September 1937 nicht zu erwarten sei.

Die zweite Attrappenbesichtigung der He 176 fand am 16.2.1937 in Marienehe statt. Dabei wurden die recht spärliche Instrumentierung und einige Triebwerksfragen festgehalten. Danach sollte die Maschine mit dem Walter-Triebwerk (He 176 V-1) auf der linken Seite von vorn nach hinten einen Kompass, einen Fahrtmesser und einen Höhenmesser haben, rechts waren der Wendezeiger, Brennkammerdruckmesser, Brennstoffvorratsmesser, Schaltknopf und Anzeigegerät für Landeklappen und Fahrgestell unterzubringen. Als Triebwerk war einmal ein Raketenmotor auf der Basis der Treibstoffkombination Alkohol und Flüssigsauerstoff mit Pumpenförderung vorgesehen, das unter der Bezeichnung R 102 (ab September 1938 umbenannt in R II 102) beim Heereswaffenamt unter

Leitung von Wernher von Braun entwickelt wurde. Als zweites Triebwerk entwarfen die Walter-Werke in Kiel eine „kalte" H_2O_2-Rakete unter der Bezeichnung R II 204. Die endgültige Attrappenbesichtigung sollte in der zweiten Märzhälfte 1937 stattfinden, da man hoffte, bis dahin die Triebwerksanlage endgültig festgelegt zu haben. Bei der Schlussattrappenbesichtigung sollte dann auch bereits ein Pilot von Seiten des Auftraggebers (RLM) hinzugezogen werden.

In Peenemünde wurde der Prüfstand für die P 1033 aufgebaut und sollte etwa Mitte 1937 betriebsbereit sein. Dieser Termin ist offensichtlich nicht eingehalten worden, denn noch im Oktober 1937 fand eine Besprechung zwischen Dr. von Braun, Dipl.-Ing. Pauls vom RLM und Dipl.-Ing. Künzel von EHF in Neuhardenberg statt, wo die Flugversuche mit den verschiedenen Raketenantrieben liefen. Dort wurde über noch nötige Zeichnungen für den Prüfstand P 1033 und auch das Originalflugzeug P 1033 (He 176) verhandelt, die dann Mit-

Prüflauf eines in einer Rumpfattrappe der He 176 oder He 112 eingebauten Raketentriebwerks.

Die Entwicklungen der Walter-Werke auf dem Raketengebiet lösten das RLM aus der Abhängigkeit vom Heereswaffenamt. Hellmuth Walter führt Ernst Udet mit seinen Referenten durch den Betrieb.

te Oktober bei Heinkel vorlagen. Die Konstruktionsarbeiten an der He 176 hatten im Juli des Jahres begonnen. Wie im Abschnitt über die Arbeiten an der He 112 R beschrieben, war die Entwicklung des HWA-Triebwerks besonders schwierig, so dass man sich beim RLM und Heinkel stärker auf die Fertigstellung des ersten Prototyps He 176 V-1 mit Walter-Triebwerk konzentrierte. Da dieses allerdings einen beinahe doppelt so hohen Treibstoffverbrauch bei etwa nur halbem Schub aufwies, war es lediglich für die Erprobung des reinen Raketen-

flugs geeignet, nicht aber für den erstrebten Angriff auf die 1000-km/h-Marke.

Wieder ist die Dokumentlage leider so, dass über die Arbeiten an der He 176 mit Walter-Antrieb fast nichts bekannt ist, die Schwierigkeiten mit dem Braun-Motor aber wenigstens bruchstückhaft rekonstruierbar werden.

Am 23. Oktober 1937 waren Dr. von Braun und Ing. Patt aus Peenemünde bei den Heinkel-Werken in Rostock. Dabei wurden die Zeichnungen für den Prüfstand P 1033 und die Entwürfe der He 176 durchgesprochen. Bis Mitte November sollte der Prüfstand mit Tanks bei Heinkel fertiggestellt werden. Am 8.12.1937 forderte Direktor Hertel verbindliche Angaben zur Masse des Raketenmotors für die He 176 von Dr. von Braun, da dieser wegen seiner Unterbringung im Heck der Maschine aus Schwerpunktsgründen nicht schwerer als 14 kg sein sollte. Zehn Tage später wurden eine Reihe von Detailfragen zur He 176 V-2 (Triebwerk Braun) in Rostock besprochen. Wernher v. Braun führte u. a. aus, dass die endgültige Triebwerksanlage voraussichtlich mit einem 25-atü-Ofen ausgerüstet werden könne. Das Gewicht des Ofens konnte von Peenemünde noch nicht genau angegeben werden. Am 22.12.1937 schickte EHF an Peenemünde Zeichnungen über die

Erich Warsitz flog die gesamte Flugerprobung der He 176.

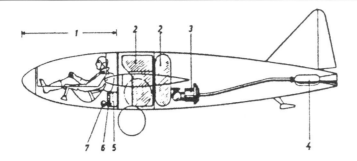

Schnitt durch die Heinkel He 176

1. Kabine abwerfbar
2. Spezial-Brennstofftanks
3. Triebwerksaggregat
4. Schubdüse
5. Bremsfallschirm
6. Gummikissen
7. Preßluftflasche

Diese nach dem Krieg gefertigte Skizze von H. Regner zeigt die prinzipielle Anordnung des Walter-Triebwerks in der He 176 V-1 und den Trennungsmechanismus der Kabine.

Gestängedurchführungen und -verlegung für die He 176 V-2. Weitere wurden für Anfang Januar angekündigt. Ebenfalls noch im Dezember 1937 bestätigte das HWA, Abteilung Prüfwesen 13, die vorläufig vom RLM, LC IV angesetzte Summe von 80 600, - RM für die Durchführung der Entwicklungsarbeiten am Projekt 1033 durch das HWA in Peenemünde.

Am 11. und 12.1.1938 fand dann eine Beratung in Peenemünde statt, wo anhand des dort seit 16.12.1937 befindlichen Prüfstands der He 176 weitere Unklarheiten besprochen wurden. Dabei wurde festgelegt, dass der mittlere Schub des Triebwerks bei 25 atü 750 kp betragen und bei einem Überdruck von 30 atü beim Start 1000 kp erreichen sollte. Im sich anschließenden Briefwechsel in der Zeit vom 13. Januar bis 21. Februar 1938 zwischen der Versuchsstelle Peenemünde, Werk Ost, und Heinkel geht es um Detailfragen des Triebwerksgewichts, der Unterbringung von Gasflaschen u.ä., wobei offenkundig ist, dass die sehr knappen Platzverhältnisse in der Maschine immer wieder Sorgen verursachten. So musste beispielsweise der flüssige Sauerstoff in drei kugelförmigen Behältern im Rumpf untergebracht werden, was natürlich auch Probleme verursachte, da die größere Tankoberfläche mit entsprechend höherer

Verdampfung des tiefgekühlten Sauerstoffs verbunden war. Außerdem war es notwendig, die drei Behälter aus Schwerpunktsgründen gleichzeitig zu entleeren, was wieder Regelschwierigkeiten bereitete. Im Mai 1938 war das 25 atü-Triebwerk noch nicht fertig entwickelt und auch das Gewicht des vorhandenen Motors war mit 26,1 kg höher als die für die bisherigen Berechnungen als verbindlich angesetzten 20 Kilogramm. Für die gleichzeitige Entleerung der drei Sauerstoffbehälter war ein Abgleich der Druckleitungen mit Wasserfüllung erfolgt, mit O_2-Füllung lagen noch keine Ergebnisse vor.

Da man bis dahin keinerlei Erfahrungen mit den erwarteten hohen Fluggeschwindigkeiten hatte, wurde im fortgeschrittenen Baustadium der He 176 im Hochgeschwindigkeitswindkanal der DVL nochmals ein Modell der Maschine bis zu Mach 0,9 durchgemessen. Walter Künzel erinnert sich: „Das Modell war aus Stahl gefertigt und etwa 180 mm lang, und dürfte wohl das erste Flugzeugmodell für solche hohen Geschwindigkeiten gewesen sein, das durchgemessen wurde. Das Erreichen der großen Genauigkeit, insbesondere für Flügel und Leitwerk, hat uns damals sehr große Sorgen gemacht, denn Spezialwerkstätten für Hochgeschwindigkeitsmodelle gab es damals noch nicht".

Walter Künzel (1908-1987)

geboren am 31.8.1908 in Teterow/Mecklenburg.

1928 Nach Abschluss der Lehre und Durchführung eines Ingenieur-Fernstudiums bei der „Maschinenfabrik Neuenfeldt" in Zielenzig Entwicklung zum Maschinenbauer.

1929 Eintritt bei den Ernst-Heinkel-Flugzeugwerken Warnemünde als Bordmonteur.

1933 Ab 20.2. technischer Angestellter, später Konstrukteur für Triebwerkseinbauten, speziell bei der Entwicklung der Oberflächen- und Verdampfungskühlung.

1935 Ab 1. Dezember vom Technischen Direktor Hertel zum Sachbearbeiter für Raketenantrieb und Verbindungsingenieur zu Wernher von Braun beim Heereswaffenamt in Kummersdorf ernannt. Dann Leiter der Abteilung „Sonderentwicklung I" der Heinkel-Werke.

1939 Am 18. Dezember Ausscheiden bei Heinkel und Übernahme der Leitung des „Berliner Technischen Büros" der Hellmuth Walter KG, Kiel. Ernennung zum Oberingenieur und Prokuristen. Bei Kriegsende Übernahme in die Hauptverwaltung in Kiel und im Januar 1946 entlassen.

1947 Nach Übersiedlung aus Schleswig-Holstein Arbeit für die sowjetischen Behörden als Leiter des „Projektierungsbüros für Spezialprojekte" im OKB-3 der ehemaligen Siebel-Flugzeugwerke in Halle/Saale.

1946 Am 22. Oktober Deportation in die UdSSR. Dort Leiter der Abteilung 9 für Projekt- und Berechnungsarbeiten auf dem Gebiet der Reaktionsantriebe im Versuchswerk Nr. 1 in Podberesje nördlich von Moskau. Bis 4.7.1954 in der Sowjetunion.

1954 Leitende Stellungen beim Aufbau der Luftfahrtindustrie der DDR.

1959 Berufung zum Generaldirektor der „Technocommerz GmbH"" im Ministerium für Außenhandel und innerdeutschen Handel.

1968 Leiter der „Abteilung Wissenschaft und Technik" im Ministerium für Außenhandel der DDR bis 1976.

1987 Am 26.4.1987 in Berlin verstorben.

Nach der Fertigstellung der He 176 V-1 im Frühsommer 1938 plante man bei Heinkel dann noch die Erprobung des kleinen Flugzeugs im großen Windkanal der DVL bei der Aerodynamischen Versuchsanstalt in Göttingen. Es galt strengste Geheimhaltung und deshalb wurde in der Korrespondenz zwischen EHF, der AVA und dem RLM meist nur von einem „Großmodell He-Kü" gesprochen, wobei He-Kü wohl für „Heinkel-Künzel" stand. Das Flugzeug kam per LKW in Göttingen an, wo vom 9. bis 13. Juli die Messungen im großen Windkanal erfolgten, der eine Düsenfläche von 7,0 x 4,7 m hatte. Es erfolgten Drei- und Sechskomponentenmessungen ohne und mit Ruder- und Klappenausschlä-

gen. Ergänzend kamen Messungen ohne Höhen- und Seitenleitwerk hinzu, um die Wirkungsweise der Leitwerke zu erproben. Die Versuche erfolgten mit eingefahrenem, nur beim größten Landeklappenausschlag auch mit ausgefahrenem Fahrwerk und Sporn. Auch eine Prüfung der Ruderkräfte des Flugzeugs in Normallage durch den Piloten im Windkanal sah das Messprogramm vor und wurde von Erich Warsitz vorgenommen. Die Windgeschwindigkeit durfte wegen der Gefahr von Schwingungen der Maschine nur bis zu 32 m/s (rund 115 km/h) erreichen. Man erprobte also im Prinzip die Start- und Landebedingungen bei der kleinen Maschine. Die Kosten der Untersuchungen übernahm am

26.7.1938 nachträglich das RLM. Am 1. August fragte man von Seiten des Heinkel-Werkes nach den endgültigen Auswerteergebnissen der Untersuchungen, da man diese „dringend für die Inbetriebnahme des von Ihnen für uns untersuchten Großmodells benötigte". Man wollte also mit der Flugerprobung der He 176 beginnen. Erste Roll- und Startversuche der He 176 V-1 im Herbst 1938 werden von mehreren damals Beteiligten bestätigt.

Ein Bericht über die Arbeiten am R-Antrieb seit den Neuhardenberger Flugversuchen vom 2. August 1938 enthält auch eine Reihe von Angaben über die Arbeiten an der He 176. Daraus ergibt sich, dass die Treibstoffpumpenanlage und der Dampferzeuger dafür identisch mit dem der He 112 R waren. Der Einbau in den Versuchsrumpf erfolgte, nachdem die Ergebnisse der ersten Entleerungsversuche an der He 112 vorlagen. Allerdings wurde der Treibstoff nicht

unter Druck gesetzt, sondern floss nach dem Falltankprinzip nach. Durch die sehr schwierigen Platzverhältnisse in der Maschine musste die Behälteranlage aufgeteilt werden. Im Rumpf waren drei Sauerstoffbehälter hintereinander angeordnet, der Brennstoff (Alkohol-Wasser-Mischung) befand sich in einem Rumpftank und zwei seitlichen Flächentanks. Die Zündung sollte nicht als elektrische Glühzündung erfolgen, da man keinen Platz für den dafür nötigen Akkumulator fand, sondern chemisch unter Verwendung des Brennstoffs und des H_2O_2 erfolgen, die ohnehin am Bord waren. Diese Zündanlage befand sich bei Walter in Kiel in Arbeit und wurde in nächster Zeit erwartet.

Eine Reihe von Versuchen diente dem Erreichen einer möglichst gleichmäßigen Entleerung der drei Sauerstoffbehälter. Dazu mussten die Druckzusatzleitungen durch eingebaute Drosseln derart abgestimmt werden, dass

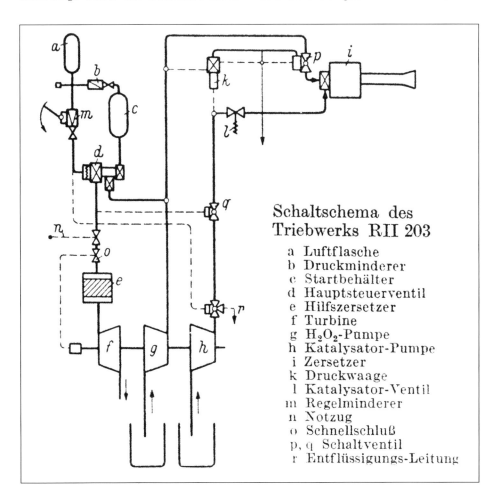

Funktionsschema des „kalten" Walter-Triebwerks mit Pumpenförderung R II 203.

Schaltschema des Triebwerks RII 203

a Luftflasche
b Druckminderer
c Startbehälter
d Hauptsteuerventil
e Hilfszersetzer
f Turbine
g H_2O_2-Pumpe
h Katalysator-Pumpe
i Zersetzer
k Druckwaage
l Katalysator-Ventil
m Regelminderer
n Notzug
o Schnellschluß
p, q Schaltventil
r Entflüssigungs-Leitung

Dieses erste echte Foto der He 176 V-1 tauchte erst mehr als 50 Jahre nach der Erprobung in Peenemünde-West auf.

Erich Warsitz (links) und Walter Künzel bei einem Treffen in den 1960er Jahren.

zuerst die beiden von der Pumpe abgelegenen Behälter gleichmäßig entleert wurden und dann der kleinere bei der Pumpe liegende. Auch hier erfolgten die Versuche zuerst mit Wasserfüllung, dann mit flüssigem Sauerstoff. Weiterhin war ein Ventilklappensystem konstruiert worden, das ein Rückfließen des Kraftstoffs aus dem Rumpftank in die Flächenbehälter verhinderte, wenn entsprechende Beschleunigungskräfte auftraten. Weitere behobene Schwierig-

keiten waren bei Rumpfneigungen und beim Leerwerden des Katalysatorbehälters für den Pumpenantrieb aufgetreten. Auch die Flächentankentlüftung musste geändert werden. Erfahrungen aus den Versuchen am He 112-Rumpf und der He 112 V-4 flossen ebenfalls in die He 176-Konstruktion ein. Die Drosseln in den Sauerstoffdruckzusatzleitungen sollten nun durch entsprechende Blenden ersetzt werden. In der Konstruktion befand sich eine Einhebelbedienung für die Originalmaschine He 176 V-2, die es erlauben sollte, alle notwendigen Schaltvorgänge für den Druckzusatz, die Behälterentlüftung, die Zündung, den Turbinenregler und die Löscheinrichtung für den Brennschluss in der richtigen Reihenfolge auszuführen. Geplant war weiterhin die Entwicklung eines Raketenofens für 25 atü Betriebsdruck, anstelle der bisherigen 10 atü. Die dafür nötige Einspritzpumpe stand bei der Firma Odesse in Entwicklung. Durch den höheren Arbeitsdruck wäre es möglich gewesen, das Gewicht der Antriebsanlage, insbesondere das schwanzlastige Moment, zu verringern.

Zwei Wochen später lag der nächste Bericht vor. Danach hatten mehrere Entleerungsversuche, die Brauchbarkeit der

An 20 Juni 1939 gelang Flugkapitän Erich Warsitz
in seiner Maschine, der erste Flug der Welt mit einem
Raketenflugzeug, der Heinkel 176

Dieses Gemälde von Hans Liska ist der bisher einzige bekannte anscheinend zeitnahe Beleg für eine zweite großzügiger verglaste Kabine der He 176. Es befindet sich im Besitz der Familie Warsitz. Es ist mit November 1939 datiert, was allerdings bezweifelt wird.

Blenden in den Druckzusatzleitungen der Sauerstoffanlage nachgewiesen. Die Flächentankentlüftung befand sich noch im Bau. Die chemische Zündung war bisher wegen auftretender Verstopfungen noch nicht verwendbar, so dass man über eine Hochspannungszündung nachdachte, die nur eine kleine Zündbatterie erfordern sollte, für die noch Platz in der Maschine wäre. Die Vorversuche für das 25-atü-Triebwerk hatten eine unzureichende Kühlung der bisherigen Brennkammer ergeben, so dass man jetzt eingetroffene neue Düsen aus Spezialbronze erproben wollte, von denen man sich eine bessere Wärmeabführung erhoffte.

Ein besonderes Problem bei der Entwicklung von Hochgeschwindigkeitsflugzeugen, nämlich die Rettung des Piloten im Notfall bei hohen Geschwindigkeiten, wurde bei Heinkel für die He 176 erstmals durch Bau und Erprobung einer Rettungskanzel gelöst. Gerade die Arbeiten der Heinkel-Werke bei der Entwicklung von Rettungskanzel und Schleudersitz sind Pionierleistungen, die nicht hoch genug eingeschätzt werden können. Sie wurden nach dem Krieg überall angewendet und bildeten die Basis der Entwicklung weltweit.

Bei der He 176 war der gesamte etwa 1,5 m lange Rumpfbug als abwerfbare Rettungskanzel konzipiert. Da die Maschine äußerst klein war, man hatte sie praktisch um den Piloten herum konstruiert. Walter Künzel beschrieb dies recht anschaulich: „Die He 176 dürfte wohl auch für sich in Anspruch nehmen, dass sie die kleinste Pilotenkanzel gehabt hat, die je geflogen ist. Beim Bau der Attrappe haben wir Herrn Warsitz auf einen Fallschirm gesetzt und alles andere regelrecht um ihn herum geschneidert."

Während der Pilot bei kleineren Geschwindigkeiten im Notfall ganz normal das Kabinendach abwerfen und abspringen sollte, konnte bei höheren Geschwindigkeiten die ganze Kanzel vom Rumpf getrennt werden. Nachdem man zuerst versucht hatte, die Trennung durch Sprengbolzen zu realisieren, ging man später zu Druckluft über. Die Trennpunkte bestanden aus Pressluftzylindern, die als kraftschlüssige Verbindungselemente in den drei Rumpfholmen saßen. Die Betätigung der Steuerungsorgane und der Triebwerksaggregate erfolgte an den Trennstellen durch Doppelhebel. Das Resultat war eine gewisse Weichheit in der Steuerung, die bei

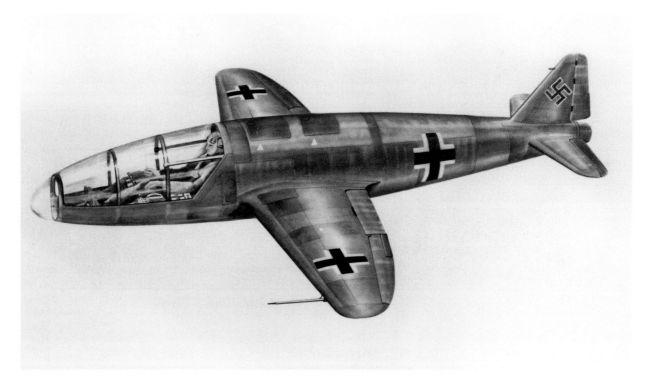

hohen Geschwindigkeiten unangenehm werden konnte. Dann wurden auch die Steuerkräfte sehr groß und die Wege am Knüppel klein. Die dafür gefundene Lösung beschreibt Walter Künzel wie folgt: „Wir legten den Angriffspunkt für das Steuergestänge auf eine Spindelmutter, welche auf einer Spindel, die den unteren Teil des Steuerknüppels bildete, verschoben werden konnte. Durch Drehen des Steuerknüppelkopfes konnte der Pilot somit die Ruderausschläge und auch die Steuerkräfte den jeweiligen Bedingungen anpassen."

Bau und Erprobung der Rettungskanzel erforderten systematische Untersuchungen und Änderungen, die langwierig waren.

Sehr aufwendig war die Herstellung der Vollsichtkanzel in Form einer Glasbugspitze und der Führerraumabdeckung, die sich vollkommen der Rumpfform anpasste. Problematisch war die Herstellung dieser Elemente in Bezug auf gute Optik, also schlieren- und verzerrungsfreie Sicht, und das Erreichen der erforderlichen Festigkeit. Die Lösung dieser und anderer neuer technologischer und materialtechnischer Aufgaben wurde in der von Prof. Dr.

Matthaes geleiteten Heinkel-Versuchsabteilung gefunden. Allein zum Thema Sichtscheibenherstellung reichte Prof. Matthaes im hier in Betracht kommenden Zeitraum drei Patente ein. Am 1.9.1938 beispielsweise das zur „Sichtscheibenherstellung durch schwere Pulver". Mit diesem Verfahren wurde der Bugkonus der He 176 hergestellt, in dem man eine kreisförmig eingespannte Plexiglasplatte mit flüssigem Schwerspat belastete. Dabei wurde die Platte erwärmt und durch die Masse der Schmelze in die nötige Form gebracht.

Mit Attrappen der Bugkanzel erprobte man zuerst am Boden die Trennung vom Rumpf in den verschiedensten Lagen, indem man die unterschiedlich gerichteten Luftkräfte durch lange Gummiseile simulierte. Dann erfolgten Abwurfversuche mit Kanzelattrappen aus Holz, um den automatisch ausgelösten Bremsschirm der Kapsel zu erproben. Dabei zeigt sich allerdings, dass der Schirm eher an die Kanzelwand gedrückt wurde. Also kam hinter den Bremsschirm noch ein Gummikissen mit angeschlossener Pressluftflasche. Nach Trennung der Kanzel vom Rumpf löste nach 5 Sekunden Fall das Press-

luftventil aus und das gefüllte Kissen schoss den Fallschirm ins Freie. Anfang 1939 wurde der Rumpf der fertigen He 176 nochmals um 120 mm verlängert, wodurch der Bremsschirm vergrößert werden konnte, was die Sinkgeschwindigkeit der Kanzel mit dem Flugzeugführer auf 15 m/s reduzierte. Die Raumverhältnisse in der Maschine werden in der Beschreibung deutlich, die Erich Warsitz vom geplanten Ablauf der Notauslösung gibt: „Ich musste mit der rechten Hand einen Hebel ziehen, und zwar an der linken Seite meines Kopfes vorn vorbei, der an meiner Rückwand angebracht war. Damit trennte ich die Kanzel vom Rumpf." Eine weitere Frage war, ob ein Pilot, der aus irgendeinem Grund die Kanzel nicht mehr verlassen konnte, was er nach dem Abbremsen und Stabilisieren der Rettungskabine normalerweise mit seinem eigenen Fallschirm tun sollte, auch in der Kanzel unversehrt landen würde. Dies wäre beispielsweise bei einer Bewusstlosigkeit des Piloten nötig gewesen. Man baute unter Leitung von Dr. med. Siegfried Ruff vom Flugmedizinischen Institut der DVL eine lebensgroße Holzpuppe mit Gelenken, deren Festigkeit etwa

der beim Menschen entsprach. Diese Puppe wurde in einer Originalkanzel abgeworfen, wobei auch die an den Anschnallgurten wirkenden Kräfte gemessen wurden. Es stellte sich heraus, dass eine Landung auf einigermaßen weichem Erdreich ohne größere Verletzungen möglich war. Die Kanzelabwurfversuche erfolgten in Peenemünde bei der Erprobungsstelle West.

Technologische Pionierarbeit erforderte auch die Herstellung der elliptischen Ganzmetalltragflächen aus Hydronalium, die dichtgeschweißt als Brennstoffbehälter dienen sollten. Es wurde dabei das sogenannte Arcatom-Schweißverfahren eingesetzt. Bisher ungeklärt ist, ob die Aussage von Ing. Hans Regner stimmt, der 1953 schrieb, dass bis zur versuchsmäßigen Erprobung der geschweißten Fläche ein zweiter Tragflügel als Zweiholmer in der üblichen Weise gebaut wurde und beim ersten Versuchsflug benutzt wurde. Das hätte natürlich eine beträchtliche Verringerung des zur Verfügung stehenden Tankraums bedeutet. Der kleine Flügel von nur 5,5 m² Fläche und einer maximalen Tiefe von 1,41 m hatte bei 5 Meter Spannweite nur eine sehr geringe Bau-

Da es keine Fotos und Originalzeichnungen des Flugzeugs gab, entstanden nach 1945 eine Reihe unterschiedlicher künstlerischer Darstellungen der He 176, die auf den Erinnerungen der ehemals Beteiligten beruhten.

Erich Warsitz unterhält sich mit Staatssekretär Erhard Milch nach einem Geradeausflug mit der He 176 am 25. Mai 1939 in Peeneemünde-West.

höhe. Das gewählte Profil war symmetrisch und hatte nur 9 % Dicke, die größte Profilhöhe lag bei 41,75 %, statt der damals üblichen 30 bis 33 %. Daraus lässt sich die maximale Dicke der Tragfläche am Rumpf mit 127 mm berechnen. Davon abzuziehen wären dann noch die Stärke der Behäutung und bei Normalbauweise die doppelte Tankwandungsdicke.

Ein als geheime Kommandosache in nur zwei Ausfertigungen gefertigtes Exposé von Dipl.-Ing. Hans-Martin Antz, dem zuständigen Referenten im RLM, mit dem Titel „Gegenwärtiger Stand und künftige Entwicklungsarbeit auf dem Gebiete des Schnellfluges mit Strahltriebwerk" vom 14.10.1938 enthält u. a. einige interessante Fakten zum damaligen Stand der He 176-Entwicklung. Darin heißt es beispielsweise, dass als bis dahin einzige Firma die Ernst Heinkel Flugzeugwerke mit der Entwicklung eines schnellen Einsitzers mit Sondertriebwerk beauftragt wurden. Es waren demnach vier V-Flugzeuge bestellt. Zuerst die He 176 V-1 mit Walter-Triebwerk von zunächst 600, später 1000 kp Schub, die 1000 km/h Geschwindigkeit und ungefähr zwei Minuten Flugdauer erreichen sollte. Für die He 176 V-2 war danach ein Braunsches Triebwerk und für die V-3 und V-4 erneut Walter-Triebwerke vorgesehen. Damals waren die

Arbeiten an der He 176 V-1 soweit gediehen, dass Antz annahm, die Maschine werde nach dem Eintreffen des Triebwerks in etwa 1,5 bis 2 Monaten flugklar sein. Aus Stabilitätsgründen erwartete er aber noch Änderungen an der Zelle, beispielsweise das Tieferlegen des Höhenleitwerks und eine Vorverlegung des Schwerpunkts, die zunächst an der V-2 bis V-4 und später auch an der V-1 erfolgen sollten. Die Erprobung der abwerfbaren Kanzel mit Fallschirm war im Oktober 1938 noch nicht abgeschlossen.

Zwar nicht unmittelbar zum Thema He 176 gehörend, sind andere Feststellungen in diesem Papier sehr interessant, die sich mit den Arbeiten an einem weiteren Schnellflugzeugprojekt befassen, der DFS 39 V-3. Dafür waren bis dahin Windkanalmessungen erfolgt und das Projekt erarbeitet. Der Konstrukteur Dr.-Ing. Alexander Lippisch wollte damit in die Industrie gehen und hatte bereits mit Heinkel verhandelt, auch Messerschmitt hatte ihm angeboten, zu ihm zu kommen. Die Entscheidung hatte Lippisch vom RLM erbeten. Antz schlug nun Messerschmitt vor. Er begründete dies mit zwei Argumenten, einmal wollte er eine Parallel-Entwicklung mit schwanzlosen Eindeckern (DFS 39 V-3) in einem anderen Werk laufen lassen, da es noch vollkommen ungeklärt war, welcher Flugzeugtyp im Schall-

Nach Udets Flugverbot für die He 176 im Mai 1939 besprechen (in der Mitte von links) Ernst Heinkel, Uvo Pauls, Erich Warsitz (sitzend) in Peenemünde das weitere Vorgehen.

und Überschallbereich am geeignetsten wäre. Sehr vieles sprach damals für den schwanzlosen Tiefdecker mit kleinem Seitenverhältnis und großer Flügeltiefe. Zweitens hielt Antz die Erweiterung der Entwicklung auf ein zweites Flugzeugwerk für angebracht, um auf dem Gebiet Schnellflug mit Strahlantrieb eine Monopolstellung von EHF zu vermeiden. Diese Empfehlung hat dann zur Übernahme der Gruppe Lippisch durch Messerschmitt und nachfolgend zur Entwicklung der Me 163 geführt. Heinkel zog trotz seiner Pionierarbeit auf dem Gebiet des Raketenflugzeugs den kürzeren bei der Schaffung eines raketengetriebenen Einsatzflugzeugs.

Die Entwicklung der He 176 litt stark unter den eingeschränkten räumlichen Verhältnissen in der sehr kleinen Maschine. Die Triebwerke und ihre Nebenaggregate waren ebenfalls noch im Versuchstadium, so dass sich fortlaufend Änderungen ergaben, deren Einpassung in die kleine Zelle schwierig war. Jedes Gramm, das neu oder an anderer Stelle untergebracht werden musste, verschob auch den Schwerpunkt, was Auswirkungen auf die zu erwartenden Flugeigenschaften hatte. Diese Probleme verhinderten am Ende die endgültige Fertigstellung und Flugerprobung einer He 176 mit dem Braun-Triebwerk und damit auch die Erfüllung des Traums der Heinkel-Mannschaft, erstmals die 1000 km/h zu erreichen, aber auch bei der He 176 V-1 mit dem Walter-Triebwerk lief nicht alles reibungslos. Ein Zitat des Technischen Direktors Heinrich Hertel macht dies deutlich. Er schrieb am 6.3.1939, „dass sich während der Prüfstandsversuche bei der V-1 in Kiel das Gesamtbild der Triebwerksanlage mehrfach grundlegend geändert hat. Diese Änderungen haben weitere große Mehrarbeit und Umkonstruktion der Zelle notwendig gemacht. Es ist klar, dass, auch wenn nur kleine Ventile in ihrer äusseren Form während der Prüfstandversuche geändert werden müssen, dies bei der Zelle schon auf erhebliche Schwierigkeiten stoßen kann, da die Raumverhältnisse außerordentlich knapp sind und eine willkürliche Verlegung des Schwerpunkts nicht mehr möglich ist."

Das besondere an dem für die He 176 aus dem letzten in der He 112 V-3 erprobten entwickelten Walter-Antrieb war die lediglich pneumatische Verbindung zwischen Cockpit und Triebwerk. Dies war wegen der absprengbaren Rettungskapsel notwendig. Mit Hilfe der Pressluft erfolgte die Kontrolle der T-Stoff-Versorgung der Turbopumpe, demzufolge deren Drehzahl und Druck, mithin die Zuströmung zur Brennkammer und so des Schubs. Dieser war zwi-

Walter Künzel (rechts) gibt Erläuterungen zum Vorführungsflug der He 176 am 3.7.1939 in Roggentin.

schen 50 und 500 kp regelbar und es konnten 60 Sekunden Maximalleistung erreicht werden.

Nach der umfangreichen und mit Änderungen verbundenen Bodenerprobung der Gesamttriebwerksanlage der He 176 V-1 begannen die Rollversuche der Maschine in Peenemünde. Der damalige Leiter der Versuchsstelle Peenemünde-West der Luftwaffe, Dipl.-Ing. Uvo Pauls, erinnert sich, dass dort aus Gründen der Geheimhaltung eine besondere kleine Halle auf einem zusätzlich abgesperrten Platz für die He 176 bereitgestellt wurde. Versuche, die Ruder der He 176 im Schlepp hinter einem 7,6-Liter-Mercedes-Kompressorwagen zu erproben, schlugen fehl, da auf der Grasnarbe des Peenemünder Flugplatzes nur etwa 100 km/h zu erreichen waren. Warsitz versuchte dann eine Fahrt am Strand von Usedom, wobei er unmittelbar am Wasser fahrend etwa 155 km/h erreichte, dann aber einsackte, so dass der Mercedes mit einer Zugmaschine herausgezogen werden musste. Damit war auch dieser Plan hinfällig und Warsitz musste seine Rollversuche mit der He 176 V-1 mit kurzen Schubstößen des Triebwerks fortsetzen. Dabei kam es oft zu Bodenberüh-

rungen der Tragflächenspitzen, die nur kurz über dem Boden lagen. Die äußerst geringe Spurweite des Fahrwerks und Bodenunebenheiten taten ein Übriges. Es wurden deshalb in der ersten Zeit leichte Abweiserbügel unter den Flächen angebracht, um die Sicherheit bei den Roll- und auch den ersten Geradeaus-Sprüngen der Maschine zu gewährleisten. In diesem Zeitraum muss auch das provisorische Bugrad an der Maschine montiert worden sein, das auf den beiden einzigen bisher aufgetauchten Aufnahmen der Maschine zu erkennen ist. Die normale Konfiguration des Flugzeugs war aber die mit einziehbarem Spornfahrwerk. Eines der Fotos zeigt auch die schwierige Schwerpunktsituation der Maschine, da das Bugrad anscheinend erst in vollgetanktem Zustand mit dem Flugzeugführer auf dem Boden aufsetzt. Erich Warsitz hat diese ersten Luftsprünge in seinem Interview im Oktober 1952 beschrieben.

„Dann blieb uns nichts anderes übrig, weil wir ja nicht nach jedem Rollversuch neue Endkappen draufsetzen wollten, die einen halben Tag Arbeit in Anspruch nahmen, an den Flächenenden von unten sogenannte Schleifbügel anzubringen. Und zwischendurch natürlich immer wieder Triebwerksänderungen und dies klappte nicht und das klappte nicht. Ich habe dann jedenfalls die Rollversuche soweit getrieben, dass ich dann schon, von der äußersten Platzgrenze des Flugplatzes angefangen, solange Vollgas drin ließ, bis sie abhob, dann hatte ich so einen Luftsprung gemacht, Gas raus und wieder gelandet. Nun, diese Flüge haben katastrophal ausgesehen." "Wodurch?"

„Na, erst mal der Start schon, weil der Start von der linken auf die rechte Fläche ging und umgekehrt, und dann wackelte sie in der Luft rum, und dann schoss sie sozusagen wieder runter. Ich habe es zunächst ja nur auf zwei Meter Höhe gemacht." „Die Luftsprünge wurden immer größer und dann merkte ich allerdings, dass wir mit dem Platz nicht auskamen und es wurde in Windeseile eine Verlängerung des Flugplatzes in einer Richtung gebaut, d.h. eine Startrichtung zum Hafen raus, nach Westen ungefähr 800 bis 1000 m Länge aus Beton und an der gegenüber liegenden Seite wurde der Wald geschlagen." Weiter gibt er an, dass nach den ersten Rollversuchen Ende 1938 im Winter eine konstruktive Änderung an Zelle und Triebwerk erfolgte. Im Frühjahr 1939 seien dann mehr als 100 Kurzflüge, Geradeaus-Luftsprünge über bis zu 100 m in 10-20 m Höhe, ausgeführt worden.

An der Einbauattrappe der He 176 V-2 für das Braun-Triebwerk liefen inzwischen die Arbeiten weiter. Offensichtlich hatten sich mit der vorher geplanten chemischen Zündung des Raketenmotors Schwierigkeiten ergeben, denn im Dezember 1938 ging man wieder von der Verwendung pyrotechnischer Zünder aus. Deren Umschaltung sollte bei der He 176 aber automatisiert werden, während der Flugzeugführer bei der He 112 V-4 dies noch per Hand ausführen musste. Im Frühjahr 1939 wurden die Planungen für die Versuchsmuster der He 176 mit dem Braun-Triebwerk erneut geändert. Interessanterweise sind jetzt außer der He 176 V-1 die weiteren drei V-Muster für den Einbau der stärkeren Braun-Rakete vorgesehen. Danach war im Februar 1939 die Tankanlage der He 176 V-2 wie folgt:
- Drei O_2-Tanks hintereinander im Rumpf von zusammen 164 Liter Inhalt,
- ein 86-l-Brennstoffbehälter im Rumpf,
- zwei Flächentanks für Brennstoff mit zusammen 170 l Inhalt.

Dabei war für den Einbau in die Versuchsmuster He 176 V-3 und V-4 ein verkürztes Triebwerk mit 725 kp Schub vorgesehen, für das ein geändertes Mischungsverhältnis von Brennstoff und Sauerstoff nötig wurde. Deshalb sollte der Sauerstoffvorrat auf 190 l erhöht und der Alkoholbedarf sank auf 230

Ernst Heinkel und Walter Künzel (links und rechts am Bildrand) und Vertreter des RLM verfolgen Warsitz´ Flug in der He 176.

Adolf Hitler und sein Gefolge beobachten den Vorführungsflug der He 176 durch Erich Warsitz am 3. Juli 1939 in Rechlin-Roggentin. Ganz rechts steht Ernst Heinkel.

Liter. Weiter wollte man die drei Sauerstofftanks zu einem Behälter vereinigen. Professor Hertel nahm dazu am 6.3.1939 endgültig Stellung und erklärte, dass eine solche Tankanlage grundsätzlich möglich wäre, allerdings mit größeren konstruktiven Vorarbeiten verbunden sei. Da außerdem die Werkstattarbeiten am Rumpf der He 176 V-3 bereits teilweise erledigt waren, wären erneut Umbauarbeiten nötig. Deshalb sollten die Ergebnisse der Flugversuche der He 176 V-1 abgewartet werden, um die dabei gewonnenen Erfahrungen mit zu berücksichtigen. Diese Flugversuche sollten in nächster Zeit stattfinden. In der Zeit vom 8. Januar bis 14. April 1939 führte Erich Warsitz insgesamt 29 Geradeausflüge, bzw. –sprünge durch, bei denen das Triebwerk unregelmäßiges Schubverhalten zeigte. Am 27.4.1939 vereinbarte Wernher von Braun dann mit dem Leiter des EHF-Musterbaus Ing. Ulrich Raue, dass zunächst mit provisorischen Tankformen weiter gearbeitet würde. Diese sollten in den Grundzügen mit den neuen Wünschen Brauns übereinstimmen, also ein Sauerstoffbehälter und ein Rumpf-Brennstofftank,

der von oben nach unten hindurchführt, womit die Abfluss- und Inhaltsmessungen besser durchführbar werden sollten. Endgültige Angaben zur Behälterform konnte EHF aber nicht machen, „da auf Grund der Flugerprobung einige erhebliche Eingriffe in die Zelle beabsichtigt sind. So soll z. B. das Fahrwerk geändert werden, der Flächenansatz am Rumpf höher gelegt werden und dergleichen mehr."

Das zeigt, dass sich schon aus den bis dahin durchgeführten Kurzflügen die Notwendigkeit erneuter Umbauten an der Maschine ergeben hatte. Am Nachmittag des 4. Mai wurde die He 176 V-1 in Peenemünde durch die Prüfstelle für Luftfahrzeuge (PfL) besichtigt und am 25. Mai führte Warsitz einen Geradeaus-Luftsprung in Anwesenheit von Ernst Heinkel, dem Staatssekretär der Luftfahrt im RLM, Erhard Milch, dem Generalluftzeugmeister Udet und anderen Vertretern des RLM aus. Nach Warsitz´ Beschreibung muss dies der Tag gewesen sein, an dem er von Milch zum Flugkapitän ernannt wurde und wo aber auch Udet weitere Flüge mit der Bemerkung „jede geglückte Landung ist ein missglückter Absturz" verbot. Warsitz hat dann aber doch bei Udet erneut die Genehmigung für weitere Versuche erreichen können.

Die erste Platzrunde mit der He 176 V-1 flog Erich Warsitz dann am 15. Juni 1939. Dazu ist eine Tagebucheintragung von Dipl.-Ing. Max Mayer erhalten, während das in der Literatur wiederholt genannte Erstflugdatum 20. Juni 1939 bisher unbelegt bleibt. Vielleicht gab es an diesem Tag einen „offiziellen" Erstflug.

Die zahlreichen Umbauten an der Maschine betrafen eventuell auch die Form der Kabinenverglasung. Dafür spricht ein Gemälde von Hans Liska, das sich im Besitz der Familie Warsitz befindet. Es ist mit dem 19.11.1939 datiert und die darin gezeigte Kabinenform entspricht weit mehr den späteren nach der Erinnerung gefertigten künstlerischen Darstellungen als dem viel später aufgetauchte Originalfoto. Allerdings sind nach neueren Recherchen Zweifel an der Datierung dieses Liska-Bildes aufgetaucht. Danach soll es erst in den 1960er Jahren von Erich Warsitz selbst in Auftrag gegeben worden und deshalb den Nachklriegszeichnungen nachempfunden sein. Eine endgültige Klärung dieser Frage dürfte erst durch weitere Fotos und Filme von der Erprobung möglich sein.

Die Erprobungsflüge gingen natürlich weiter, obwohl Walter Künzel später beklagte, dass „nach dem ersten glücklich verlaufenen Flug eine systematische Entwicklungsarbeit nicht mehr möglich war, da man praktisch nur noch zu Vorführungsflügen kam". Zu diesen gehörte auch das Vorfliegen der He 176 in Roggentin beim „Führerbesuch in Rechlin" am 3. Juli 1939. Die hier verwendeten Zeitangaben stammen meist aus den Aufzeichnungen von Dipl.-Ing. Mayer. Die erst kürzlich aufgetauchte englische Übersetzung des Walter-Berichts L 64 vom 1.2.1943 gibt an, dass bis zum 2.6.1939 der Umbau der Maschine erfolgte, wobei insbesondere eine stabile Regelung des Triebwerks durch pneumatische Ventilsteuerung erreicht

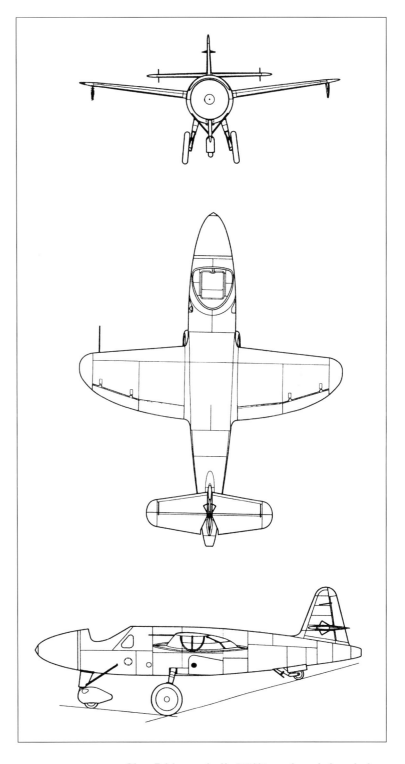

Diese Zeichnung der He 176 V-1 wurde nach dem einzigen bekannten guten Foto der Maschine gefertigt und ist dementsprechend als provisorisch zu betrachten. Bisher sind keinerlei Originalzeichnungen des Flugzeugs bekannt geworden.

Trotz der geringen Bildqualität ist auf diesem Startfoto der He 176 V-1 gut der Heißdampfstrahl der Walter-Rakete sichtbar. Nicht klar sichtbar ist die Art der Kabinenverglasung, die hier großzügiger als im einzigen bisher bekannten Standbild erscheint.

werden konnte. Ab 12. Juni bis zum 8. November sollen dann weitere 19 Versuchsflüge in Peenemünde und Rechlin erfolgt sein. Damit ergibt sich eine Gesamtzahl von 48 Testflügen der He 176 V-1 vom ersten Geradeaussprung am 8. Januar 1939 bis zum Abschluss der Flüge am 8. November 1939.

Ende Juli 1939 war die He 176 V-2 noch nicht geflogen und die Weiterentwicklung der Triebwerksanlage wurden in der Versuchszelle in Peenemünde erprobt. Es liefen hauptsächlich Arbeiten zum Erreichen erhöhter Schubregelbarkeit und beliebig häufiger Mehrfachzündung. Der für die Maschine eigens entwickelte Raketenmotor mit verkürzter Düse und verkürzter Brennkammer war so verstärkt worden, dass der Einspritzdruck auf die doppelte Größe des Ofendrucks heraufgesetzt werden konnte. Durch die dadurch verbesserte Treibstoffzerstäubung konnte nun der Schub bis auf weniger als 100 kp

heruntergeregelt werden. Die Feinregelung der Verdampfungsanlage für die Treibstoffpumpen blieb noch unzureichend, so dass neue Regler im Bau waren. Bei der Zündung war man auf speziell von Bosch neuentwickelte Hochspannungskerzen zurückgekommen. Weitere laufende Arbeiten betrafen die Vereinfachung der Brennschlussabschaltung und die Erhöhung des Ofendrucks.

Mit dem Udet-Befehl vom 12. September 1939 mussten dann alle Arbeiten an der He 176 sofort abgebrochen werden. Im entsprechenden Befehl zur Verringerung der Entwicklungsvorhaben auf dem Triebwerksgebiet vom 16. November 1939 wird auch die Einstellung aller Arbeiten am Walter-Triebwerk R II 204 der He 176 befohlen. Das für die Maschine entwickelte HWA-Triebwerk R II 102 sollte bis zum 1.1.1940 ausgeliefert werden. Es konnte also offensichtlich, wenn auch nur noch in der Dringlichkeitsgruppe 2, zu Ende gebaut werden. Was dann im Krieg mit den V-Mustern der He 176 geschah, ist bisher nicht dokumentarisch belegt.

Die geflogene He 176 V-1 ist nach der Erinnerung von Erich Warsitz 1940 in einer Spezial-Stahlkiste verpackt in die Berliner Luftfahrtsammlung gekommen, um sie nach Kriegsende auszustellen. In Berlin soll sie bei einem Luftangriff vernichtet worden sein. Die in ihrem Bau schon sehr weit fortgeschrittene He 176 V-2 und die ebenfalls im Bau befindliche V-3 sind wahrscheinlich verschrottet worden.

Die Heinkel-Strahltriebwerke und -projekte

Einleitung

Firmenchef Ernst Heinkel hatte den Ehrgeiz, sein Unternehmen zu einem der führenden in der deutschen Luftfahrtindustrie auszubauen. Sicher der Gedanke an den großen Konkurrenten Junkers ließ ihn wohl die Idee aufgreifen, sich auch dem Triebwerksbau zu widmen, d. h. das Flugzeug als Ganzes aus eigenem Haus zu liefern. Zwar schien der Bau konventioneller Kolbentriebwerke aussichtslos, doch die neuen, in den zwanziger und dreißiger Jahren des zwanzigsten Jahrhunderts auftauchenden Ideen für Flugzeugantriebe weckten Heinkels stets waches Interesse an Innovation. Es war typisch für ihn, dass er immer bereit war, sein Kapital in neue Ideen zu investieren, wenn sich daraus eventuell ein Vorsprung vor den Mitbewerbern entwickeln konnte.

Das erste Beispiel für diese Haltung ist der 1928 im Warnemünder Heinkel-Werk gebaute Flugzeug-Dampfmotor. Dazu ist leider außer einigen Bildern nichts mehr bekannt. Weder kennen wir den Konstrukteur, noch wissen wir etwas über die technischen Parameter und die eventuelle Erprobung dieser Dampfmaschine mit drei sternförmig angeordneten Zylindern. Max Kretzschmar, ein Ingenieur, der damals gerade von der Firma Bäumer Aero zu Heinkel gekommen war, erinnerte sich, dieser Motor sei in einem Doppeldecker Heinkel HD 22 eingebaut worden.

Das 1935 begonnenen Engagement Heinkels bei der Applikation des Raketenantriebs in Flugzeuge in Zusammenarbeit mit dem Heereswaffenamt und dem RLM steht erneut für dieses Interesse Heinkels. Dabei waren allerdings die insbesondere vom HWA betriebene Geheimhaltung und dessen Bemühen, der Industrie eine Nutzung der aus dem Militäretat finanzierten Forschungsergebnisse zu verwehren, den Intentionen Heinkels im Wege.

So traf das Empfehlungsschreiben Prof. Pohls an Ernst Heinkel vom

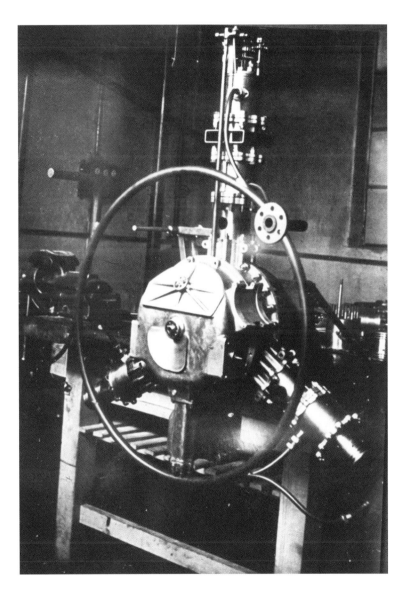

Außer einigen wenigen Fotos ist heute fast nichts über den Dampfmotor, den ersten Versuch der Firma Heinkel auf dem Antriebssektor, bekannt.

Hans-Joachim Pabst von Ohain (1911-1998)

geboren am 14.12.1911 in Dessau.

1935 Physikstudium an der Georg-August Universität Göttingen, zwischenzeitlich je ein Semester in Berlin und Rostock.

1933 Erste theoretische Überlegungen zum Strahlantrieb für Flugzeuge.

1935 Bau des ersten Gasturbinen-Versuchsmodells in der Autowerkstatt Bartels & Becker in Göttingen.

1935 Promotion am Physikalischen Institut der TU Göttingen

1936 Im April Anstellung bei Heinkel zur Entwicklung eines flugfähigen TL-Triebwerks.

1937 Etwa im März erste Standläufe eines mit Wasserstoff betriebenen Versuchs-triebwerks in Marienehe. Danach wird Ohain Leiter der neugeschaffenen „Sonderentwicklung II" bei Heinkel.

1939 Am 27. August fliegt Erich Warsitz erstmals in der Welt ein Flugzeug mit TL-Triebwerk (Heinkel He 178 mit dem Ohain-Triebwerk HeS 3b).

1941 Der erste Strahljäger He 280 fliegt am 30. März mit zwei HeS 8 in Marienehe.

1942 Entwicklung des He S 011, als Triebwerk der 2. Generation, dessen Versuchs-muster bei Kriegsende auf dem Prüfstand liefen.

1945 In Stuttgart-Zuffenhausen werden unter Leitung von Hans von Ohain und Max Bentele 12 He S 011 für die US Navy gebaut.

1947 Hans von Ohain wird im Rahmen der „Operation Paperclip" zur Arbeit in den USA geworben und kommt nach Wright Field/Ohio, um für die US Air Force zu arbeiten.

1964 Chief Scientist des Aerospace Research Laboratory auf der Wright-Patterson AFB.

1975 Bis zur Pensionierung 1979 Chief Scientist des Air Force Aero Propulsion Laboratory. Danach noch 10 Jahre Forschungen im Versuchsinstitut der Universität von Dayton/Ohio und Vorlesungen.

1998 Am 13. März in Melbourne/Florida verstorben.

3.3.1936, das er für seinen Assistenten Hans von Ohain und dessen „Strahlapparat" verfasst hatte, sicher auf Heinkels besonderes Interesse. Hier ergab sich für ihn die Möglichkeit, einen neuartigen Antrieb zu kreieren, ohne von vornherein der Kontrolle der Ministerialbürokratie unterworfen zu sein. Heinkel glaubte wieder einmal eine Idee verwirklichen zu können, mit einer Neuheit konkurrenzlos am Markt zu stehen und diesen so zu beherrschen. Dabei hatte er die Hoffnung, auch dieses Ziel mit eher provisorischen Mitteln schnell zu erreichen, die Idee dann als Lizenz zu verkaufen und weiter zu verbessern. Die für eine solche Entwicklung notwendigen aufwändigen Forschungs- und Versuchseinrichtungen und auch die erfor-

derliche Bearbeitungskapazitäten und -kenntnisse lagen nicht vor, ebenso existierten keinerlei Vorstellungen und Möglichkeiten für eine umfassendere Fertigung.

So ergab sich die glückliche Fügung, dass einmal Ernst Heinkel ein starkes Interesse an der Schaffung eines neuartigen Flugzeugantriebs hatte und auch bereit war, die dafür nötigen Investitionen zu tätigen, und dass Hans von Ohain bei seinen ersten theoretischen Studien zum Strahlantrieb ab Herbst 1933 die Einfachheit der Bauform als das wichtigste Kriterium für den Anfang der Entwicklung erkannte. Seine Strahlturbine bestand aus wenigen Grundbauteilen, einem radialen Kompressor-Rotor und einem ebenfalls radialen Turbinen-Rotor mit einer zum Drehzentrum hin gerichteten Einlaufströmung, wobei beide Rotoren auf einer gemeinsamen Mittelscheibe saßen. Die Brenner waren im Gehäuse angeordnet, in ihnen erfolgte die Verbrennung mit kleiner Durchfluss-Machzahl nahezu bei Staudruck. Diese Anordnung ließ ein geringes Entwicklungsrisiko erwarten, da ein radialer Rotor mit nahezu gleichem Außendurchmesser für Kompressor und Turbine eine automatisch richtige Abstimmung besitzt. Diese Kombination des einfachsten, ohne große Vorversuche zu realisierenden Triebwerks und das fordernde und fördernde Interesse Heinkels an einem flugfähigen Gerät führte zum unwahrscheinlich schnellen Erreichen des ersten Strahlflugs. Die weitere Entwicklung lief dann weniger glatt, da sich die Nachteile der bei Heinkel fehlenden Versuchs- und Fertigungseinrichtungen auswirkten. Dazu kamen später äußere Einflüsse, wie die Einflussnahme des RLM, die Einschränkungen durch die Mangelwirtschaft des Krieges und die Verzettelung der Entwicklungsarbeiten, was aber zum Teil wieder mit dem Wunsch Ernst Heinkels zusammenhing, möglichst auf allen Gebieten an erste Stelle zu agieren und seinem „Hang zum Herumprobieren".

Die Arbeiten unter Hans von Ohains Leitung

Die ersten Demonstrationsmodelle und Projekte

Im Herbst 1933 hatte Hans von Ohain erste Berechnungen und Überlegungen zum Strahlantrieb angestellt und begann Ende 1934 an einer Patent-Anmeldung zu arbeiten. Schon für sein im Rahmen der Dissertation entwickeltes optisches Relais hatte er ein Patent erworben, das von der Siemens AG aufgekauft worden war. So nahm er erneut Kontakt zu seinem Patentanwalt Dr. Wiegand in Berlin auf. Bei ersten Recherchen fanden sich keine gegen die Anmeldung sprechende bereits existierende Patente. Auf das von Frank Whittle im Januar 1930 angemeldete Turbostrahltriebwerk und die axiale Turbo-Strahlturbine des Franzosen Guillaume von 1921 stießen sie nicht. Das erste Ohain-Patent „Verfahren zur Erzeugung von Luftströmungen insbesondere zum Antrieb von Luftfahrzeugen" wurde am 15.5.1935 eingereicht und ab Mitte 1936 als geheim eingestuft. Etwa gegen Ende 1936/Anfang 1937 wurden einige der darin erhobenen Ansprüche wegen des schwedischen Milo-Patents und eines späteren Whittle-Patents (dessen drit-

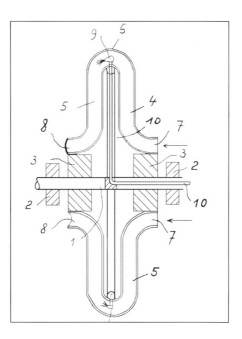

Hans-Joachim Pabst von Ohain war erst 24 Jahre alt, als er seine bahnbrechenden Entwicklungsarbeiten an Strahltriebwerken bei Heinkel begann. Dieses signierte Porträt stammt ursprünglich aus seiner Personalakte im Werk.

Prinzipskizze nach der ersten Patentanmeldung für ein Strahltriebwerk von Hans von Ohain.

Max Hahn mit dem von ihm in der Göttinger Automobilwerkstatt für Ohain gebauten ersten Demonstrationsmodell eines Strahltriebwerks.

Das erste in der Göttinger Autowerkstatt entstandene Demonstrationsmodell des Ohain-Strahltriebwerks erinnert in seiner Blechbauweise heute etwas an die Trommel einer Waschmaschine.

tem) abgelehnt. Das frühere Guillaume-Patent hatte das grundsätzliche Strahlantriebsprinzip vorweggenommen, war aber weder vom britischen noch vom deutschen Patentamt beachtet worden. Ohain erhielt daraufhin nach einigen Änderungen das Geheim-Patent 317/38 „Strömungserzeuger für gasförmige Mittel" mit rückwirkender Gültigkeit vom 10.11.1935 an. Um Interesse für den Strahlantrieb zu erwecken und das Arbeitsprinzip zu demonstrieren, wollte Ohain ein Modell bauen, über dessen Skizzen er mit seinem Automechaniker Max Hahn diskutierte. Der machte viele praktische Änderungen am Entwurf, die den Bau in der Autowerkstatt „Bartels & Becker" in Göttingen erlaubten. Hans von Ohain, der 1935 bei Prof. Pohl promoviert hatte, zeigte diesem seine theoretischen Ausarbeitungen zum Strahlantrieb und berichtete ihm über das Versuchsmodell. Pohl erlaubte die Triebwerksexperimente im Hof des Physikalischen Instituts durchzuführen und stellte dafür Messinstrumente und einen Elektromotor als Starter zur Verfügung. Ohain hatte seine geplanten Untersuchungen auch an das Technische Amt des RLM gemeldet, das am 12. Juni 1935 die Genehmigung erteilte, die Versuche im Institut Prof. Pohls durchzuführen. Man bat darum, „gelegentlich über den Fortgang der Arbeiten unterrichtet zu werden." Das Modell war jedoch nicht zum Selbstlauf zu bringen. Die Verbrennung erfolgte nicht in der Brennkammer, sondern erst in der Turbine, so dass lange Flammen aus der Austrittsöffnung traten. Das zweite Ohain-Patent zeigt im Prinzip den Aufbau dieses Versuchsmodells.

Als Ernst Heinkel auf das Empfehlungsschreiben Prof. Pohls nach der Rückkehr von einer Reise am 12. März 1936 antwortete und Dr. von Ohain zur Vorstellung seiner Ideen zum 17. d. M. in sein Haus nach Warnemünde einlud, stellte dieser seine Berechnungen und Zeichnungen am nächsten Tag auch den führenden Ingenieuren des Werkes vor. An der Besprechung nahmen die Gebrü-

der Günter als Leiter des Projektbüros, der Aerodynamiker Helmbold, Chefkonstrukteur Schwärzler und der Leiter der Versuchsabteilung Dr. Matthaes teil. Festgelegt wurde, dass der Durchmesser des Geräts verringert werden musste, und dass von Ohain seine Konstruktion entsprechend verbessern und Anfang April erneut vorlegen solle. Vorversuche zur Messung der Wirkungsgrade müssten bei Heinkel stattfinden. Am zweiten April fand dann die nächste Besprechung in Rostock statt, deren Ergebnisse wie folgt protokolliert wurden:

1) Dr. von Ohain sollte sofort nach Ostern seine Tätigkeit in Rostock aufnehmen. Auf Ohains Wunsch hin bot Ernst Heinkel auch Max Hahn eine sofortige Anstellung zu diesem Termin an.

2) Als wichtigstes Anliegen sollte durch

Die Radialschaufeln von Kompressor- und Turbinenseite des Modellmotors bildeten eine Einheit.

Bei der ersten Vorstellung seiner Pläne in Rostock lernte Hans von Ohain neben Ernst Heinkel (links) auch die Leiter des Projektbüros, die Zwillingsbrüder Siegfried (Mitte) und Walter (rechts) Günter, kennen.

Nach dem Krieg nach dem Gedächtnis rekonstruierte Zeichnung des ersten Ohainschen Demonstrationsmodells.

Versuche geklärt werden, ob eine Mischung der heißen Verbrennungsgase mit der Luft in der erforderlichen kurzen Zeit und auf dem geringen zur Verfügung stehenden Weg möglich ist.

3) Die Versuche sollten unter Leitung von Dr. Matthaes stattfinden, der dazu einen weiteren Ingenieur (Wilhelm Gundermann) abstellte.

4) Als Zeitplanung wurden etwa vier Wochen für die Brennversuche, bei deren Erfolg Beginn der Einzelteilkonstruktion ab Ende Mai und Baubeginn des Versuchstriebwerks Ende August anvisiert.

Ernst Heinkel vereinbarte am 3.4.1936 die Arbeitsaufnahme mit Hans von Ohain für eine anfängliche Unkostenerstattung von 300 Reichsmark monatlich und stellte eine feste Anstellung für 400 RM Gehalt bei erfolgversprechendem Abschluss der Vorarbeiten in Aussicht.

Am 15. April 1936 begannen die Brennversuche mit dem in Göttingen gebauten Modell im Windkanal des Rostocker Werkes. Hans von Ohain erhielt dafür einen improvisierten Arbeitsplatz im Windkanalgebäude in Marienehe. Dabei hatte Walter Günter aus Furcht vor Beschädigungen des Windtunnels angeordnet, die Drehzahl des Modells nicht über 100 m/s Umfangsgeschwindigkeit zu steigern. Auch diese Messungen ergaben wieder für den Selbstlauf des Gerätes unzureichende Wirkungsgrade, so dass erste Zweifel an der vorgeschlagenen Konzeption laut wurden. Insbesondere Dr. Matthaes, der sich während seines Studiums in Dresden bis 1922 selbst mit dem Gedanken des Strahlantriebs auseinander gesetzt hatte, zweifelte an der Realisierbarkeit der Ohainschen Ideen. Er wollte vor allem den Radialkompressor durch einen axialen ersetzen und dachte auch an höhere Strahlaustrittstemperaturen. Nach Beendigung der ersten Brennversuche gingen die Arbeiten in zwei Richtungen weiter. Zuerst wurde in der Versuchsabteilung ein neues Modellaggregat gebaut. Dabei versuchte Wilhelm Gundermann die im Flugzeugwerk vorhandenen Fähigkeiten und Anlagen zu nutzen, um schnell zu brauchbaren Resultaten zu gelangen. So wurden die Gehäuseteile nicht gegossen, sondern aus ca. 1,5 mm starkem Blech gedrückt und mit Ringflanschen zusammengefügt, die man durch Punktschweißung und Nietung befestigte. Diese Flansche fertigte die Rostocker Schiffswerft „Neptun" an, da die dafür nötigen Maschinen bei Heinkel fehlten. Ebenso wurden andere Dreh- und Maschinenteile bei der Rostocker Firma Meincke in Auftrag gegeben, die schon Unteraufträge im Heinkel-Katapultbau

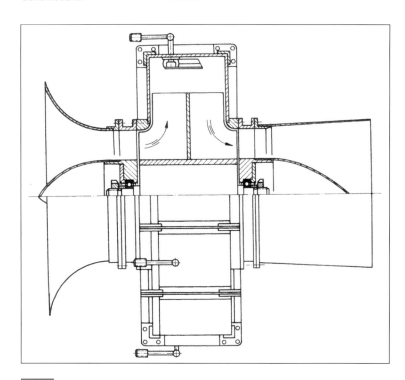

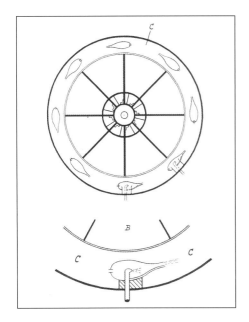

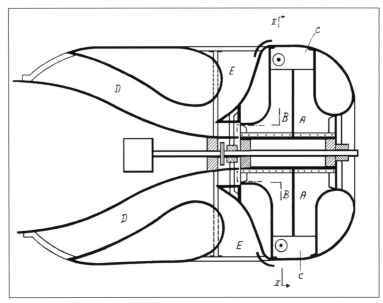

erhalten hatte. Etwa Ende Mitte Juni 1936 war das Gebäude für die kleine Ohain-Gruppe fertig und konnte bezogen werden. Die Schaufeln für Kompressor und Turbine waren wie beim ersten Modell aus Blech konstanter Dicke geformt, aber auf Rückenscheiben befestigt, die in den Rotornaben in Bohrungen gehalten wurden. Der Unterschied zum Göttinger Modell aus der Autowerkstatt bestand also im wesentlichen in dieser Befestigung der Verdichter- und Turbinenschaufel an separaten Rückenscheiben auf gemeinsamer Achse, so wie auch die von Hahn verwendeten einfachen Schraubenverbindungen der Blechteile verändert waren.

Hans von Ohain fürchtete aber, dass die systematische Brennkammerentwicklung mindestens ein halbes, wenn nicht gar ein ganzes Jahr erfordern würde, was wahrscheinlich Ernst Heinkel zu langsam gewesen wäre. Deshalb wollte er neben der weiteren Arbeit an Brennkammern für flüssigen Treibstoff, ein Versuchsgerät für die Verbrennung von gasförmigem Wasserstoff bauen, um die Lauffähigkeit der Turbine zu demonstrieren. Die Wasserstoff-Verbrennungsanlage bestand aus etwa 60 geraden Hohlschaufeln mit stumpfer Hinterkante, an der das Gas aus einer Reihe gleichmäßig verteilter Löcher in die hinter den Schaufeln verwirbelte Luft trat

und verbrannte. Diese Anordnung wurde später nach dem erfolgreichen Lauf am 29.3.1937 zum Patent gemeldet und unter der Nummer 106/39 geschützt. Im Juli 1936 stellte Dr. Matthaes einen „Terminplan für die Weiterentwicklung des von Ohainschen Projektes" auf. Die Versuche mit dem ersten in Rostock gebauten Versuchsmodell in der am Warnowufer errichteten Versuchsbaracke waren erneut unbefriedigend, wie ein am 19.12.1936 vorgelegter Bericht zeigte. Anders bei der Ausführung mit Wasserstoffbetrieb, womit eine sehr gleichmäßige Temperaturverteilung am Turbineneintritt erreichbar war, unter der Voraussetzung einer verhältnismäßig kleinen Durchströmungsgeschwindigkeit der Verbrennungsanlage. Deshalb entwarf Ohain einen festen Leitschaufel-Diffusor, der hinter dem Kompressor die Strömung verzögerte, was aber eine Abweichung vom vorher vorgesehenen Prinzip der „Nernst-Turbine" bedeutete. Mit diesem Versuchsmodell gelang Anfang 1937, knapp ein Jahr nach Ohains Auftritt bei Heinkel, der erste eigenständige Lauf auf dem Prüfstand. Das genaue Datum ist bisher unbekannt, kann aber mit Ende Februar/Anfang März angenommen werden. So erinnern sich Ohain, Gundermann und Hahn, wobei Gundermann oft auf die Dauer von neun Monaten bis zur „Geburt" seit Be-

Die Prinzipskizzen des zweiten Ohain-Patents 317/38, das rückwirkend zum 10.11.1935 erteilt wurde, unterscheiden sich schon deutlich von der des ersten Antrags. Offensichtlich sind bereits praktische Erfahrungen aus den Versuchen mit dem ersten Modell eingeflossen und wahrscheinlich Ideen enthalten, die im zweiten verbesserten Modell erprobt wurden.

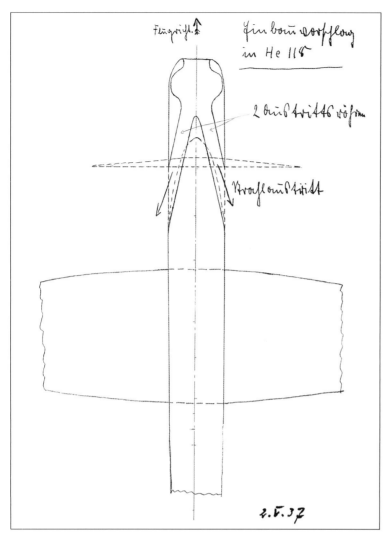

Hans von Ohains Skizze von Anfang Mai 1937 mit dem Vorschlag, ein Strahltriebwerk anstelle des Kolbenmotors in den Bug der He 118 einzubauen.

sieht als „Arbeiten am Versuchsapparat" vor:

1) Erzielung einer gleichmäßigen Temperaturverteilung,
2) Messung von Schub und Wirkungsgrad,
3) Versuche mit Ölverbrennungsanlage,
4) Zusatzapparate.

Parallel dazu waren Arbeiten an einer Neukonstruktion vorgesehen, wobei die technischen Fragen, wie Lager, Material, Schubaufnahme und Hilfsmaschinen, besondere Aufmerksamkeit erforderten. Die systematischen Versuche mit dem Wasserstoffaggregat dauerten etwa bis Ende April 1937. Leider sind bis heute keine Zeichnungen oder Fotos dieses ersten auf dem Prüfstand gelaufenen Triebwerksdemonstrators bekannt geworden. Anfang Mai war es soweit, dass man an die Verwirklichung eines flugfähigen Triebwerks denken konnte. Am 2.5.1937 legt Hans von Ohain seine Pläne Ernst Heinkel dar. Er schlug zwei Möglichkeiten vor. Erstens den Bau einer zweimotorigen Spezialmaschine mit den zur Zeit größtmöglichen Wirkungsgraden und Leistungen. Dabei ging er von sehr optimistischen Zeitplanungen aus. Bis Ende August sollten Konstruktion und Bau des ersten Triebwerks und die Konstruktion des Flugzeugs erfolgen und bis Ende April 1938 das Flugzeug samt Triebwerken gebaut sein. Wichtig war dabei die Beschaffung hochwarmfester Stähle. Der zweite Weg sollte das Fliegen mit vorhandenen Materialien und Flugzeugtypen unter Verzicht auf den größtmöglichen technischen Fortschritt sein. Dafür sollte bis Ende August ein Triebwerk konstruiert und gebaut werden und in eine He 118 an Stelle des Kolbenmotors montiert werden. Dies sollte einschließlich der Prüfstandsversuche bis Ende September erfolgen. Um eine unmittelbare Zusammenarbeit mit den Herren Schwärzler und Günter zu erreichen, bat von Ohain darum, die Gruppe Gundermann als Sondergruppe dem Konstruktionsbüro anzugliedern. Diesem Wunsch entsprach Ernst Heinkel und

ginn der Arbeiten im Sommer 1936 angespielt haben soll. Auch die Ende März erfolgte Patentanmeldung für die Wasserstoffbrennanlage und weitere Belege sprechen für diesen Zeitraum des erfolgreichen Erstlaufs der Turbine. Die Versuche mit dem Wasserstoff-Gerät haben etwa Mitte Januar 1937 begonnen, wie eine Bemerkung in einem Bericht von Dr. Matthaes vom 19.1.1937 zeigt. Dort heißt es: „Die weiteren Versuche mit einem neuen Apparat, die jetzt in Angriff genommen sind, entfernen sich schon wesentlich von der Idee der Nernst-Turbine, d. h. des Vermeidens der Leistungsverluste durch Vermeidung der Umsetzung der Geschwindigkeitsenergie in Druckenergie". Ein kurzes, von Ohain und Gundermann verfasstes, „Programm für die weitere Entwicklung des Strahlapparates" vom 25. Februar

Kurt Matthaes (1900-1999)

geboren am 22.2.1900 in Berlin-Schöneberg.

1918 Studium an der Mechanischen Abteilung der TH Dresden.

1923 Diplomprüfung als Elektroingenieur.

1924 Arbeit am Institut für Metallurgie und Werkstoffkunde der TH Dresden.

1927 Am 10. August Doktor-Ingenieur.

1934 Wissenschaftlicher Mitarbeiter bei der DVL in Berlin-Adlershof.

1935 Habilitation und ab 1. April Leiter der Versuchsabteilung und Werkstoffprüfung der Ernst Heinkel-Flugzeugwerke. Von April 1936 bis Mai 1937 gehörte die Triebwerksgruppe Ohain zur Versuchsabteilung.

1943 Ernennung zum Professor.

1945 Gründung eines Werkstoffprüfinstituts in Kiel. Einstellung bei der Eichverwaltung des Landes Schleswig-Holstein, das auch das Institut übernimmt.

1950 Leiter für das Eichwesen in Schleswig-Holstein, Referent und Mitarbeiter in verschiedenen Gremien, tätig als Berater und Gutachter, Vorlesungen an der Universität Kiel.

1963 Bis 1973 Weiterführung der „Prüfstelle für Werk- und Baustoffe" als amtlich anerkannte "Materialprüfanstalt Prof. Matthaes".

1999 Am 6.2.1999 verstirbt Prof. Matthaes in Kiel.

---

entband am 3. Mai Dr. Matthaes von seiner Verpflichtung, die Versuche zu leiten. Dr. von Ohains Abteilung wurde selbständig. Wenige Tage später regte Heinkel an, die Schubversuche mit geschlossenem und geöffneten Tor der Versuchsbaracke zu machen, um durch Vergleich der Schubwerte den eventuellen Einfluss des Tores festzustellen. Dies ist ein weiteres Dokument, das klar zeigt, dass die später in seinen Memoiren gemachte Angabe, das erste Aggregat sei erst im September 1937 gelaufen, auf einem Irrtum beruht. Am 13. Mai erhielt Hans von Ohain einen Anstellungsvertrag ab 1.6.1937, vorläufig für die Dauer eines Jahres. Die monatliche Vergütung betrug 500 Reichsmark. Mit gleichem Datum erwarb das Werk die Patentanmeldungen, wobei die bisherigen Ausgaben mit 6000 RM abgegolten werden sollten und weiterhin eine prozentuale Beteiligung an späteren Verkäufen und Lizenzvergaben des Triebwerks vereinbart wurde. Interessant ist hierbei der vereinbarte Auszahlungsmodus der bisherigen Patentausgaben. Die ersten 2000 RM erhielt von Ohain sofort. Die zweiten sollte er bekommen, wenn der damals in Konstruktion befindliche neue Apparat mit einem maximalen Gewicht von 300 kg einen Schub von 800 kp erreichte. Die restlichen, wenn das erste Flugzeug damit fliegt. Die weiteren Daten und die erste Zeichnung dieses als „Projekt 2" bezeichneten Entwurfs legte Dr. von Ohain am 21. Mai 1937 vor. Danach sollte das Triebwerk bei rund 250 kg Masse einen maximalen Durchmesser von 970 mm und einen

Zeichnung des „Projekts 2" vom 21. Mai 1937 für das damals geplante flugfähige Strahltriebwerk.

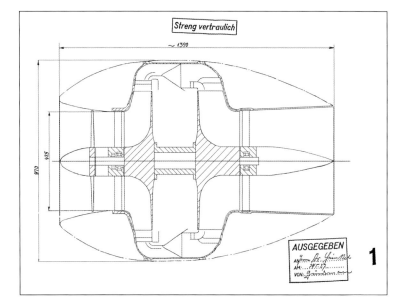

Max Hahn und Hans von Ohain (links) mit zwei bisher leider unbekannten Mitarbeitern aus der Abteilung Sonderentwicklung von Heinkel.

Prinzipskizze der im He S 3 erstmals verwirklichten Umlenkbrennkammer nach der Patentanmeldung von Max Hahn.

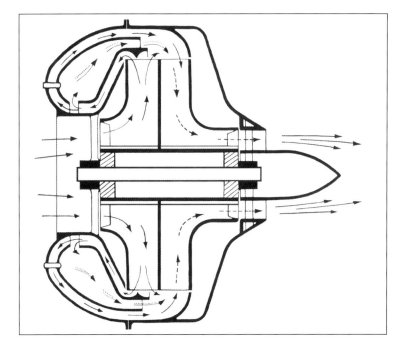

Strahldurchmesser von 475 mm haben. Bei einem Temperaturverhältnis von 1 : 2,7 zwischen Ein- und Austritt wurde mit einem Startschub von 900 bis 1000 kp und 600 kp in 5000 m Höhe bei 200 m/s (720 km/h) Fluggeschwindigkeit gerechnet. Die Ringbrennkammer, die zwischen Kompressor und Turbine lag, war noch relativ vage gezeichnet, so dass beispielsweise nicht erkennbar ist, wie die Treibstoffversorgung erfolgen sollte. Man arbeitete damals an mehreren Varianten. So hatte Hahn vorgeschlagen, ähnlich wie bei der Lötlampe, zu-

nächst mit vergastem Brennstoff zu beginnen. Anfangs vergaste er das Benzin in einem elektrisch geheizten Druckkessel. Ein ebenfalls elektrisch betriebenes Gebläse sorgte für die Zufuhr der nötigen Verbrennungs- und Kühlluft für ein Versuchsstück der Brennkammer. Diese Versuchsanlage war im Sommer 1937 fertig. Dabei wurde die Außenwand der Brennkammer untragbar heiß. Deshalb wurde eine innere Blechverkleidung verwendet, die durch Kühlluft gegenüber der Außenwand isoliert werden konnte. Der Einbau der Kraftstoffverdampfer in die Brennkammer führte zum Verstopfen derselben durch Ruß nach etwa ein bis zwei Stunden Vollastbetrieb. Ein Verlegen in kühlere Abschnitte der Brennkammer erlaubte einen etwa zehnstündigen störungsfreien Betrieb. Etwa Mitte September 1937 fanden die ersten ermutigenden Brennkammerversuchsläufe statt. Während Gundermann mit seinen Konstrukteuren an den Lagersternen, der Lagerkühlung mit Treibstoff und den Laufrädern für Kompressor und Turbine und den auswechselbaren Leitgittern arbeitete, schlug Hahn vor, die Brennkammer in den ungenutzten Raum vor dem Kompressorgehäuse unterzubringen. Dadurch konnte die Rotorlänge reduziert werden. Außerdem waren an dieser leichter zugänglichen Umlenkbrennkammer Änderungen möglich, ohne, dass das Triebwerk selbst geändert werden musste. Dafür erhielt Hahn am 27.5.1938 ein Patent. Diese Umlenkbrennkammer wurde dann beim He S 3 b verwendet. Ein wesentliches neues Element des „Projekts 2" vom Mai 1937 war die Verwendung einer speziellen Axialstufe vor dem Radialkompressor. Damit konnte ein großer Einlaufdurchmesser im Verhältnis zum Laufraddurchmesser erreicht werden, was den Massefluss bei gegebenem Laufraddurchmesser erhöhte. Da die Machzahl an den Kompressorschaufeln bei höherem Eintrittsdurchmesser ansteigt, rotiert die einströmende Luft durch den axialen Vorsatzläufer bereits in Drehrichtung des Kompressors, was einen wesentlich größeren Einlaufdurchmesser erlaubt. Das „Projekt 2" vom Mai 1937 dürfte in seiner Auslegung etwa dem im Frühjahr gelaufenen Wasserstofftriebwerk entsprechen, das wahrscheinlich noch nicht den axialen Vorläufer hatte.

Das erste flugfähige Strahltriebwerk F 3 (He S 3)

Die mit den bisherigen Modellen und dem wasserstoffbetriebenen Triebwerk gewonnenen Erkenntnisse sollten nun in ein flugfähiges Aggregat einfließen, dessen Projektbezeichnung mit F 3 ge-

wählt wurde. Welche Bezeichnungen die Vorgängermodelle hatten, ist bisher unklar, also ob das Wasserstofftriebwerk intern als F 2 bezeichnet wurde, oder ob F 2 für das letztendlich so nicht gebaute „Projekt 2" steht. Ersteres ist relativ wahrscheinlich, da in Gundermanns „Terminplan des Konstruktionsbüros der Sonder-Entwicklungs-Abteilung II" vom 4.5.1938 die Konstruktion eines „Wasserstoffverbrennungsrings wie in F 2" für das Triebwerk F 3a bis zum 21. Mai vorgesehen war. Aus den wenigen erhaltenen Dokumenten geht hervor, dass zwei Ausführungen des Triebwerks F 3 entwickelt und gebaut wurden. Zuerst das F 3a, an dem grundsätzliche Versuche und Prüfstands-Untersuchungen durchgeführt wurden. Dazu gehörte auch die systematische Entwicklung der Brennanlage, von der bereits im F 2 verwendeten Wasserstoffverbrennung über einen Wasserstoffverbrennungsring mit Luftführung wie für die Benzinverbrennung zur Benzinverbrennungsanlage. Auch ein Axialgebläse und verschiedene Leitgitter sollten im F 3a erprobt werden. Der Terminplan von Max Hahns Werkstatt sah die Fertigstellung des F 3a am 15.8.1938 und den ersten Probelauf mit Benzin für Ende des Monats vor. Das für den Einbau in die He 178 vorgesehene F 3b mit erhöhtem Schub und Wirkungsgrad gegenüber dem F 3a sollte einen Monat

Die bisher einzige bekannte Originalzeichnung des ersten in der He 178 geflogenen Strahltriebwerks Heinkel F 3 b vom 9.6.1938 lässt noch keine Brennkammerdetails erkennen.

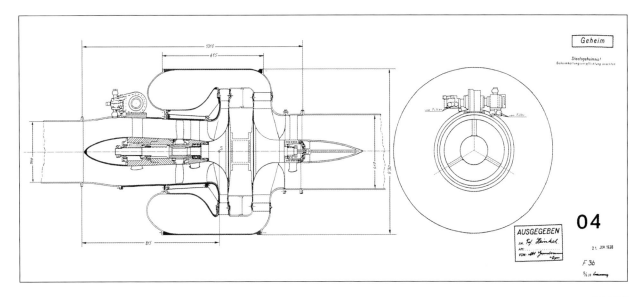

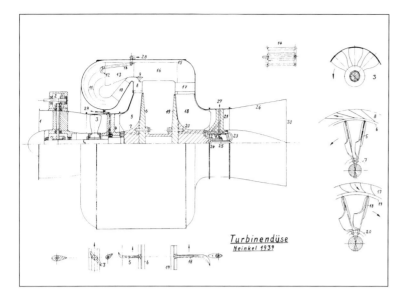

Turbinendüse
Heinkel 1939

Wilhelm Gundermann hat beginnend in den 1950er Jahren diese Zeichnung des He S 3 b rekonstruiert.

Hans von Ohain vor einem der beiden 1981 nach seinen 1973 erstellten Rekonstruktionszeichnungen hergestellten Nachbauten des He S 3 b.

Akkus und Gleichstrommotoren. Als dritte Möglichkeit war ein elektrischer Antrieb im Gespräch, der bei steigender Drehzahl durch eine von abgezweigter Pressluft getriebene Turbine unterstützt werden sollte. Als vierte Variante wurde eine direkt mit dem Apparat gekuppelte Turbopumpe untersucht. Nur die erste Variante ließ eine direkte Drehzahlmessung des Triebwerks zu, die anderen erforderten einen optischen Ferndrehzähler. Für die Austrittsregelung entwickelte man bei Gundermann eine Konstruktion, ein weiterer Lösungsvorschlag stammte von Dr. Benz. Die Entwicklung eines verstellbaren Schaufelgitters zur Leistungsregelung war wegen dringender anderer Arbeiten abgebrochen worden. Da die anderen Varianten zuviel Arbeit erforderten, wurde dann für das erste Flugtriebwerk der Antrieb der Benzinpumpen durch Elektromotoren gewählt. Bereits damals arbeitete man neben dem für 500 kp Schub vorgesehenen F 3b an einem Austauschgerät, das 750 kp erreichen sollte (F 6). Anfang August 1938 lagen der Sonderentwicklung I, welche die He 178 bauen sollte, die Attrappen und Konstruktionszeichnungen des F 3b und des Benzinpumpenaggregats vor. Als Termin bis zu dem das Triebwerk mit sämtlichem Zubehör auf dem Prüfstand fertig und probegelaufen sein sollte, wurde damals der 15.11.1938 protokolliert, so dass ab dann der Einbau in die He 178 V-1 möglich wäre. Am 22. 2.1939 fasste Hans von Ohain die damals erforderlichen Arbeiten zur Ablieferung des Triebwerks He 178 zusammen. Darin wird unter anderem erwähnt, dass der Rotor des Triebwerks fertig war und im Apparategehäuse F 3b erprobt wurde. Im Prüfstandsversuch mussten die Lager im Triebwerk, der Temperaturverlauf mittels Umschlagfarben, die Austrittstemperatur, die Drehzahl, der Druckverlauf, die Fördermengen und der Brennstoffverbrauch untersucht und ermittelt werden. Im Flugzeugrumpf waren die Temperaturen ebenfalls mit Umschlagfarben und der

später, am 15.9.1938 montiert sein. Konstruktionsbeginn war der 9. Mai, die erste Übersichtszeichnung lag am 9.6.1938 vor. Die Konstruktion der Einzelteile war noch für Juli geplant. Mitte Juni 1938 meldete Gundermann an Ernst Heinkel, dass die Konstruktion des F 3b bis zum 10. Juli abgeschlossen werden sollte. Dann noch zu klären waren die Brennstofförderung, Drehzahlmessung und Austrittsregelung. Damals wurden vier Arten der Brennstoff-Förderung untersucht. Einmal eine über ein Getriebe an das Triebwerk angeschlossene Brennstoffpumpe, dann ein unabhängiger elektrischer Antrieb der Pumpen mit

*Je eines dieser Schnitt-
modelle des He S 3 b im
Maßstab 1:1 ist heute im
Deutschen Museum in
München und im National
Air and Space Museum
in Washington, DC,
ausgestellt.*

Druckabfall im Austrittsrohr zu messen. Weiterhin waren Messungen mit verschiedenen Leitapparaten und Diffusoren, eine Verbrennungsanlage mit verbreiterten Gasern und ringförmiger Außenwand, die Lageverschiebung der Turbinenwelle und Dauerlaufversuche zu erproben bzw. durchzuführen. Aus dem Arbeitsplan für das Konstruktionsbüro der SoE II vom 1.3.1939 geht hervor, welche Vielzahl von neuen Geräten insbesondere auch Messgeräten für die Versuche entwickelt werden mussten. Beispielsweise waren Axialkraftmesser zur Feststellung der Längslagerbeanspruchung zu entwerfen, weiter Drehmoment-Messnaben zur Ermittlung der Teilwirkungsrade von Verdichtern und Turbinen. Statt des bisher verwendeten Pendelrahmens, arbeitete man an der Entwicklung eines Triebwerks-Messwagens für Versuche bei verschiedenen Anströmgeschwindigkeiten und Luftdichten. Die anfängliche Schubleistung

des F 3b war zu klein und betrug nur 350 kp. Von Ohain und seine Gruppe untersuchten Kombinationen aus drei verschiedenen Kompressor- und Turbinen-Leitgittern und unterschiedlichen Strahldüsen. Nach dem Ermitteln der richtigen Kombination konnten 500 kp Schub erreicht und in mehreren Einstunden- und Zehnstunden-Läufen nachgewiesen werden. Wahrscheinlich im Juni 1939 wurde das F 3b in die He 178 V-1 eingebaut und in der Zelle erprobt. Bei der Vorstellung der neuesten Luftrüstungstechnologie vor Adolf Hitler in Rechlin am 3. Juli 1939 wurde die He 178 am Boden vorgestellt. Am frühen Morgen des 27. August 1939 flog Erich Warsitz dann in Rostock-Marienehe die He 178 V-1 erstmals. Dabei waren aus Sicherheitsgründen das Fahrwerk arretiert und der Fahrwerksschacht verkleidet. Warsitz erzählte beim anschließenden Frühstück, er hätte fast 600 km/h erreicht und war besonders über die ge-

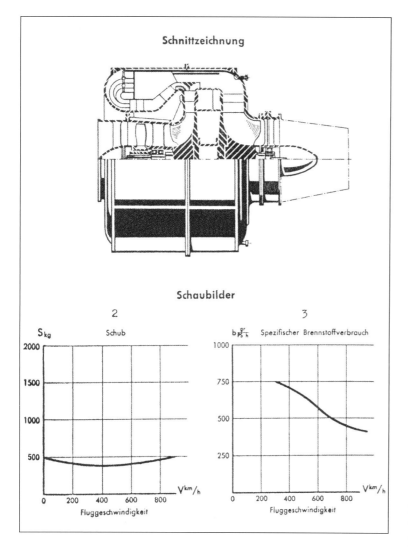

Schnittzeichnung

Schaubilder

2

S_{kg} Schub

2000

1500

1000

500

    0   200   400   600   800 $V^{km}/_h$

Fluggeschwindigkeit

3

$b\frac{gr}{PS\cdot h}$ Spezifischer Brennstoffverbrauch

1000

750

500

250

    0   200   400   600   800 $V^{km}/_h$

Fluggeschwindigkeit

Diese schematische Darstellung mit wenigen Basisdaten aus einem Heinkelbericht von 1940 war jahrelang die einzigen Originalunterlage zum He S 3 b und diente auch Hans von Ohain als Grundlage für seine Rekonstruktionspläne.

ringen Geräusche und fehlenden Vibrationen des neuen Antriebs im Vergleich zum Kolbenmotor begeistert. Wegen des fünf Tage später durch den deutschen Einmarsch in Polen ausgelösten Kriegs fand die erste Flugvorführung vor General Udet erst am 1.11.1939 in Marienehe statt. Das Triebwerk wurde anschließend ausgebaut und sollte zunächst weiteren Prüfstandsläufen und Schleuderversuchen dienen. Ab Dezember 1939 wurde das F 3b unter einer He 111 F (W.Nr. 2390) im Flug untersucht, wofür der Technische Direktor Lusser spezielle Geheimhaltungsmaßnahmen anordnete. Eine weitere Entwicklung des ab etwa 1940 rückwirkend als He S 3b bezeichneten Triebwerks fand nicht statt, da man ab dem Erstflug der He 178 intensiv an dem für den projektierten zweimotorigen Jäger vorgesehenen

Triebwerk He S 8 arbeitete. Ein Foto dieses historisch bedeutenden weltweit ersten Strahltriebwerks ist bisher leider nicht aufgetaucht.

Das Projekt F 4

Nach der ersten Kontaktaufnahme mit der Deutschen Versuchsanstalt für Luftfahrt (DVL) in Berlin Ende 1937 und dem Gegenbesuch von DVL-Vertretern in Rostock im Februar 1938 gab es eine Zusammenarbeit auf dem Gebiet der TL-Triebwerksentwicklung. Unter der Bezeichnung F 4a wurde im Mai 1938 in der Sonderentwicklung II das Projekt „eines Apparats nach Vorschlägen der DVL mit erhöhter Gastemperatur und Schaufelkühlung" bearbeitet. Der Dr. Heinkel von Hans von Ohain am 4.5.1938 vorgelegte Terminplan sah die allgemeinen Berechnungen des Projekts F 4a in der Woche vom 20. bis 25. des Monats vor, anschließend bis zum 6. Juni die Festlegung der allgemeinen Auslegung (Leitgitter u.ä.). Vom 6. bis 20.6.1938 sollten die Projektzeichnungen gefertigt werden. Mitte Juni berichtete von Ohain erneut über den Stand der Projektarbeiten. Er gab an, dass das Schaufelkühlungsverfahren nach den bisherigen Berechnungen eine Leistungssteigerung von etwa 50 % bei einem Wirkungsgradabfall von 15 bis 20 % erwarten ließ. Da wegen der zusätzlichen Kühlluft der Gesamtmassendurchsatz nicht verkleinert war, ließ sich der Durchmesser der Eintrittsrohrleitung nicht wesentlich verringern, was ungünstig für den Einbau im Rumpf war. Bei gleichem projektierten Schub von 500 kp wies das Projekt F 4a mit etwa 280 kg Trockenmasse gegenüber dem F 3b eine Verbesserung von 50 kg auf, ebenso sank der größte Durchmesser von 930 auf 630 Millimeter. Der Durchmesser des Lufteintrittsrohrs war aber nur um 55 auf etwa 300 mm zu senken. Der berechnete Kraftstoffverbrauch lag um etwa 13 Prozent höher. Eine weitere Bearbeitung des Projekts F 4 erfolgte offensichtlich nicht, da bisher keine spätere Erwähnung bekannt ist. Zeichnungen und andere Unterlagen sind ebenfalls noch unbekannt.

Das Projekt F 5

Als Weiterentwicklung des F 3b mit erhöhtem Schub und verbessertem Wirkungsgrad wurde im Mai 1938 auch das Projekt F 5 mit einem zusätzlichen Axialgebläse berechnet. Dabei sah die Planung die Fertigstellung der Projektzeichnungen bis Ende Juni vor. Bei einem auf 600 kp erhöhten Schub und einem rund ein Drittel geringerem spezifischen Kraftstoffverbrauch waren mit 280 kg eine um 50 kg geringere Masse, ein maximaler Durchmesser von 780 mm und ein Eintrittsrohrdurchmesser von 300 mm projektiert. Auch das Projekt F 5 wurde nicht weiter verfolgt. Lediglich eine grobe Skizze mit den geplanten Hauptabmessungen ist bisher bekannt.

Das Strahltriebwerk He S 6

Eine prinzipiell baugleiche Weiterentwicklung des He S 3-Triebwerks war das He S 6. Die einzige bekannte Originalskizze des He S 6 entspricht der des He S 3. Lediglich die überlieferten Leistungsdaten sind etwas besser. So war die Drehzahl von 13000 auf 13300 min⁻¹ gestiegen, bei einem etwa um 100 kp höheren Standschub. Die Masse des He S 6 lag mit 420 kg um 60 kg höher als die des He S 3b. Während das ursprünglich als Weiterentwicklung des He S 3 geplante Projekt F 5 noch einen geringeren Durchmesser aufwies, war man beim He S 6 (F 6) von diesem ehrgeizigen Vorhaben zurückgetreten. Allerdings dachte man anfangs ebenso wie beim F 5 an die Verwendung eines zusätzlichen Axialgebläses. Aber auch dieses wurde später fallen gelassen. Der noch im Juni 1938 geplante Schub von 750 kp konnte ebenfalls nicht erreicht werden. So sah der Kobü-Arbeitsplan der Sonderentwicklung II am 1. 3.1939 für das nun für die He 178 V-2 vorgese-

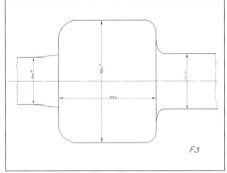

Die einzige bisher vom Triebwerksprojekt F 5 bekannte Skizze mit den Hauptabmessungen.

hene verbesserte Triebwerk eine einfache Bauart ohne Axialgebläse vor, dessen Konstruktion einschließlich Vorrichtungen, Stücklisten und Festigkeitsrechnungen vom 15.3. bis Ende April 1939 erfolgen sollte. Am 7.8.1939, drei Wochen vor dem Erstflug der He 178, erwartete der Technische Direktor Lusser den Beginn der Prüfstandserprobung des F 6 für Ende September. Ein Bericht

Bis auf gering abweichende technische und Leistungsdaten, entsprach das He S 6 dem He S 3b, wie diese Abbildung von 1940 zeigt. Weitere Darstellungen dieses Triebwerks sind bisher leider unbekannt.

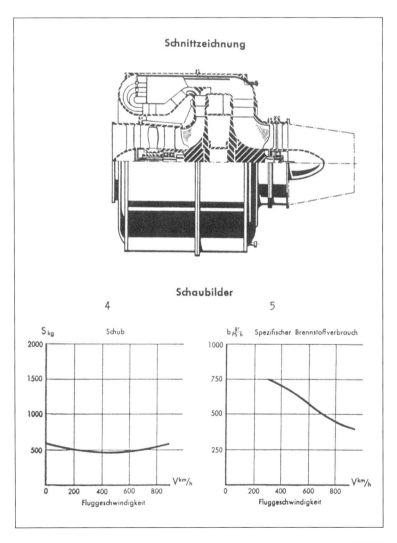

vom 16.11.1939 meldet: „Der HS 6 ist eben erst in Betrieb genommen". Später wurde ein He S 6 unter einer He 111 einer Dauererprobung unterworfen. Auch für die Erprobung von Bauteilen der für die He 280 in Entwicklung stehenden Triebwerke wurden He S 6 eingesetzt. Im September 1940 heißt es beispielsweise dazu: „Das Axialgebläse des HS 30 (PG2) soll auf dem HS 6 erprobt werden". Im April 1941 sollte entschieden werden, „ob die weitere Erprobung von Reglern und Geräten (für das He S 8) an einem Apparat F 6 vorgenommen werden kann".

Triebwerk He S 8

Nach den ersten Vorschlägen Hans von Ohains zur Entwicklung eines zweistrahligen Versuchsträgers vom Mai 1937 wurde zunächst die Entwicklung der einstrahligen He 178 beschlossen und die Arbeiten am Triebwerk F 3 b für

diese Maschine bekamen die höchste Priorität in der Abteilung Sonderentwicklung II der Heinkel-Werke. Im Sommer 1938 liefen aber auch bereits Arbeiten zur Konzeption und Entwicklung des Axialtriebwerks He S 9, das für das geplante zweimotorige Strahlflugzeug, die spätere He 280, vorgesehen war. Ein Jahr später, Anfang August 1939, war als Ausweichlösung bei Schwierigkeiten mit dem He S 9 das Triebwerk F 8 im Projekt fertig. In der Mitteilung TD 455/39 der Technischen Direktion vom 7.8.1939 heißt es:

„1) Das Triebwerk F 8 wird auf die Bezeichnung He 8 umbenannt. (Handschriftlich ergänzt: HS, nicht He)

3) Das Triebwerk He 8 ist entwickelt aus dem Triebwerk F 6, das voraussichtlich Ende September auf den Prüfstand kommt. Die wesentlichsten Teile des Triebwerks He 8 sind genau die gleichen wie diejenigen des Triebwerks F 6 (wie Gebläse, Turbine, Lagersterne, Wellenstummel, ebenso die wesentlichen Gehäuseteile sind identisch) neu werden Gitter und Verbrennungsanlage.

Da die obengenannten wesentlichen Bauteile des Triebwerks F 6 bereits in Arbeit sind, und die Gesamtkonstruktion des Triebwerks He 8 bereits fertig ist, wird festgelegt, dass die für die Fertigstellung des Triebwerks He 8 noch zusätzlich benötigten Bauteile (vorderes und hinteres Gehäuseteil, Zwischenwelle, Zwischengehäuse, Verbrennungskammer) sofort beschafft bzw. angefertigt werden und zwar für zwei Triebwerke He 8. Die Kosten für einen Satz zusätzlicher Teile werden mit etwa 3000,-- veranschlagt. Auf diese Weise wird in dem Triebwerk He 8 eine Ausweichlösung geschaffen, die dann zur Anwendung kommt für den Fall, dass mit dem Triebwerk He 9 irgendwelche unvorhergesehenen Schwierigkeiten auftreten.

Die Werkstatt ist nach Angabe von Herrn Dr. v. Ohain in der Lage, den Bau der beiden Triebwerke He 8 durchzuziehen ohne Beeinträchtigung der Arbeiten an dem He 9 Triebwerk."

Aufbauschema und projektierte Leistungsdaten des He S 8. Als 1940 der Bericht entstand, dem diese Darstellung entnommen ist, befand sich das He S 8 als Antrieb für die He 280 in Entwicklung.

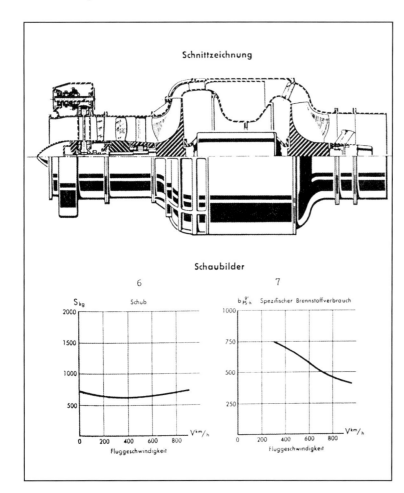

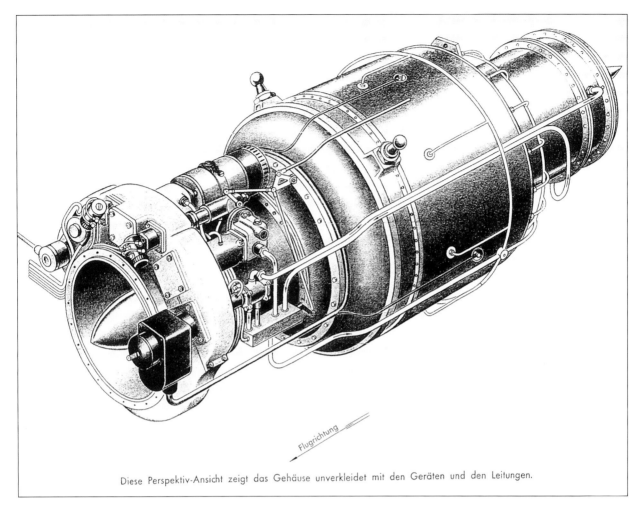

Flugrichtung

Diese Perspektiv-Ansicht zeigt das Gehäuse unverkleidet mit den Geräten und den Leitungen.

Die hier von F in He bzw. HS geänderte Bezeichnung der EHF-Triebwerke wurde nur etwa ein halbes Jahr, teils parallel, benutzt, ab März 1940 wird dann bei Heinkel meist die Abkürzung He S für „Heinkel-Strahltriebwerk" eingesetzt, die dann allgemein und auch rückwirkend verwendet wurde.

Als nach der Einstellung der ehemaligen Junkers-Gruppe, deren Axial-Triebwerks-Entwurf He S 30 für entwicklungsfähiger gehalten wurde und das Projekt He S 9 wegfiel, konzentrierte sich die Ohain-Gruppe auf die Fertigstellung der Konstruktion des He S 8. Als problematisch erwies sich erneut der Antrieb der Nebengeräte, da insbesondere die Getrieberäder und Lager nur mit langen Lieferzeiten beschaffbar waren. Damit war der Antrieb der Benzinpumpe erneut unsicher. Das in einem Versuchsträger He 118 eingebaute Versuchstriebwerk (wahrscheinlich ein He S 6) hatte zwei elektrisch angetriebene Graezinpumpen, deren Leistung aber für das He S 8 nicht ausreichend war. Da am 17.11.1939 noch keine genauen Zeichnungen des He S 8 vorlagen und Dr. v. Ohain mitteilte, dass bei den Triebwerken für die He 280 V-1 ohne Abtriebe für Kraftstoff- und Hydraulikpumpen gerechnet werden müsse, waren die bisherigen Konstruktionspläne für das Flugzeug zu ändern. Ende 1939 hatte das RLM in seinem ersten Entwicklungsprogramm für Strahltriebwerke das He S 8 als erstes unter der neuen Bezeichnung 109-001 aufgenommen, das von der Gruppe Müller entwickelte He S 30 lief als 109-006. Da die bisherige Arbeitsweise bei der Triebwerksentwicklung, nämlich Bau des gesamten Geräts und nachfolgende schrittweise Verbesserung durch Auswechseln von Bauteilen nicht mehr ausreichte, waren sowohl Prüfstände für einzelne Kompo-

Zeichnerische Darstellung des Triebwerks He S 8 aus der Zeit um 1940/1941.

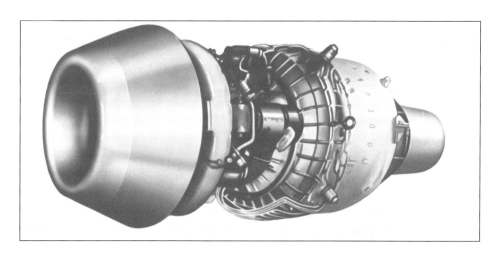

Für Werbezwecke retuschiertes Werkfoto des He S 8-Triebwerks.

nenten, wie Verdichter und Brennkammern als auch für die Abnahme der fertigen Motoren notwendig. Der Bau dieser Prüfstände war jedoch langwierig und wurde durch die Materialknappheit insbesondere durch die Kriegsauswirkungen immer wieder verzögert bzw. verhindert. Durch Koordinationsmängel im Heinkel-Werk kam es ebenfalls zu einer Reihe von Pannen, die teilweise Lieferungen von auswärts zu fertigenden Teilen verhinderten oder verschleppten. So wurde beispielsweise die Erprobung eines von der Firma Adler in Frankfurt am Main gelieferten Getriebes für den Abtrieb des He S 8 am Versuchsträger He S 6 durch zu langsame Fertigung eines Zwischenstücks um beinahe einen Monat verzögert. Im April 1940 war das erste He S 8A fertig und kam auf den Prüfstand. Die ersten Läufe bis Juni ergaben Schwierigkeiten in der Verbrennung, eine ungleichmäßige Temperatur-

verteilung und Materialprobleme wegen der angeordneten Nickeleinsparung. Es konnte kurzzeitig ein Maximalschub von 600 kp erreicht werden. Im Juli 1940 hoffte man, zum Ende des Monats die ersten beiden He S 8 auf dem Prüfstand zu haben, allerdings waren einige Fragen noch ungeklärt, zum Beispiel die Luftführung der Verbrennungsanlage. Die zuerst aufgetretenen Probleme traten mit höheren Schüben erneut auf. Bis September begann auch die Erprobung des Apparateteils. Seit Ende Oktober 1940 wurde das He S 8 A V-2 kurzzeitig mit voller Leistung von 750 kp gefahren. Mitte November legte man fest, die Versuchsmuster drei und vier des He S 8 schnellstmöglich auf den Stand des He S 8 V-2 zu bringen, um sie bis Mitte Dezember 1940 erprobt zu haben, einschließlich je eines Zehnstundenlaufs. Die ursprünglich vorgesehene Erprobung unter einer He 111 wurde in Ab-

Vergleichsfoto, das deutlich die Größenunterschiede zwischen dem Heinkel-Triebwerk He S 8 und dem Konkurrenzmodell Junkers Jumo 004 zeigt.

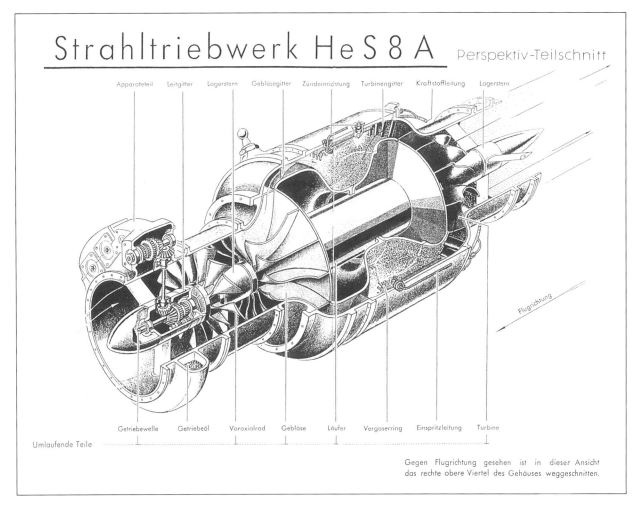

Strahltriebwerk He S 8 A Perspektiv-Teilschnitt

Apparateteil Leitgitter Lagerstern Gebläsegitter Zündeinrichtung Turbinengitter Kraftstoffleitung Lagerstern

Flugrichtung

Getriebewelle Getriebeöl Voraxialrad Gebläse Läufer Vergaserring Einspritzleitung Turbine

Umlaufende Teile

Gegen Flugrichtung gesehen ist in dieser Ansicht
das rechte obere Viertel des Gehäuses weggeschnitten.

sprache mit dem RLM fallengelassen. So plante man, den ersten Versuchslauf dieser beiden für den Flug vorgesehenen Triebwerke in der He 280 zu Weihnachten absolvieren zu können. Der Baubeginn weiterer Versuchsmuster bis zum V-10 wurde sofort angeordnet. Die Motoren V-5 und V-6 sollten möglichst bereits Anfang Januar 1941 fertig sein, um damit den nächsten Prototyp der He 280 auszurüsten. Am 1.12.1940 hoffte man, die beiden Motoren Ende Dezember zum Einbau freigeben zu können und den Erstflug Mitte Januar 1941 zu schaffen. Als offenstehende technische Probleme wurden damals Schwingungen im Strahlführungsrohr und periodische Drehzahlschwankungen, bedingt durch den neu entwickelten Askania-Regler genannt. Es gelang jedoch nicht, die Triebwerke soweit zu stabilisieren, dass die vom Technischen Amt vorgeschriebenen 10-Stunden-Läufe gelan-

gen. Deshalb wurden von Direktor Lusser ab 10.1.1941 alle anderen Arbeiten in der Versuchswerkstatt zurückgestellt. Auf der Arbeitstagung der Luftfahrt-Akademie über Strahltriebwerke am 31.1.1941 trug Dr. von Ohain über die „Besonderheiten der Strahltriebwerke radialer Bauart" vor. Seine Ausführungen zeigen, dass zu diesem Zeitpunkt am He S 8 noch Probleme und ungelöste Fragen wegen der Strömungsablösung im gekrümmten Übergangsraum zwischen Radialgebläse und dem axialen Diffusor bestanden. Bei letzterem waren Fragen der günstigsten Profilformen und Teilungsverhältnisse noch nicht ausreichend geklärt. Bei Heinkel erkannte man nach dieser Tagung, dass die eigene Kapazität auf dem Triebwerksgebiet nicht ausreichend war. Durch die jetzt ebenfalls auf dem TL-Gebiet arbeitenden Triebwerksfirmen bestand die größte Gefahr, dass der Hein-

*Diese Röntgenschnitt-
darstellung des He S 8 A
stammt aus einem Heinkel-
Werksprospekt von 1941.*

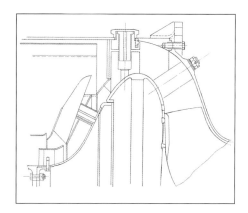

Original-Detailzeichnung der Brennkammer-Kühlluftführung und des Turbinen-Leitgitters eines He S 8-Triebwerks.

kel-Vorsprung bald aufgeholt würde und der geringste Rückschlag EHF so ins Hintertreffen bringen würde, dass Unterstützung des RLM nicht mehr zu erwarten sei. Professor Heinkel ordnete an, im Werk größere Kapazitäten zu schaffen und Teile für 30 He S 8 bei anderen Herstellern in Auftrag zu geben. Als größte Mängel wurden das Fehlen ausreichender Prüfkapazität und die Unmöglichkeit der Beschaffung von Facharbeitern erkannt. Der Erwerb eines vorhandenen Werks mit seinem Facharbeiterstamm sollte die Lösung bringen.

Laut Bericht vom 7.2.1941 waren die Standerprobung des Strahltriebwerks und der Einbau in die Zelle der He 280 V-2 programmgemäß durchgeführt. Der erste Versuchslauf fand am 24.1.1941 in Anwesenheit von Obersting. Reidenbach und der Fliegerstabsing. Schelp und Antz vom RLM statt. Dabei wurden 550 kp Schub bei 13000 U/min erreicht. Wegen ungenügender Leistung der Ölpumpen für das Schmiersystem des Getriebeteils wurde das Getriebe an die Herstellerfirma Adler zurückgesandt, die es bis Ende Februar wieder anliefern wollte.

Die Schwierigkeiten bei der Fertigstellung der He S 8-Triebwerke führten zum ständigen Hinausschieben der Liefertermine. Anfang März 1941 waren die für den Flug vorgesehenen Versuchsmuster 3 und 4 immer noch nicht fertig. Als neuer Abgabetermin wurde der 13.3.41 angekündigt. Am 18.3.1941 konnte Dr. von Ohain Prof. Heinkel melden, „dass beim augenblicklichen Stand der Entwicklung der He S 8 A einen Schub von 550 kg erzielt". Vom RLM (Schelp) wurde verlangt, bei der vorerst gegebenen Leistung das Hauptaugenmerk auf Betriebssicherheit und den Bau einer größeren Stückzahl (etwa 30 Stück) zu lenken. Heinkel entschied, dass diese 30 Triebwerke gebaut werden sollten. Dabei waren die Bauteile, die zur Erhöhung der Betriebssicherheit noch konstruktiv zu verändern waren (hauptsächlich die Verbrennungsanlage), noch aus der Bestellung auszunehmen. Welche endgültige Schubleistung zu erreichen war, konnte Dr. von Ohain noch nicht voraussagen. Am 26.3.1941 legte

Das He S 8A war nur rund 2,5 m lang.

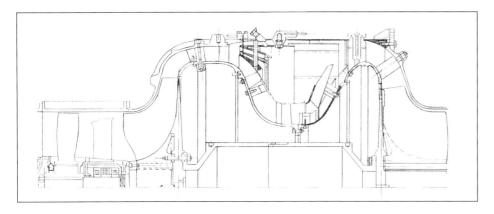

Werksdarstellung eines Halbschnitts des He S 8A-Triebwerks in später Ausführung.

er einen „Plan über die Weiterentwicklung des He S 8 A" vor. Darin wird die Verwendung der bis dahin vorgesehenen 13 V-Muster des He S 8 A angeführt. Das He S 8 A V-1 diente laufenden Versuchen für Verstell-Turbinengitter, V-2 ebenso für Gebläse-Gitter. Die V-3 und V-4 sollten für den ersten angetrieben Versuchsflug der He 280 dienen und das 7. V-Muster als Ersatzapparat dafür. V-5 wurde für Brennraumversuche eingesetzt, V-6 diente der Erprobung des Geräteteils und der Regler. Die Versuchsmuster 8 bis 10 waren für mechanische und Gebläseversuche vorgesehen, während V-11 bis V-13 wieder fliegen sollten. Die Versuchsplanungen sahen eine Schubsteigerung auf rechnerische Leistungen von bis zu 780 kp vor, die man mit verbesserten Verdichtern und Brennkammern erreichen wollte. Angedacht waren beispielsweise ein zweistufiges Voraxialrad, ein Gebläserad mit axialer Strömungskomponente und ein automatisches Verstellturbinengitter.

Nach dem Erstflug der He 280 V-2 am 30.3.1941 und der Flugvorführung vor RLM-Vertretern am 5. April wurde beim Überprüfen der Triebwerke festgestellt, dass bei einem die Kupplung zur Kühlpumpe gebrochen war, wodurch das Turbinenlager gefressen hatte. Beim zweiten Motor hatte sich ein Sicherungsbolzen in der Brennkammer gelöst und die Turbine beschädigt. Ernst Heinkel legte am 7.4.1941 die nächsten Schritte fest. An den geflogenen Triebwerken waren Reparaturen nötig, die man in ungefähr drei Wochen erledigt haben wollte. Das 5. Triebwerk sollte

nun ab spätestens 18.4. als Ersatzmotor für den Flugbetrieb bereit stehen. Das He S 8 A V-6 war gerade für Verbrennungsversuche auf den Prüfstand gekommen, die weitere Regler- und Geräteerprobung sollte an einem F 6 vorgenommen werden. Nach Wiederaufnahme der Standläufe wurde im Mai beschlossen, vor erneuten Flugversuchen zur Kraftstoff-Kalteinspritzung überzugehen. Bei der bisher verwendeten Kraftstoffvergasung bestand die Gefahr, dass wegen auftretender Temperaturspitzen durch Vercracken und Verglühen abplatzende Vergaserteile die Turbine beschädigten.

Bei einer Besprechung im RLM am 12.5.1941 wurden neue Festlegungen zu den bisherigen Heinkel-Entwicklungsangeboten getroffen. Das Heinkel-Angebot über 13 V-Muster He S 8 A vom 21.4.1941 wurde zurückgegeben und sollte erweitert als neues Angebot „Weiterentwicklung He S 8 A und Bau von 30 Stück V-Aggregaten He S 8 A" wieder eingereicht werden. Dementsprechend war eine Verringerung des bisherigen Serienauftrags für 60 Motoren auf 30 Stück vorgesehen.

Etwa zwei Monate später (am 13.6.41) wurde dem im RLM für Sondertriebwerke zuständigen Helmut Schelp berichtet, das bisher Probleme im Geräteteil, der Verbrennungsanlage und in der Kühlung des hinteren Lagers bestanden. Der ursprünglich geplante Maximalschub von 750 kp war bereits auf 700 kp reduziert. Praktisch erreicht wurde jedoch immer noch nur ein Schub von 550 – 600 kp, der außerdem

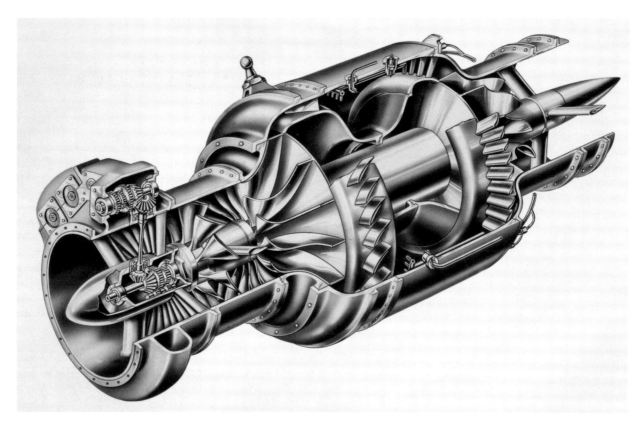

Fotoähnliche plastische Schnittdarstellung des He S 8 A, die den Funktionsmechanisnmus deutlich werden lässt.

während der Prüfstandsläufe stark schwankte. Im August sah man sich bei Heinkel veranlasst, aus der bisherigen Müller-Gruppe Leute für die Versuche am He S 8 abzuziehen, um dieses endlich verwendungsreif zu bekommen. Im Folgemonat sollten weitere 8-10 Mann von der nach Zuffenhausen übergesiedelten Gruppe für 6-8 Wochen zurück nach Rostock kommen. Da die Arbeiten an den ML-Triebwerken zu zeitaufwändig schienen, sollten diese eingestellt werden und M. A. Müller nur noch am He S 30 arbeiten. Im September hoffte man im RLM noch, die He 280 zum Einsatz bringen zu können, wenn es Heinkel gelänge, bis Ende Oktober zehn Muster des He S 8 gebrauchsfähig fertig zu stellen. Erst im September funktionierte die neue Ringbrennkammer mit Kalteinspritzung einigermaßen befriedigend. Im Oktober 1941 stand das erste neue Getriebe für den Geräteantrieb zur Verfügung, das völlig umkonstruiert und von Gleitlagern auf Wälzlager umgestellt worden war. Die größten Probleme bereitete Ende September 1941 das Material des Turbinenrades, das, aus ei-

ner anderen Charge des Herstellers Krupp stammend, völlig unzureichende Festigkeit zeigte, wodurch im Betrieb fortwährend Risse entstanden. Anläßlich eines Besuchs von Helmut Schelp am 8./9.10.1941 bei EHF wurde konstatiert, dass die Brennkammerentwicklung jetzt abgeschlossen war und zur Leistungssteigerung des Verdichters Vorversuche mit einem zweiten Vorsatzläufer liefen. Die Turbine befand sich in Umkonstruktion auf eine neue geschweißte Schaufelfussbefestigung, auch das Material der Turbinenschaufeln war gewechselt worden. Weiterhin befand sich eine Turbinendüse mit Luftschleierkühlung in Erprobung. Man hoffte, bis Ende November das erste Triebwerk in der endgültigen Form für die erste Baustufe mit 550 kp Schub fertig zu haben. Für die nötigen Flugversuche, sollte der Erprobungsträger He 111 F (W.Nr.2390), der zwischenzeitlich in Rechlin als Kurierflugzeug flog, wieder zum Triebwerkserprobungsträger umgerüstet werden. Am 21. Oktober mussten Heinkels Direktor Wolff und Dr. von Ohain bei Generaling. Reidenbach im RLM die bei der He S 8-Entwicklung entstandenen Verzögerungen erklären. Dabei ging es insbesondere darum, den Eindruck General Udets zu entkräften, Heinkel hätte wider besseren Wissens ständig zu optimistische Termine genannt. Dieser Optimismus wurde nun den Herren Müller und Ohain angelastet.

Bei im November durchgeführten Testläufen mit einem Vorsatzgebläse am He S 8 A waren bereits bei 11000 U/min 600 kp Schub erreicht worden, wie Ernst Heinkel am 14.11.1941 Generaloberst Udet mitteilte. Doch schon im nächsten Monat stand fest, dass die erzielte Leistungssteigerung nicht den Erwartungen entsprach, so dass diese Änderung nicht in die Serie übernommen werden und nur an zwei weiteren Versuchsstücken erprobt werden sollte. Das Programm der Ernst Heinkel Studiengesellschaft (EHS), Rostock, für 1942 sah die Fertigstellung von zwölf Stück He S 8 A der V-Serie und den Serienbau von 100 Stück der 0-Serie vor. Letztere sollten bei 12800 U/min einen Abnahmeschub von 600 kp bei einer Triebwerksmasse von 390 kg erreichen. Als Weiterentwicklung war das He S 8 B mit zwei axialen Vorstufen für 850 kp Schub bei 11500 U/min und einer Masse von 460 kg geplant. Am 20.2.1942 wurden die Termine für das He S 8 B festgelegt. Danach sollte unter sofortiger Ein-

führung der 72-Stunden-Woche erreicht werden, dass die letzten Zeichnungen bis zum 20. März im Betrieb vorlagen und bis Ende Mai das erste Gerät montiert sein. Ernst Heinkel war mit diesen Terminen nicht zufrieden und schrieb Prämien dafür aus, den ersten Probelauf schon bis zum 11.4.1942 zu erreichen. Dieser Wunsch scheiterte wohl an den Realitäten, insbesondere der knappen Personaldecke und immer wieder auftretenden Problemen mit dem He S 8 A. Am 10. März hoffte man bis Ende April mit vier He S 8 A die 10-Stunden-Läufe zu schaffen, um „mit der He 280 endlich zum Fliegen zu kommen". Es liefen weiterhin allgemeine Versuche zur Verbesserung des He S 8 A. Dazu gehörte die in den nächsten Tagen geplante Erprobung eines Gebläses neuer Form in den Versuchsgeräten V-14 und V-15. Es liefen Versuche mit gedrehten Brennkammerteilen zum Ersatz der Blechteile, um eine bessere Fabrikation und gleichmäßigeres Funktionieren der Brennkammer zu erreichen. Weiterhin war eine neue Radial-Axial-Turbine konstruiert worden, die in etwa 5-6 Wochen auf den Prüfstand kommen sollte, falls die Dauerfestigkeit der bisherigen Radialturbine nicht ausreichen sollte. Zum He S 8 B wurden erneut die Termine vom 20. Februar bestätigt, allerdings waren zwischenzeitlich die projektierten technischen Daten auf 800 kp siche-

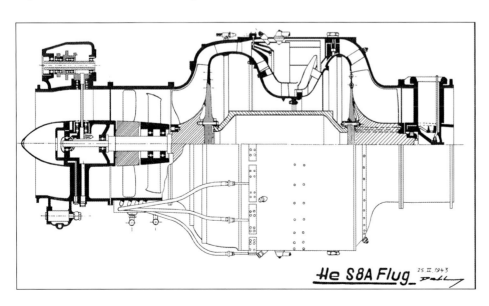

Schnittdarstellung des Versuchsmusters He S 8 A V-16, das auch unter dem Versuchsträger He 111 erprobt wurde.

ren Schub bei 11000 U/min bei 500 kg Triebwerksmasse geändert worden. Ende März wurden die Fertigtermine für einbaufähige He S 8 A erneut auf Mitte bis Ende Mai verschoben, da die Kühlung des Turbinenlagers weitere Verzögerungen gebracht hatte. Probleme bereitete nach wie vor die mangelnde Werkstattkapazität in der Halle 38 in Marienehe. Dort war trotz der Verlegung der Müller-Gruppe nach Stuttgart keine ausreichende Kapazität für den parallelen Bau und Erprobung der He S 8 A und B und der He S 11 vorhanden. Deshalb wurde im Mai 1942 begonnen, einen Teil der Montagearbeiten an die Chiron-Werke in Tuttlingen zu vergeben. Am 8.6.1942 meldete man die ersten beiden He S 8 A „bis auf kleinere Änderungen am Lager werkstattfertig". Sie sollten spätestens am 20. d. M. zum Einbau in die Zelle der He 280 V-3 übergeben werden, zwei weitere Aggregate in etwa zwei Wochen für die notwendigen 10-Stunden-Abnahmeläufe bereit stehen. Am 27. Juni war die Abgabe des ersten Flugtriebwerks He S 8 A Fl.1 zum Einbau in die He 280 V-3 in drei Tagen vorgesehen, der zweite Motor sollte vorher mindestens fünf Stunden (nicht zusammenhängend) gelaufen sein. Von der He S 8 B sollten sofort fünf Stück in Arbeit genommen werden, deren erstes

am 8. August auf dem Prüfstand laufen sollte. Obwohl bei den Versuchsläufen der für den Flug vorgesehenen Triebwerke nach ungefähr 13 Stunden kleine Risse in einigen Turbinenschaufeln auftraten, gab man den Einbau frei. So konnte am 5. Juli 1942 Fritz Schäfer erstmals nach mehr als einem Jahr Pause wieder eine He 280 mit Antrieb fliegen. Zehn Tage später wurden die Ergebnisse des Fluges mit Schelp vom RLM besprochen. Dabei wurde festgelegt, die bisherige Konstruktion des He S 8 B nicht weiter zu verfolgen, da damit praktisch ein neues Triebwerk geschaffen würde, wobei die zu erwartenden Schwierigkeiten nicht zu übersehen waren. Es sollte lediglich die Leistung des He S 8 A durch Nachschalten eines Axialrades hinter den ungeänderten Radialverdichter verbessert werden, um die für die He 280 notwendige Steigerung des Schubes auf 700 bis 750 kp zu erzielen. Das wäre gleichzeitig ein Zwischenschritt in der Entwicklung des He S 11. Am 26. 8.1942 gab Ernst Heinkel die nächsten Arbeitsschritte vor und ordnete die beschleunigte Fertigstellung von sechs He S 8 A mit verstärkten Turbinenschaufeln für Flugversuche an. Weitere sechs Stück sollten bei den Chiron-Werken in Tuttlingen gebaut werden, an die Heinkel auch die Arbeiten an der

Im September 1942 wurde die He 111 H-3 (W.Nr. 5649) als Versuchsträger für die Flugerprobung der He S 8-Triebwerke umgebaut. Zur Überwachung des Strahltriebwerks waren Messplätze im Flugzeug installiert. (Bild S. 67 oben)

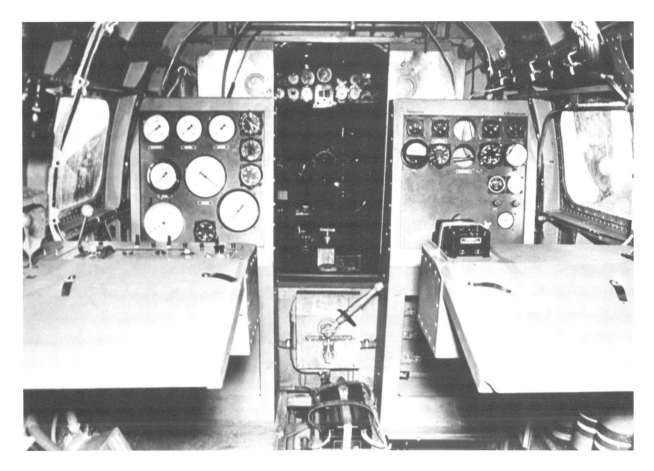

0-Serie weitgehend abgegeben wollte. Eine Axialturbine als Ausweichlösung bei weiterhin auftretenden Schwierigkeiten mit den Radialschaufeln sollte ebenfalls beschleunigt hergestellt werden. Die ersten beiden He S 8 B waren bis auf die Turbinen fertig gemeldet. Deren Verdichter sollten zur Kennfeldvermessung auf den Prüfstand nach Zuffenhausen gesandt werden. Etwa einen Monat später war folgender Entwicklungsstand erreicht: Sechs Versuchsmuster des He S 8 A waren in Marienehe in Arbeit, davon hatten die ersten beiden (V-16 und V-17) bereits in der He 280 geflogen und sollten in der zweiten Oktoberwoche erneut, aber mit verstellbarer Austrittsdüse fliegen. Die anderen (V-18 bis V-21) sollten bis zum 5.11.1942 fertig werden. Parallel fertigten die Chiron-Werke die Versuchsmuster 22 bis 27. Die restlichen drei Triebwerke der Versuchsserie hatten die offizielle Bezeichnung He S 8 A V-28 bis V-30, gehörten aber zur Ausführung He S 8 B, deren Bau vom RLM nicht mehr sanktioniert war. Allerdings war

der tatsächliche Fertigungsstand anders als im August gemeldet. Das erste Exemplar war bis auf die Schweißung der Turbine fertig. Es handelte sich um eine Diagonalturbine, deren Elektrodenschweißung nicht gelang. Der erste Verdichter sollte innerhalb der nächsten drei Wochen nach Zuffenhausen gesandt werden und dort ab frühestens 15. November vermessen werden. Es wurde beschlossen, nur die Verdichter der He S 8 B zu erproben und alle anderen Teile zu lagern. Für die Fertigstellung der auf der He S 8 A V-15 zu erprobenden axialen Verdichterstufe, die von Dipl.-Ing. Encke bei der AVA Göttingen entworfen und auch dort gebaut wurde, war der Endtermin 1.12.1942 geplant. Ob die He S 8 A V-15 und die anderen oben genannten Versuchstriebwerke noch fertig wurden und als Ganzes auf den Prüfstand kamen, ist unklar, da weitere Unterlagen fehlen. Mit der im März 1943 erfolgten Absetzung der He 280 fehlte auch das einzige mit He S 8 auszurüstende Flugzeug. Wegen des nun mit höchster Dringlichkeit in Entwicklung stehenden He S 11 ist es wenig wahrscheinlich, dass weitere He S 8 entstanden. Vielleicht hat es noch Prüfstandsläufe mit modifizierten Baugruppen des He S 8 im Rahmen der Voruntersuchungen für das He S 11 gegeben, ähnlich wie beim He S 6 in der Entwicklung des He S 8. Stattgefunden haben ab Oktober 1942 noch Versuchsflüge mit He S 8-Triebwerken unter dem im September dafür ausgerüsteten neuen Versuchsträger He 111 H-3. Diese Flüge dienten vor allem der Ermittlung des Schubes, des Massenflusses, des Nachlaufens und der Leerlaufdrehzahl in Abhängigkeit von der Fluggeschwindigkeit. Weiterhin wurden Leistungsmessungen in verschiedenen Flughöhen, die verstellbaren Austrittsdüsen und das Wiederanlassen im Flug erprobt. Der Versuchsträger He 111 H-3 (W.Nr. 5649) stammte aus der Lizenzfertigung bei der ATG Leipzig.

Hans von Ohain hat später folgendes Fazit gezogen: „Das He S 8 hat den Kauf der Hirth-Motoren GmbH für Heinkel ermöglicht. Dies war für Heinkel ein sehr entscheidender Erfolg, leider blieb es der einzige des He S 8. Alle nachfolgenden Verbesserungsversuche führten zwar zu einer gleichmäßigeren Temperaturverteilung am Brennkammeraustritt, einer Beseitigung der Ermüdungsbrüche der Turbinenschaufeln und zu besseren Kühlungsbedingungen der Lager, konnten aber die Schubleistung nicht nennenswert steigern."

Das nicht gebaute Axialtriebwerk He S 9

Als Hans von Ohain im April 1936 seine Arbeiten zur Strahltriebwerksentwicklung bei Heinkel im Windkanalgebäude begann lernte er dort Dr. Heinrich Helmbold kennen. Dieser hatte einen zweistufigen gegenläufigen Axialkompressor für seinen neuen Hochgeschwindigkeits-Windkanal entworfen und beriet von Ohain später auch bei der Auswahl der Profile für die axiale Vorläufer-Stu-

fe des Kompressors des He S 3 und machte ihn mit der Auslegungsmethode für axiale Verdichter-Beschaufelung vertraut. Auf Helmbolds Empfehlung machte sich von Ohain mit Dr. Walter Encke von der AVA Göttingen bekannt, der an Axial-Kompressoren arbeitete. Eine Verwendung der Axialbauweise der Triebwerke war insbesondere bei deren Unterbringung in oder an der Tragfläche eines Flugzeugs angeraten, da die Stirnfläche der Triebwerke so wesentlich geringer wurde. Deshalb hat Hans von Ohain auch frühzeitig an die Verwendung axialer Kompressoren und Turbinen gedacht. Allerdings war deren Wirkungsgrad Mitte der dreißiger Jahre noch relativ gering. Bei einem Besuch Ohains und Gundermanns bei der DVL in Berlin wurden im Dezember 1937 neben Aussprachen über die Vergasung von flüssigen Kraftstoffen im Institut für Thermodynamik und Arbeitsverfahren und Dr. Bollenradt über warmfeste Metallegierungen auch Gebläsefragen mit Werner von der Nüll besprochen. Dabei riet dieser noch von Axialgebläsen ab, da dafür bisher zu wenig Erfahrungen und Versuchsergebnisse vorlagen. Bei einem Gegenbesuch von DVL-Vertretern bei Heinkels Sonderentwicklung am 1.2. 1938 sagte von der Nüll seine Unterstützung bei der Berechnung von axialen Gebläsediffusoren zu. Dr. Leist schlug vor, ein bei Heinkel wegen zu geringen Wirkungsgrades aufgegebenen Projekt einer Axialturbine erneut aufzugreifen, da er jetzt „in der Lage sei, diese mit nur noch 20 % Verlust zu bauen". Um die Zusammenarbeit aufzunehmen, sollte die DVL bis zum 7.2.1938 Gesamtquerschnittszeichnungen der Heinkel-Triebwerksprojekte und Auszüge aus den Messprotokollen bisheriger Prüfstandsversuche erhalten. In einem Bericht von Ohains an Ernst Heinkel über den Stand der Arbeiten in der Abteilung Sonderentwicklung II von Mitte Juni 1938 wird die Aufnahme der Projektarbeiten an einem Triebwerk in Axialbauweise genannt, da die Schwierigkeiten mit dieser Bauart inzwischen teilweise behoben schienen. Auch erste projektierte Leistungs- und Baudaten sind dafür aufgeführt. Am 2.7.1938 besuchte Dr. von Ohain die AVA in Göttingen, wo er mit Prof. Albert Betz und Dipl.-Ing. Walter Encke seinen Axialverdichter-Entwurf durchsprach. Diese waren der Ansicht, „dass der Entwurf in der vorgelegten Form gut durchführbar sei." Die AVA bot an, die Laufräder anzufertigen, da man über Spezialmaschinen verfügte, die diese aus dem Vollen fräsen konnten. Im November 1938 war Encke mit seinem Werkmeister in Marienehe, wo eine Besprechung mit von Ohain, Gundermann und Helmbold stattfand. Ernst Heinkel schloss mit Encke einen Beratervertrag über die Entwicklung von Axialverdichtern ab. Am 19.1.1939 trafen die bei der AVA gefertigten Axial-Laufräder bei EHF ein. Heinkel bat um die Vermessung des Axialgebläses der Firma auf dem neuen Prüfstand in Göttingen und dankte für die Überprüfung des Entwurfs. Eine von Ernst Heinkel vorgeschlagene monatliche Vergütung der Arbeiten Walter Enckes wurde von der AVA abgelehnt, so dass dieser Prämien für seine Beratertätigkeit erhielt.

Im Arbeitsplan des Konstruktionsbüros der SoE II vom 1. März 1939 wird als Abschlusstermin der Konstruktion für das Versuchstriebwerk mit Axialgebläse der 20. des Monats genannt. Die Konstruktion, einschließlich der Vorrichtungen, Stücklisten und Festigkeitsrechnungen des für die Weiterentwicklung der He 178 (die spätere He 280) vorgesehenen Triebwerks mit Axialverdichter sollte zwei Monate später, also Ende Mai beendet sein. Die Arbeiten an der He 178 und deren Triebwerk F 3b in Vorbereitung auf die Flugerprobung waren jedoch offensichtlich so arbeitsintensiv, dass das He S 9 mit Axialgebläse gegenüber der ursprünglichen Planung in Verzug geriet. In einer Mitteilung des neuen technischen Direktors Robert Lusser vom 7.8.1939 wird erstmals die Bezeichnung He S 9 verwendet. Es sollte bereits soweit fortge-

Dr. Heinrich Helmbold arbeitete als Aerodynamiker im Heinkel-Projektbüro und gab Hans von Ohain nach dessen Erinnerung erste Hinweise zur Auslegung eines Axialkompressors.

schritten sein, dass seine Konstruktion in etwa zwei Monaten beendet sein würde und mit Probeläufen Ende des Jahres gerechnet werden könnte.

Nach dem Übertritt von Max-Adolf Müller und der 18 Mitarbeiter seiner Junkers-Triebwerksgruppe zu Heinkel am 1.9.1939 endeten bei EHF bald die Arbeiten am Axialtriebwerk He S 9. Hans von Ohain sollte weiterhin am radialen Triebwerk festhalten, während die aus Magdeburg neu angekommenen Ingenieure auf der Basis ihrer dortigen Arbeiten das Axial-Triebwerk He S 30 für den Antrieb der He 280 entwickelten. Lediglich als Zwischenlösung, da wahrscheinlich schneller zu realisieren, sollte auf der Basis des He S 6 ein weiteres Radialtriebwerk He S 8 gebaut werden. Walter Encke wirkte aber weiterhin beratend bei der Entwicklung von Axialgebläsen bei Heinkel, so unter anderem beim Bläser für das Zweistrom-Turbinenluftstrahl-Triebwerk He S 10 mit.

Leider sind bisher keine technischen Unterlagen, Zeichnungen o.ä. über das He S 9 bekannt geworden. Die in der Literatur zu findende Behauptung, das He S 9 sei eine projektierte Vorstufe zum PTL-Triebwerk He S 021 gewesen, ist nicht belegbar. Die bei ei-

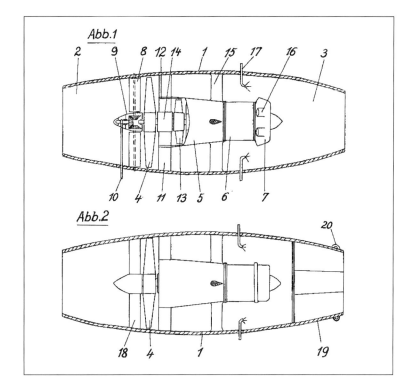

Prinzipskizze des ZTL-Patents Nr. 767258, das Hans von Ohain am 12. September 1939 erhielt.

Schnittdarstellung und projektierte Daten des Zweistrahltriebwerks He S 10 aus dem Jahre 1940.

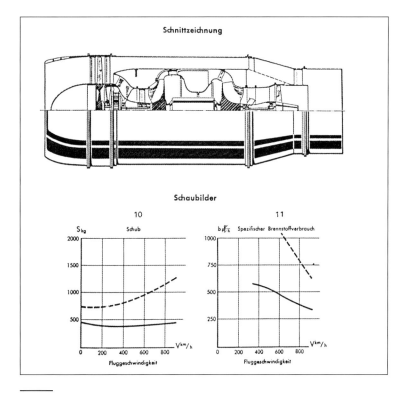

Das erste Zweistrom-Luftstrahl-Triebwerk (ZTL) He S 10

Ab 1939, als Hans von Ohains Entwicklungsgruppe am He S 8-Triebwerk für die He 280 arbeitete, hatte man auch bereits das He S 10, als daraus entwickeltes Zweistromtriebwerk (ZTL) projektiert. Damals sprach man auch noch vom „Doppelstrahltriebwerk". Das grundlegende Patent zum ZTL hatte Hans von Ohain am 12. September 1939 erhalten (Nr. 767258). Darin waren neben dem axialen Vorsatzgebläse ebenfalls eine Austrittsregelung und Zusatzheizung des äußeren Luftstroms vorgeschlagen.

Zum nötigen vorgeschalteten Axialgebläse führte Walter Encke in der AVA Göttingen grundlegende Versuche und Berechnungen durch. In einer Aktennotiz vom 13.9.1939 ist festgehalten, dass er „Axialgebläse für Manteltriebwerke" für Heinkel untersuchen und „Prinzipversuche über die Erzielung verschiedener Leistungsaufnahme bei konstanter Drehzahl und konstanter Fördermenge unter Beibehaltung eines guten Wirkungsgrades" ausführen solle. Als Ernst Heinkel am 18.7.1940 in einem Brief an den Generalluftzeugmeister Ernst Udet die in seinem Werk laufenden Entwicklungsarbeiten an Strahltriebwerken aufzählte, gab er an, dass man sich vom ZTL eine Vergrößerung des Startschubs und eine Verringerung des spezifischen Brennstoffverbrauchs um etwa 30 % erhoffte. Bei einer Besprechung mit Professor Wunnibald Kamm von der TH Stuttgart am 25.9.1940 wurde Anfang Februar 1941 für das He S 10 als Fertigungstermin angenommen. Damals sollen die Einzelteile bereits in der Werkstatt der Heinkel-Sonderentwicklung im Bau gewesen sein. Unklar war die Terminlage für das Getriebe des Vorsatzbläsers, das bei der Firma Adler gebaut werden sollte. Ein tatsächlicher Bau des He S 10 ist offensichtlich nie erfolgt, da die Probleme bei der Fertigstellung des He S 8, die Werkstatt- und Versuchskapazität der SoE II bzw. EHS voll in Anspruch nahmen. So ist dann

ner Besprechung im RLM Mitte Mai 1941 in Aussicht gestellte Auftragserteilung für Entwicklung und Probe- und Abnahmeläufe des He S 9 nach Heinkel-Angebot vom 13.3.1941 ist noch erfolgt. Doch bereits im Januar 1942 wurden die Aufträge zurückgezogen, um die Arbeiten am He S 8a zu beschleunigen.

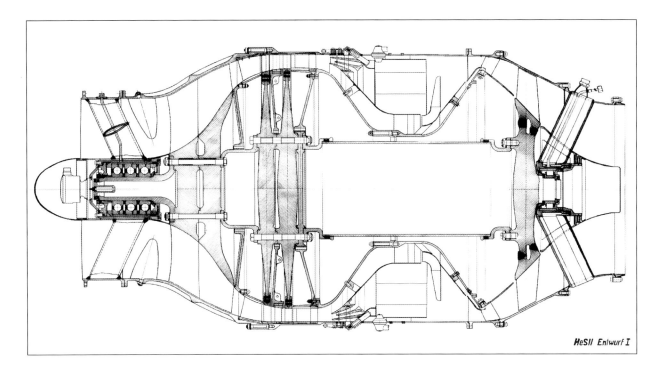

HeSII Entwurf I

bei einer Besprechung im RLM am 12.5.1941 festgelegt worden, „dass die Arbeiten am He S 10 ganz abgebrochen werden sollen und der entsprechende Auftrag abzurechnen ist." Das Amt war bereit, einen allgemeinen Entwicklungsauftrag über Zweikreis-Strahltriebwerke zu erteilen, der sich jedoch nicht auf Vollmaschinen erstrecken sollte. Es ging um „Spezial-Untersuchungen an verschiedenen Baugruppen und Prinzipversuche". Im Januar 1942 wurde die endgültige Stornierung des Auftrags für das He S 10 festgeschrieben. Danach war der Amtsauftrag Az. 90 i.12 LF 1 II B 2 (LC 3 Nr.935/39 g.K.) „Entwicklung eines Strahlantriebes He S 10 gemischter Bauart (axial-radial)" sofort unabhängig vom augenblicklichen Fertigungsgrad abzuschließen. Die entsprechenden Halbfabrikate mussten dem reichseigenen Lager zugeführt werden. Der seit den 1960er Jahren behauptete Bau von drei Versuchsmustern des He S 10 und deren Prüfstandserprobung scheint nach den o. g. bekannten Unterlagen nicht wahrscheinlich, auch wenn dies heute noch ohne Überprüfung abgeschrieben wird.

He S 11, erstes Triebwerk der Leistungsklasse II

Als Kulminationspunkt und Ergebnis aller bisherigen Heinkel-Entwicklungsarbeiten auf dem Strahltriebwerksgebiet entstand ab 1942 als erstes deutsches TL-Triebwerk der Leistungsklasse II das He S 011. Vorher waren Entwurfsstudien für eine Doppel-Propellerturbine entsprechend einer RLM-Bomber-Ausschreibung vom 18.7.1941 entstanden. Der zuständige Referent im RLM, Helmut Schelp, hatte Heinkel erstmals Mitte Mai 1941 auf die bevorstehende Herausgabe der technischen Bedingungen für ein Bomber-Strahltriebwerk hingewiesen. Wieder einen Monat später nannte Schelp weitere Vorstellungen zum „Bombertriebwerk". Danach war an ein PTL-Triebwerk gedacht, in dem etwa 60 % der Leistung durch den Propeller, 40 % als Schub abgegeben würden. Als Triebwerksleistung waren 7000 PS bei einer Geschwindigkeit von 800 km/h in 8 km Höhe und einem Verbrauch von 270 g/PSh vorgegeben. Anfang Oktober 1941 arbeitete man bei Heinkel an weiterentwickelten TL-Projekten „durch Zusammenschalten radialer und axialer Bauelemente". Man er-

Dieser erste Entwurf des He S 11 mit Diagonalturbine wurde im Juli 1942 vom RLM abgelehnt. Diese Zeichnung war bisher unbekannt.

Der weiter verfolgte zweite Entwurf des He S 11 hatte eine zweistufige Axialturbine.

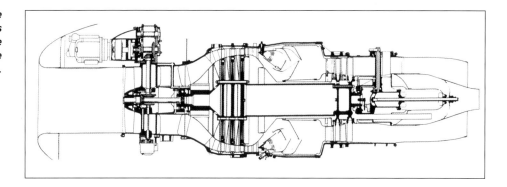

Das He S 011-Triebwerk wurde stufenweise entwickelt. Die Prinziperprobung erfolgte mit den ersten fünf V-Mustern. Es folgte ab V-6 eine Versuchsserie von 20 Stück, bevor die Fertigung der Vorserie He S 011 A-0 begann.

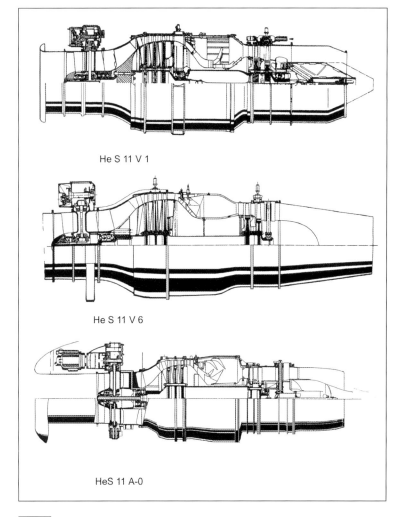

He S 11 V 1

He S 11 V 6

HeS 11 A-0

wartete durch einen solchen „Kombinationsverdichter" bessere Leistungen und Wirkungsgrade. Die Auslegungsdaten waren 1000 bis 1200 kp Schub bei einem Verbrauch von 1,3 kg/kph. Man hoffte diese Arbeiten bis zum Juli 1942 zu beenden und mit dem Bau zu beginnen. Das Programm für 1942 der Ernst Heinkel Studiengesellschaft (EHS) enthielt unter dem Punkt Vorentwicklung „Vorentwürfe für Geräte mit ungefähr 1200 kp Schub". Ende Januar 1942 wurde Entsprechendes auch für die von M. A. Müller geleitete Entwicklung II, die jetzt in Zuffenhausen arbeitete, als Ziel der Vorentwicklung festgelegt. Im Besprechungsprotokoll heißt es dazu: „Für die in Zukunft interessierenden Geräte werden Verdichter mit Förderhöhen von 20 – 25000 m gebraucht. Entsprechende Vorentwicklungsarbeiten unter Einbeziehung der Untersuchung von Radiax-Verdichtern sind vorentwicklungsmäßig sofort in Angriff zu nehmen. Als Ziel für den nächsten Entwicklungsschritt der Sondertriebwerksentwicklung des Heinkelkonzerns wird eine Triebwerk angestrebt, das in den wesentlichen Bauelementen für TL-, ZTL- und PTL-Triebwerke geeignet ist und den dafür aufgestellten Bedingungen genügt."

Eine Aktennotiz über eine Besprechung bei Prof. Heinkel am 10. März 1942 nennt dann die Typenbezeichnung He S 11. Dazu heißt es: „Die Zeichnungen hierfür sind fertig. 5 Aggregate sollen sofort aufgelegt werden. Wenn Herr Schelp morgen kommt, muss die Bestellung von weiteren He S 11 festgelegt werden. Das 1. Aggregat He S 11 ist nach Angabe von Herrn Hahn am 15. Juni 1942 fertig, die beiden weiteren 4 Wochen später. Hierzu wird es nötig sein, in 4 Wochen noch einige Leute in die Sonderentwicklung hineinzugeben." Diese Ziele wurden aber nicht eingehalten, da Schelp bei seinem Besuch Konstruktionsänderungen verlangte, die eine zusätzliche Beheizung (Nachbrenner?), die Regeldüse und Änderungen am Gebläse erforderten. Deshalb mus-

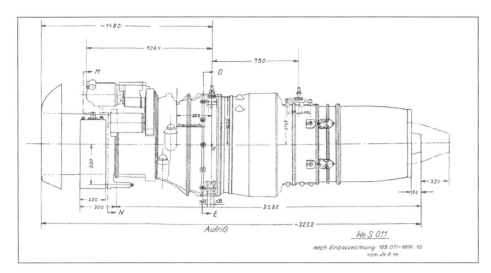

Bemaßte Aufriss- und Grundrisszeichnung des He S 011 vom 24. August 1944.

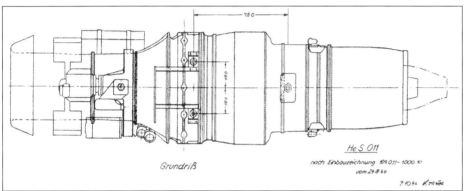

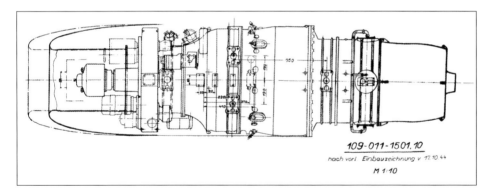

Diese Grundrisszeichnung des He S 011 vom 17.10.1944 ist bereits weiter detailliert.

sten die Zeichnungen zurückgezogen werden. Hans von Ohain hoffte, die geänderten Zeichnungen bis zum 15. April ausliefern zu können. Jetzt plante man, das erste Triebwerk bis Ende Juli fertig zu haben. Bereits im Mai war jedoch klar, dass die Werkstattarbeiten am He S 11 wegen der parallel laufenden und stark im Verzug liegenden Arbeiten an den He S 8 A nicht termingerecht durchgezogen werden konnten. Anfang Juni 1942 betonte Helmut Schelp, dass auf das He S 11 die ganze der Heinkel-Sonderentwicklung zur Verfügung ste-

hende Kapazität konstruktiv und betriebsmäßig zu konzentrieren sei, da es das Zukunftsgerät wäre. Er glaubte aber nicht, dass das erste Versuchsmuster noch 1942 auf den Prüfstand kommen würde. Schelp wollte zusätzlich Forschungsinstitute zur Beschleunigung der Arbeiten heranziehen. Parallel zur bei Heinkel laufenden Entwicklung nicht luftgekühlter ein- und zweistufiger Turbinen, wollte er von Prof. Dr. F. A. F. Schmidt bei der DVL eine zweistufige luftgekühlte Turbine entwickeln lassen. Kurz danach versuchte Ernst Heinkel

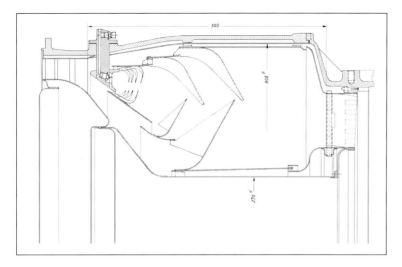

Die Ringbrennkammer des He S 011 durchlief mehrere Entwicklungsstufen von der im He S 8 A verwendeten bis zu ihrer Endform.

durch Mobilisation aller Kräfte und 24-stündiger Arbeitszeit doch noch zu erreichen, dass das He S 011 V1 noch vor Ende August fertig wurde. Drei Wochen später galt als frühester Plantermin für den Beginn der Prüfstandsläufe der 1. Oktober. Bei der Festlegung bezüglich der Weiterführung der Arbeiten am He S 30 bei den Hirth-Werken am 8. Juli 1942 wurde festgelegt, alle Arbeiten am He S 30 einzustellen, die nicht unmittelbar für die Entwicklung des He S 11 nutzbar waren. Es blieben hauptsächlich die Erprobung des Verdichters und der zweistufigen Turbine, da das He S 11

eine ebensolche Turbine und drei axiale Verdichterstufen in symmetrischer Auslegung bekommen sollte.

Bei einer Projektbesprechung mit Fl.Stabs-Ing. Schelp und Fl.Haupting. Waldmann von GL/C 3/VII am 16.7.1942 wurden die beiden bisher vorliegenden Projekte für das He S 11 gegeneinander abgewogen. Der erste Entwurf von EHS sah eine Diagonalvorstufe mit zwei nachgeschalteten Axiallaufrädern und eine Ringbrennkammer wie in den letzten Modellen des He S 8A, gefolgt von einer einstufigen Diagonalturbine vor. Die RLM-Vertreter entschieden sich für den zweiten Entwurf, der im Anschluss an die Diagonalvorstufe einen dreistufigen Axialverdichter mit 50% Reaktionsgrad und eine ebenfalls axiale zweistufige Turbine vorsah. Begründet wurde dies damit, dass die nur als Zwischenlösung mögliche Diagonalturbine Schwierigkeiten erwarten ließ. Weiterhin war zum Erreichen des günstigsten Wirkungsgrads als Endziel eine zweistufige Turbine nötig. Die Welle des Triebwerks sollte unterteilt gebaut werden, um die einzelnen Bauelemente leichter prüfen zu können. Als weiteres Ziel wurde vorgegeben, das Triebwerk später mit Zusatzverbrennung auszurüsten. Am 26.8.1942 wurden als mit dem RLM vereinbarte Termine für das He S 11 Triebwerk der neuen Form (also Verdichter mit einer diagonalen und drei axialen Stufen, verlängerte Brennkammer und ungekühlte zweistufige Turbine) die Fertigstellung der Projektmappe zum 6.9. und Fertigstellung des ersten Geräts für Prüfstandsläufe der 1.3.1943 genannt.

Danach vergab das RLM im September 1942 den endgültigen Auftrag zu Konstruktion und Bau des He S 11 unter der Bezeichnung 109-011.
Die technischen Auftragsdaten waren:
- Schubleistung am Stand 1300 kp (12,75 kN),
- Gewicht mit allen Triebwerksgeräten maximal 900 kg,
- Brennstoffverbrauch bis 1,4 kg/kp Schub und Stunde,

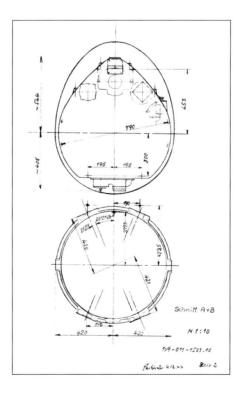

Diese Querschnittsmaßzeichnung wurde am 4.12.1944 gefertigt.

- eine Vollgashöhe bis 15 km und ein
- Druckverhältnis von 4,2:1.

Die Auslegung sollte in einer späteren Entwicklungsstufe einen Standschub von 1500 kp bei weiter gesenktem spezifischen Kraftstoffverbrauch erlauben.

Hans von Ohain hielt am 20.10.1942 die Entwicklungsziele fest. Danach war

das He S 11 als Bomber-TL-Triebwerk mit geringem Treibstoffverbrauch konzipiert. Die Auslegung ging von einer optimalen Arbeitshöhe 8 km bei einer Fluggeschwindigkeit von 720 km/h aus. Die Triebwerkslänge sollte 2700 mm bei 780 mm Durchmesser sein.

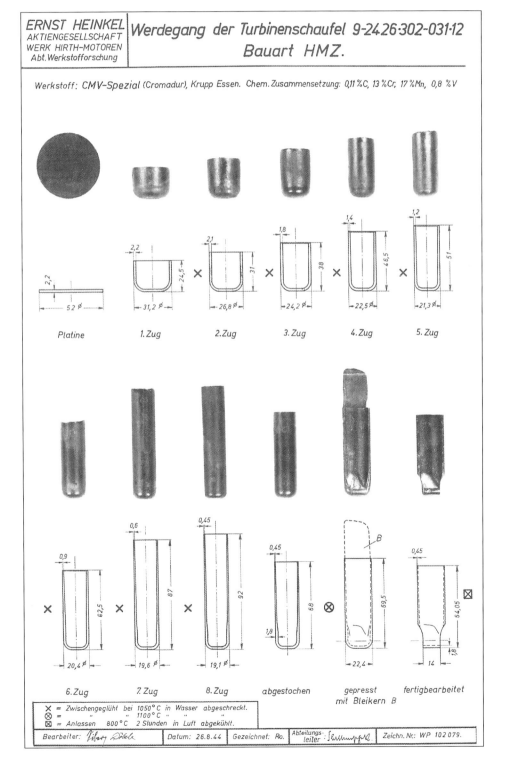

Werksdarstellung der Fertigungsschritte der im He S 011 verwendeten hohlen luftgekühlten Topfschaufeln für die Turbine.

Hans von Ohain (rechts) und Fritz Schäfer, der kurz vor Kriegsende die ersten Versuchsflüge mit dem He S 011-Triebwerk unter einem Versuchsträger Ju 88 ausführte, 1979 vor dem für ein Jahr leihweise im Deutschen Museum ausgestellten He S 11 aus den USA. Foto: Dr. Rathjen/DM München

Da die Vorentwürfe eine Reihe grundsätzlich neuer Wege vorsahen, u.a. einen Kombinationsverdichter mit Diagonalstufe, waren zunächst zur Prinziperprobung fünf Versuchsmuster zu bauen. Diese dienten der kurzfristigen Erprobung der thermischen und aerodynamischen Verhältnisse im Gerät. Sie unterschieden sich deshalb voneinander in wesentlichen Details. Es brauchte dabei keine Rücksicht auf Gewicht und Fertigung genommen werden, so dass Grauguss- und Schweißkonstruktionen weitgehend verwendet wurden. Der Verdichter bestand aus einem axia-

len Vorläufer, einem Diagonalgebläse und drei nachgeschalteten Axialstufen mit annähernd symmetrischer Beschaufelung. So waren eine geringe Baulänge, kleine Stufenzahl, ein hohes Druckverhältnis und eine flache Charakteristik erreichbar. Da bis dahin keine Versuchserfahrungen mit Diagonalgebläsen vorlagen, baute man drei davon, die gleiche Innen- und Außenabmessungen jedoch verschiedene Anstellung der Schaufeln und Voraxialräder aufwiesen. Diese Verdichter wurden zuerst auf dem 1600 kW-Gebläseprüfstand in Zuffenhausen erprobt. Damit sollte noch vor dem Zusammenbau des ersten Versuchsgeräts das beste Diagonalrad gefunden werden. Bei den ersten Versuchsmustern des He S 11 fand die im He S 8 A erprobte Brennkammer mit wenigen Änderungen Verwendung, obwohl deren Nachteile, wie schlechtes Anlassen, unbefriedigendes Regelverhalten und hohe innere Widerstände bekannt waren. Gleichzeitig wurde mit der Projektierung einer 16-Düsen-Kammer für Hochdruckeinspritzung begonnen und Teilkammern zur Vorerprobung hergestellt. Die Turbine sollte zweistufig sein, um eine genügende Arbeitsaufnahme auch in Hinsicht auf die spätere Weiterentwicklung zum PTL-Triebwerk zu si-

Nur wenige He S 11-Triebwerke sind bis zum Ende des Krieges fertig geworden.

Foto eines Heinkel-Hirth 109-011-Triebwerks und die daraus retuschierte Prospektdarstellung.

chern. Da die Entwicklung der vorgesehenen luftgekühlten Hohlschaufeln längere Zeit benötigte, wurden die ersten
Versuchsmuster mit ungekühlten Mas-
sivschaufeln ausgerüstet. Durch die
Ausbildung des Gebläses war es beim
He S 11 möglich zur Schubsteuerung bei
allen Flugzuständen mit einer einzigen
Schubdüsenstellung auszukommen. Lediglich beim Anlassen und beim Landen
wurde eine zweite Schubdüsenstellung
mit großer Öffnung vorgesehen.

Bereits im Januar 1943 forderte
Ernst Heinkel Dir. Wolff auf, sich Gedanken über die Beschaffung von Arbeitskräften, Spezialmaschinen und
Fertigungsstätten für die Serienfertigung des He S 11 zu machen, obwohl
noch kein Triebwerk gelaufen war.
Wegen der weiteren Schwierigkeiten im
Zusammenwirken der Heinkel-Hirth-
TL-Fertigung ernannte GFM Milch am
25. März 1943 Harald Wolff zum kom-
missarischen Leiter des Werks Zuffen-
hause. Das empfand Ernst Heinkel als
einen Affront gegen sich.

Im Mai 1943 begann die Teilerpro-
bung der drei Diagonalräder-Versuchs-
muster. Im September 1943 war das erste Vollgerät He S 11 V-1 montiert und
konnte Kurzläufe zur Prüfung der thermischen und aerodynamischen Verhältnisse ausführen. Der Prototyp erreichte
unter starker thermischer Überlast nur
kurzfristig 1116 kp Schub bei 9920
U/min und einem Luftdurchsatz von 22
kg/s. Eine Verbesserung der Komponenten war nötig. Die Vermessung des Gebläses auf dem DVL-Prüfstand in Augs-
burg ergab, dass eine Änderung des axialen Teils nötig war. Anfangs änderte
man nur Anstellung und Verwindung der
Leitschaufeln in den Axialstufen. Auch
die Schaufeln des Turbinenleitapparats
erforderten eine zusätzliche Luftküh-
lung. Über den Aufbau der V-Muster 2
bis 5 ist wenig bekannt. Im 5. Prototyp
wurden DVL-Turbinen mit luftgekühlten
Blättern erprobt.

Als erstes Muster der anschließend
gefertigten Versuchsserie (V-6 bis V-25),
die bereits flugfähig sein sollte, kam im

Februar 1944 das He S 11 V-6 auf den Prüfstand. Anstelle der vorher verwendeten 3 Lager wurden ab V-6 nur noch zwei eingesetzt, das ganze Triebwerk war kürzer geworden. Dazu trug auch eine verkürzte Brennkammer bei. Anfangs konnten nur die mechanischen Eigenschaften untersucht werden, da das Gebläse noch nicht in der veränderten Form vorlag. Die Verdichter-Leitschaufeln waren bei diesem Versuchsmuster verstell- und austauschbar gestaltet. Im Mai 1944 konnte der neue Verdichter mit veränderten Leitschaufeln auf dem Prüfstand vermessen und im Juni in das He S 11 V-6 eingebaut werden. Die besten Resultate mit Vollverdichter wurden im August 1944 auf dem He S 11 V-10 erreicht. Bei einer Besprechung in Zuffenhausen am 22./23. Juli 1944 wurde festgehalten, dass das He S 11 in einem 40-Minuten-Lauf 1100 kp und in einem 5-Minuten Lauf 1200 kp Schub geleistet hatte. Damit nahm man an, „dass die Entwicklung auf dem richtigen Wege ist und dass der geforderte 1300 kp Schub sicher erreicht wird." Deshalb wollte Ernst Heinkel unbedingt erreichen, dass auch Kapazität für den Serienbau des He S 11 im vom RLM geplanten Untertage-Werk Kochendorf vorgesehen würde, das bisher nur für den Bau von Jumo 004 und BMW 003 gedacht war.

Anfängliche Schwierigkeiten mit den luftgekühlten Turbinen-Leitschaufeln konnten schnell beseitigt werden, so dass noch im Juni Versuchsläufe mit bis zu 1100 kp Schub gelangen. Die Arbeiten konzentrierten sich nun auf die Entwicklung der neuen Ringbrennkammer. Sie erforderte acht Umkonstruktionen, die verschiedene Tarnnamen, wie „Versuchskarnickel", „Rattenschwanz" u.ä. erhielten. Im November 1944 gelangen erstmalig Läufe mit einer 16-Düsenkammer, wobei Schubwerte von 1200 bis 1300 kp gemessen wurden. Die anfänglich auftretenden Schwingungsbrüche der massiven Turbinenschaufeln konnte Dr. Max Bentele durch sein Erreger/Beaufschlagungsdiagramm klären und beseitigen, indem er die Gefährlichkeit der einzelnen Harmonischen der Schwingung erfasste. Von Bentele stammte auch die später angewandte luftgekühlte Hohlschaufel. Zuerst entwickelte er eine Faltschaufel, die aus Blech gestanzt, gefaltet und dann geschweißt wurde. Daraus entstand die sogenannte Topfschaufel. Dabei formte man aus einer aus Blech gestanzten Platine einen Topf und brachte ihn in acht Tiefziehschritten auf die vorausberechnete Wandstärke und Länge. Mit Bleikern wurde dann die Schaufel geprägt. Bei der Befestigung diente ein

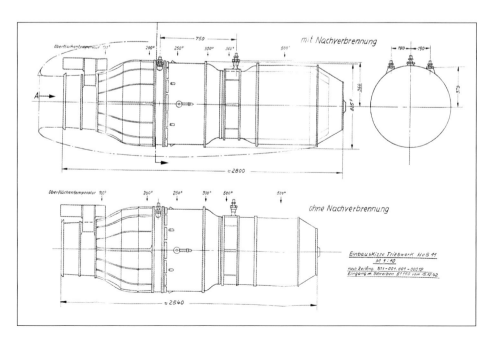

Diese frühe Einbauskizze des He S 11 zeigt, dass sich damals auch bereits eine Version mit Nachbrenner in der Projektierung befand.

Einbauattrappe des HeS 011 A-0 mit angedeuteter Triebwerksverkleidung.

Eins der nach Kriegsende für die Sieger gebauten He S 011 A-0 befindet sich heute im Crawford Auto-Aviation Museum in Cleveland, Ohio. Anlässlich des 50. Jahrestags des ersten Strahlflugs war es ein Jahr lang im Deutschen Museum München ausgestellt. Foto: Dr. Rathjen, DM München

im Innern angebrachter Verdränger zur Verteilung der Kühlluft und Schwingungsdämpfung.

Im Spätherbst 1944 begann bei Daimler-Benz die Erprobung des He S 11 V-17, in Vorbereitung der an Daimler-Benz abgegebenen Entwicklung der Propellerturbine 109-021. Die für Juli vorgesehene Lieferung des Triebwerks war erst im November erfolgt. Stabsing. Schelp hatte bereits im Frühjahr 1944 Daimler-Benz gebeten, Heinkel-Hirth bei der Entwicklung des He S 11 und dessen schnellstmöglichen Serienbauvorbereitung zu unterstützen.

Im Dezember 1944 konnten nach schrittweiser Einführung der aus den Versuchen resultierenden Verbesserungen der Einzelbaugruppen folgende Kennwerte auf dem Prüfstand gefahren werden:

1333 kp (13,1 kN) Standschub am Boden bei 775 ° C Turbineneintrittstemperatur und 1,35 kg/kph spezifischem Kraftstoffverbrauch.

Ein Triebwerk wurde 1945 unter dem Rumpf einer Ju 88 im Flug erprobt. Dieser Versuchsträger ist jedoch nach etwa 4 Stunden Erprobungsdauer abgeschossen worden. Eine zweite, daraufhin für diese Flüge vorbereitete, Maschine, wurde bei einem Bombenangriff auf Fürstenfeldbruck ebenfalls zerstört.

Die nächste, ursprünglich geplante, 60 Triebwerke (V-26 bis V-85) umfassende Versuchsserie (57 sollten bei Daimler-Benz, drei bei Hirth, gebaut werden) wurde auf Anordnung des RLM gestrichen. Es sollten sofort einige Geräte der A-0-Serie in der Versuchswerkstatt ohne Großserienvorrichtungen gebaut und in Erprobung genommen werden. Aller-

Dem Beispiel des kombinierten TL-Raketen-Triebwerks BMW 003 TLR folgend, wurde auch bei Heinkel über eine solche Ausrüstung des He S 11 nachgedacht.

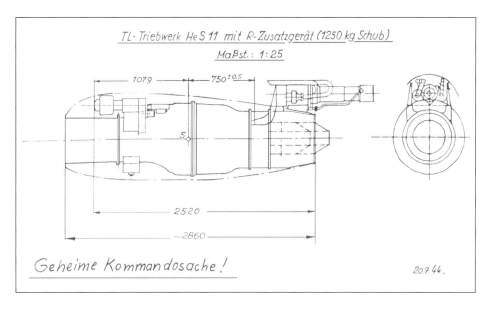

TL-Triebwerk HeS 11 mit R-Zusatzgerät (1250 kg Schub)

Maßst.: 1:25

Geheime Kommandosache!

20.7.44.

In Dayton/Ohio, dem langjährigen Wohn- und Arbeitsort Hans von Ohains, ist im National Museum der US Air Force eines der nach dem Krieg in Stuttgart für die Sieger gebauten HeS 011-Triebwerke ausgestellt.

dings sind aber doch noch die Einzelteile der drei Triebwerke V-26, V-27 und V-28 in Zuffenhausen gebaut worden. Das He S 11 V-26 lief ab Januar 1945 im Versuchsbetrieb, die im Februar im Zusammenbau befindlichen Versuchsmuster 27 und 28 mussten teilweise zur Ergänzung von Teilen, die beim V-26 zu Bruch gegangen waren, herangezogen werden.

Die Konstruktion der He S 11 A-0 (He S 11 V-86) begann bereits im Mai 1944 und die Zeichnungsauslieferung an den Betrieb erfolgte im Dezember 1944. Bei der Besprechung über die Pro-

grammgestaltung der Technischen Luftrüstung beim Reichsmarschall Göring am 12.12.1944 wurde festgelegt, die Serie anlaufen zu lassen, obwohl das Triebwerk entwicklungsmäßig noch nicht fertig war. Der erste Auftrag an HMZ umfasste 500 Stück, von denen acht vorgezogen wurden, so dass Ende Mai 1945 die ersten beiden Vorserientriebwerke lieferfertig sein sollten. Durch die Beschleunigung des Serienanlaufs konnten einige während der Erprobung gewonnene Erkenntnisse im Serienentwurf nicht berücksichtigt werden und sollten später in einem der ers-

Der Diagonalverdichter und die folgenden drei Axialverdichterstufen des HeS 011.

ten A-0-Geräte erprobt werden, um eventuell in eine zweite Baureihe einzufließen. Das erste He S 11 A-0-Triebwerk sollte zum 1.3.1945 bei Hirth fertig werden. Durch die Kriegsumstände, wie Stromsperren usw. gab es allerdings Verzögerungen.

Grundvorgabe der Serienkonstruktion war äußerste Einfachheit und beste Herstellbarkeit mit einer geringen Stundenzahl und ungelernten Arbeitskräften. Deshalb mussten alle Teile des Triebwerks bis auf die aerodynamische Form des Strömungsteils völlig neu konstruiert werden. In allen möglichen Fällen sollte spanlose Verformung verwendet werden. Deshalb waren die Leitapparate des Verdichters, die Innenteile der Brennkammer, die Turbinenbeschaufelung und die Schubdüse in spanlos verformter Blechkonstruktion ausgeführt. Die Laufradbeschaufelung des Verdichters sollte mit Genau-Schmiedeteilen erfolgen. Sparstoffe waren zu vermeiden. Die Schubdüse und thermisch weniger beanspruchte Teile der Verbrennungsanlage bestanden aus unle-

gierten Blechen. Gegen Verzunderung war deren Oberfläche durch eine Aluminiumschicht geschützt. Auch für die anfangs noch aus Sicromal 8 bestehenden höchst beanspruchten Brennkammerteile sollten später diese oberflächengeschützten Tiefziehbleche verwendet werden. Dadurch hoffte man eine Massenherstellung möglich zu machen, die in der Serienfertigung ab einer Stückzahl von 2000 nur noch maximal 500 Stunden Aufwand erfordern sollte.

Für den geplanten Serienbau setzte die NS-Führung große Hoffnungen auf unterirdische Fertigungsstätten, die unter Einsatz tausender von der SS aus den Konzentrationslagern gestellten Häftlingen unter größtem Druck gebaut wurden. Als ein Verlagerungsobjekt für den Bau der He S 11-Triebwerke waren die Salzbergwerke (Staatliche Saline Friedrichshall) in Kochendorf bei Bad Friedrichshall/Württemberg ausgewählt worden, in der ursprünglich BMW 003 und Jumo 004 gefertigt werden sollten. Bereits im März 1944 plante man, Bauteile in das Bergwerk zu bringen und

Die luftgekühlten Hohlschaufeln der zweistufigen Turbine des HeS 011 waren hauptsächlich eine Erfindung von Dr. Max Bentele, der nach dem Krieg ebenfalls in den USA arbeitete.

Die weitere Bearbeitung des PTL-Projekts He S 021, das auf dem He S 011-Kerntriebwerk aufbaute, wurde 1944 an Daimler-Benz vergeben.

durch Sachverständige des RLM begutachten zu lassen. Wahrscheinlich ging es darum, den eventuell schädlichen Einfluss der salzhaltigen Atmosphäre unter Tage zu prüfen. Der Ausbau der Salzmine erfolgte unter dem Decknamen „Eisbär" ab Frühsommer 1944 durch Häftlinge. Im November 1944 war geplant, dass HMZ dort eine Serienfertigung von bis zu 1000 He S 11 im Monat aufbauen sollte. Die Tarnbezeichnung dafür war „Ernst-Werke". Da es bis dahin nur einen Schacht im Bergwerk gab, hatte Heinkel-Direktor Hayn starke Bedenken gegen diesen Plan. Auch die an der Fertigung beteiligten Firmen Daimler-Benz und Eberspächer (baute die Brennkammern) sollten dorthin verlegt werden. Der Leiter des Rüstungsstabes Saur befahl den Bau eines zweiten Schachts und eines Schrägstollens bis Mitte März 1945, während Hayn glaubte, dies würde bis wenigstens Herbst dauern. In einem Brief vom 18. Januar 1945 schrieb der EHAG-Generaldirektor Frydag an den HMZ-Direktor Schif, dass

eine Aufteilung des Serienanlaufs des He S 11 zwischen Heinkel-Hirth, Daimler-Benz und VDM geplant war. VDM sollte die Teile anliefern, HMZ seinen Serienanteil endmontieren und die Abnahmeläufe machen. Dabei wollte er den Serienanteil von Heinkel-Hirth auf maximal 400 Triebwerke beschränken. Die Entwicklungsbetreuung der Serienmuster sollte auf Daimler-Benz übergehen, während Heinkel die Weiterentwicklung in Hinsicht auf Leistungssteigerung übernahm. In seiner Antwort vom 10.2.1945 berichtet Schif über die Besprechungen der letzten Tage und gibt Einzelheiten zur bei Hirth geplanten Serienfertigung an. Dort sollten nur der Geräteträger, das Turbinengehäuse und der mechanische Teil der Schubdüse gefertigt werden. Die anderen Hauptteile, wie der Läufer für Verdichter und Turbine, die Turbine, der Verdichter, dessen Gehäuse, die Brennkammer und die Blechteile der Schubdüse sollten von den Unterlieferanten VDM und Eberspächer bezogen werden. Schif betonte, es sei wichtig, einen Teil der Serienfertigung bei Hirth zu behalten, um die ungelernten etwa 800 ausländischen Arbeitskräfte zu halten, während deutsche Fachkräfte vorrangig in die Versuchsteilfertigung wechseln sollten, um diese zu verstärken. Wegen der hohen Luftgefährdung wollte er baldmöglichst nach Kochendorf verlagern, auch wenn dort der zweite Schacht fehlte. Die Versuchsteilfertigung war umgekehrt wegen der Entfernung aus Kochendorf zu nehmen und näher an Zuffenhausen zu verlagern.

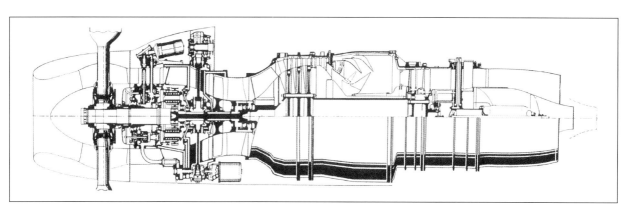

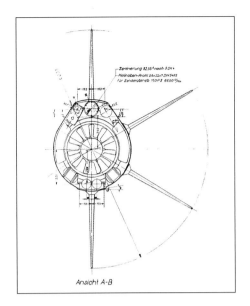

Ansicht A-B

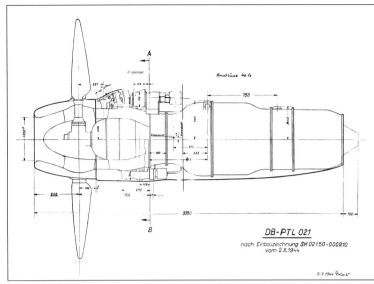

DB-PTL 021
nach Einbauzeichnung SK 021.50-0009.10
vom 2.8.1944

Seitenansicht und Querschnitt des DB-PTL 021 nach der Einbauzeichnung vom 2.8.1944.

Ein weiterer geplanter Fertigungsstandort war der BMW-Verlagerungsbetrieb in Kolbermoor/Oberbayern (zwischen Bad Aibling und Rosenheim). Dort fertigte BMW in einem Teil einer großen Baumwollspinnerei Triebwerksteile für den Münchener Hauptbetrieb. BMW sollte in Kolbermoor zuerst zehn Probemuster des He S 11 A-0 und anschließend 500 Stück in Serie bauen und war auch als Verlagerungsbetrieb für Zuffenhausen und Kochendorf vorgesehen. Bei der Besetzung durch amerikanische Truppen befand sich dort die von Hans von Ohain geleitete Heinkel-TL-Entwicklung, die in der ersten Aprilwoche aus Stuttgart evakuiert worden war. Nach der Rekonstruktion der letzten Arbeiten unter Verwendung noch vorhandener Teile und Pläne wurden nach Kriegsende noch etwa 10 He S 11 für die US Navy und England gebaut.

He S 021, PTL-Triebwerksprojekt auf der Basis des He S 11

Der Ausgangspunkt der He S 11-Entwicklung war die RLM-Ausschreibung für ein „Bombertriebwerk". Dafür entwarf man bei der EHS zuerst Studien eines PTL-Triebwerks aus zwei nebeneinander angeordneten Strahlturbinen mit gemeinsamem Y-förmigen Strahlaustritt. Über ein Reduktionsgetriebe sollte ein Propeller geringen Durchmessers

angetrieben werden, um die Fahrwerkshöhe zu beschränken. Die Leistung der Triebwerke verteilte sich etwa in gleichem Maße auf Luftschraube und Reststrahlschub. Da sich Heinkel-Hirth später auf die Entwicklung des He S 11 konzentrierte, wurde 1944 ein Überarbeitungsauftrag zur Entwicklung eines Propeller-Turbinentriebwerks He S 021 für Langstreckenflugzeuge auf der Basis des He S 11 an Daimler-Benz vergeben. Eine Versuchsgerät des HeS 11 sollte Daimler-Benz für Versuchsläufe im Juli erhalten. Dies (He S 11 V-17) konnte aber erst im November geliefert werden. Dort entstanden mehrere Entwürfe, von denen bis Kriegsende aber keiner verwirklicht oder im Bau begonnen wurde. Die „Vorläufigen technischen Unterlagen für PTL-Triebwerk 109-021A-0 mit mechanischer Luftschraubenverstellung" wurden erst am 1. März 1945 erstellt.

Weitere Entwicklungen und Projekte

Neben den hier vorgestellten gebauten Triebwerksentwürfen und weiter fortgeschrittenen Projekten hat es andere gegeben, über die es aber bisher keine Entwurfszeichnungen oder weitergehende Informationen gibt. So wie die Zuordnung der frühen Bezeichnungen F 1 und F 2 zu den ersten Modellen bisher unklar bleibt, wissen wir auch nur we-

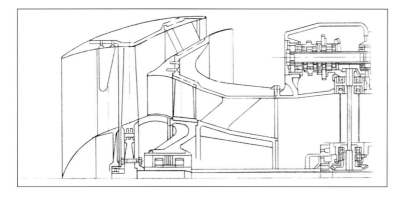

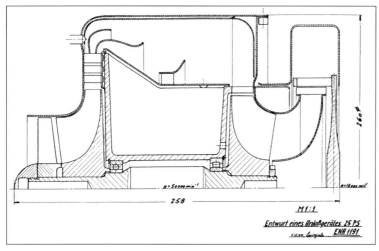

Undatierte Studie eines Heinkel-Hirth-Bläsertriebwerks. Der dargestellte Geräteabtrieb entspricht dem am He S 8 verwendeten, die Anordnung des Niederdruckverdichters weicht jedoch von der bekannten Zeichnung des He S 10-ZTL-Projekts ab.

Der Heinkel-Hirth-Entwurf eines 25-PS-Startmotors ENA 1191 vom 1. Dezember 1944 in Form eines kleinen Radial-Triebwerks.

nig oder nichts über die rein numerisch zu vermutenden Projekte F 7 und He S 12 bis He S 14 oder eventuell weitere. Auch für alle ausgeführten Triebwerke oder detaillierter ausgearbeiteten Projekte hat es sicher verschiedene Varianten gegeben, die man im Projekt- oder Entwurfsstadium aufgab.

Allerdings gibt es durchaus Hinweise auf solche Arbeiten.

Der Bericht der Ernst Heinkel Studiengesellschaft für November 1941 meldet, „die Konstruktionsarbeiten an dem neuen Triebwerk (S 00-14) sind im wesentlichen abgeschlossen. Die Auslegungsdaten sind 850 kg Schub, 25 kg Luftdurchsatz und 400 kg Eigengewicht." Ernst Heinkel wollte daraufhin sofort ein von Siegfried Günter neu entworfenes Flugzeug mit zwei Strahltriebwerken für diese Motoren ausrechnen lassen und hoffte, dass sie bis Mitte 1942 fertig würden.

Im Januar 1942 wurden Maßnahmen zur Beseitigung der beim He S 8 auftretenden Schaufelbrüche beraten.

Dabei wird ein Triebwerksentwurf S 00-12 erwähnt. Als Ende Januar 1942 die Amtsaufträge He S 9 und He S 10 storniert wurden, äußerte sich Helmut Schelp, dass „alle Arbeiten, die nicht in einem direkten oder indirekten Zusammenhang mit dem Aggregat He S 8a" standen, abzustoppen seien. Nicht berührt werden davon sollten „die Arbeiten für ein Gerät mit erhöhtem Schub (S 13)". Bei einer Besprechung mit Dipl.-Ing. Encke von der AVA Göttingen am 21.2.1942 stellte der Bearbeiter Dr. Viktor Vanicek den Entwurf des S-013 vor. Die Auslegungsdaten waren ein maximaler Schub von 1200 bis 1400 kp bei einem Durchmesser von 760 mm und einem Gewicht von etwa 500 kg. Die Entwurfsziele waren bei vorgegebener Drehzahl die größtmögliche Fördermenge und bei geringer Stufenzahl die größte Arbeitsaufnahme zu erreichen. Das Gebläse sollte aus einem Diagonalrad und zwei nachfolgenden Axialstufen bestehen. Leider nennt das Protokoll nicht die Art der Turbine. Eine Woche später war Dr. Vanicek in Göttingen zu weiteren Beratungen über das Projekt. Dipl.-Ing. Encke empfahl, die Verwendung von drei statt zwei Axialstufen hinter dem Diagonalrad im Verdichter, um die gewünschte Drucksteigerung zu erreichen. Damit ist die Existenz der drei Projekte He S 12, 13 und 14 dokumentarisch belegt. Die Kenntnis des von Dr. von Ohain und Dr. Vanicek entworfenen Diagonalverdichters veranlasste Helmut Schelp dazu, diesen für das zu bauende He S 11 zu verlangen.

Von einem kleinen bei Heinkel-Hirth entworfenen Radialtriebwerk ENA 1191, das als Startmotor eine Leistung von 25 PS abgeben sollte, besitzt der Autor eine Zeichnung vom 1.12.1944. Das einfache Triebwerk mit einer Länge von nur 258 mm und einem Durchmesser von 260 mm ähnelte in seiner Auslegung stark den ersten Ohain-Entwürfen. Einem Axialvorläufer folgte ein Radialverdichter mit dreistufigem Radialdiffusor. Die Ringbrennkammer mit luftgekühlten Doppelwänden aus Blech hatte

Herbert Jacobs (1898-1990)

geboren am 8.7.1898 in Schwerin/Mecklenburg.

1919 Besuch der Höheren Staatlichen Maschinenbauschule in Neustadt/ Mecklenburg.

1920 Staatliche Hochschule f. angewandte Technik in Cöthen/Anhalt.

1923 Ingenieur-Patent an derselben.

1923 Bis 1935 Arbeit als Konstrukteur und Techniker in verschiedenen Betrieben und Tätigkeit als Buchhändler.

1936 Ab 13. März bei den Ernst Heinkel Flugzeugwerken Rostock, dort ab 1937 bei der neugeschaffenen Ohain-Gruppe Arbeit an TL-Triebwerksprojekten.

1943 Bis Kriegsende als Gruppenleiter in der Abteilung Vorentwicklung unter Hans von Ohain im Heinkel-Werk Hirth-Motoren in Stuttgart-Zuffenhausen tätig.

1946 Entwicklungs-Ingenieur bei den Rostocker Industriewerken, ab 1950 im Dieselmotorenwerk Rostock.

1973 In den Ruhestand getreten.

1990 Am 10.3.1990 in Rostock verstorben.

ebenfalls ringförmige Blechprallplatten. Über eine einstufige radiale Turbinen-leitschaufel trafen die Verbrennungs-gase zuerst auf die Radialturbine und anschließend auf ein radiales Laufrad, das die Leistung für das Starten eines anderen Triebwerks aufnahm. Als Drehzahlen des Turbinen-Verdichter-Läufers waren 50000 U/min und für das Schwungrad des Starters 16000 U/min projektiert.

Auffallend ist die hohe Drehzahl des Geräts. Ob es sich bei diesem Kleintrieb-werksprojekt um das als RR 2 „Rasender Roland" bezeichnete handelt, ist unklar. Von diesem hatte Dipl.-Ing. Fritz Schäfer nach dem Krieg noch einen kompletten Zeichnungssatz, ebenso wie vom He S 11. Eine Kleingasturbine mit etwa 60 PS Leistung, die von Ohain und Wolff im Ort Tuttlingen südlich von Stuttgart entwickelt und gebaut worden sein soll, verfolgte ein mechanisch besonders einfaches Prinzip. Dieses sogenannte „Tuttlingen-Gerät" war ab 14.1.1944 für Hans von Ohain patentiert (Nr. 882926). Dabei wurde die Luft axial angesaugt und in einer einseitig am Triebwerks-Umfang angeordneten Brennkammer erhitzt, danach der Turbine tangential zugeführt und über eine das Rotorgehäuse als Spirale teilweise

umschließende Ausströmdüse entspannt. Die Zusatzpatente Nr. 889242 bis 244 bezogen sich auf die Anwendung der thermischen Verdichtung, Kühlungsfragen und Schubumkehr. Herbert Jacobs, der von 1937 bis Kriegsende bei Hans von Ohain in der Triebwerksentwicklung gearbeitet hatte, berichtete noch über den ebenfalls vor Kriegsende

Die Abbildungen der Patentschrift Nr. 882926 des sogenannten „Tuttlingen-Geräts" zeigen das Prinzip dieses von Hans von Ohain erfundenen Strahltriebwerks.

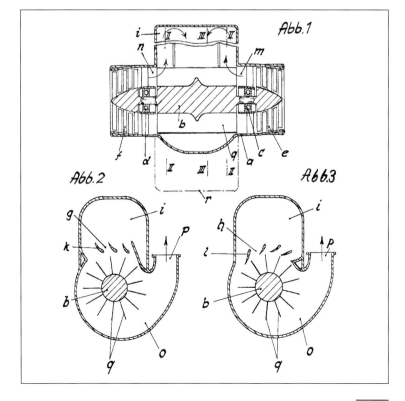

bearbeiteten Entwurf einer Lastkraftwagenturbine mit Wärmeaustauscher. Wie weit diese und eventuell weitere Projekte ausgearbeitet wurden, ist heute noch weitgehend unbckannt.

Die Arbeiten unter der Leitung Max Adolf Müllers

He S 30, das Axialtriebwerk der Müller-Gruppe

Die Vorgeschichte bei Junkers in Magdeburg

Ab 1935 führten Mitarbeiter des Flugtechnischen Instituts der TH Berlin unter Leitung von Prof. Herbert Wagner Untersuchungen über den Schnellflug in großer Höhe durch. Ausgangspunkt war ein von Martin Schrenk (DVL, Berlin-Adlershof) 1927 gehaltener Vortrag über „Probleme des Höhenflugs". Darin hatte er das Schema eines Kolbenmotors vorgestellt, der durch ein Gebläse aufgeladen und dessen Abgasenergie in einer Abgasturbine genutzt werden sollte. Weiterhin regte Schrenk an, die Abgasenergie durch Formung der Auspufforgane nach den Grundsätzen der Expan-

sionsdüse weiter auszunutzen. Die Überlegungen im Berliner Institut führten zum Schluss, die nur als Brennkammer arbeitenden Zylinder des Schrenkschen Motors durch eine reine Brennkammer zu ersetzen. Daraus folgte die Idee eines Gasturbinentriebwerks, das für wirtschaftliche Zwecke außer dem reinen Rückstoßantrieb noch eine Wellenleistung über den Propeller zum Vortrieb abgab. Dieses meldete Wagner 1935 zum Patent an. Zum Bau mussten jedoch erst die Kenntnisse über die einzelnen Komponenten, wie Verdichter, Brennkammern und warmfeste Materialien verbessert werden. Die entsprechenden Untersuchungen wurden von der DVL jedoch mit der Begründung abgelehnt, „dass die Notwendigkeit eines derartigen Antriebs für den Schnellflug noch nicht vorläge und auch die Durchführbarkeit ihrer Ansicht nach zu verneinen wäre". Als Prof. Wagner im Herbst 1935 von Generaldirektor Heinrich Koppenberg zu Junkers nach Dessau geholt wurde, konnte er diesen von seinen neuen Ideen des Flugzeugantriebs überzeugen. Junkers übernahm alle Entwürfe und Rechte Wagners für 36000 Mark. So begann am 1.4.1936, unabhängig vom Junkers Motorenbau, im

Der Höhenmotorvorschlag von Martin Sohronk war Ausgangspunkt der Überlegungen von Herbert Wagner, die anfangs zur Idee einer Propellerturbine führten.

Unten rechts:
Die Prinzipskizzen aus der 1935 angemeldeten Patentschrift Herbert Wagners für axiale Propellerturbinen-Triebwerke.

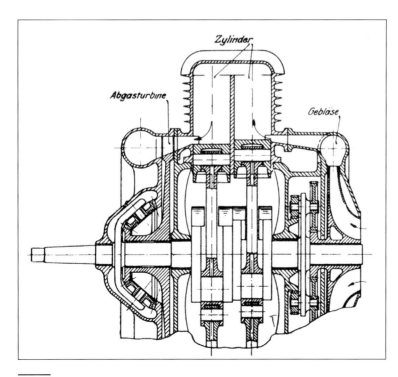

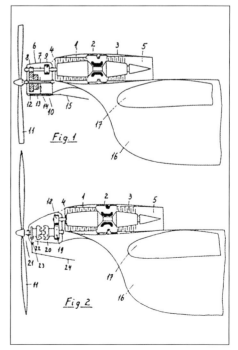

Rudolf Friedrich (1909-1998)

geboren am 26.9.1909 in Waldenburg/Schlesien.

Besuch des humanistischen Gymnasiums in Wohlau, anschließend halbjähriges Industriepraktikum.

Studium des Allgemeinen Maschinenbaus an den Technischen Hochschulen Breslau und Hanover.

1933 Konstrukteur im Entwurfsbüro der Junkers Flugzeugwerke Dessau.

1936 Ab April auf Anregung durch Prof. Herbert Wagner Arbeit an einem Axial-TL-Triebwerk in der Maschinenfabrik Magdeburg. Friedrich entwickelt dabei den Kompressor und die Fertigungsmittel für dessen verwundene Schaufeln.

1939 Ab September Fortführung der Arbeiten bei den Ernst Heinkel Flugzeugwerken.

1941 Bei der Übersiedlung der Gruppe nach Stuttgart geht Friedrich nach Dresden zur Turbinenfabrik Brückner, Kanis & Co. Arbeit an Gasturbinen für Schiffsantrieb.

1947 Übersiedlung in die Westzonen.

1948 Entwicklung stationärer Gasturbinen bei Siemens in Mülheim zum Antrieb von Generatoren.

1964 Ordinarius für Thermische Strömungsmaschinen an der TH Karlsruhe.

1998 Am 21.2.1998 in Karlsruhe verstorben.

Zweigwerk Magdeburg eine kleine Gruppe von anfangs drei jungen Ingenieuren an Wagners Idee einer axialen Fluggasturbine zu arbeiten. Die Leitung hatte Max Adolf Müller, vorher Oberingenieur am Flugtechnischen Institut in Berlin. Die Entwicklung des Axialverdichters und der Fertigung seiner verwundenen Profilschaufeln übernahm Rudolf Friedrich. Prof. Wagner begleitete die Arbeit bis zu seinem Ausscheiden bei Junkers gegen Ende 1938 von Dessau aus. Um Gewicht und Abmessungen des Axialverdichters möglichst

Dieser Versuchsaufbau des Geräts RT0 hatte einen zwölfstufigen Axialverdichter.

Eine andere Variante des in Magdeburg gebauten Junkers-Versuchstriebwerks mit einem Kompressor bestehend aus zwei Niederdruckstufen und einem neunstufigen Hochdruckteil.
Foto: Archiv D. Herwig, Frankfurt

klein zu halten, sollte der gewünschte Verdichtungsgrad der Luft mit möglichst geringer Schaufelzahl erreicht werden. Ein Axialverdichter besteht aus mehreren hintereinander angeordneten Stufen von Paaren aus festen Leitschaufelkränzen und rotierenden Laufschaufelkränzen. Kennzeichnend für die Schaufelkombinationen ist der Reaktionsgrad, d. h. der Anteil der Laufbeschaufelung an der statischen Druckerhöhung der ganzen Stufe. Wagner hatte dafür den Wert $1/2$ gewählt. Somit trug

Am Verdichtergehäuse des oben gezeigten Versuchstriebwerks ist erkennbar, dass drei weitere Niederdruck- und zwei zusätzliche Hochdruckstufen möglich waren, was einen Verdichter mit maximal 16 Axialstufen ergab.
Foto: Archiv D. Herwig, Frankfurt

auch der feste Leitschaufelkranz 50 % zur Druckerhöhung bei. Dadurch war die Strömungsgeschwindigkeit in beiden Stufenpaaren gleich und konnte höher gewählt werden, als bei anderen Reaktionsgraden. Dort war die Gefahr höher, mit der Strömungsgeschwindigkeit in den Bereich der Schallgeschwindigkeit zu kommen. So war die höchste Drucksteigerung pro Stufe und damit ein kleinerer und leichterer Verdichter als bei anderen Reaktionsgraden möglich. Ein Beispiel für die andere Bauweise sind die Axialverdichter, die Encke in der AVA Göttingen mit einem Reaktionsgrad von 1/1 oder 100 % entwickelte.

Ende 1936 ließ man in Magdeburg das ursprüngliche Konzept Wagners einer Propellerturbine fallen und widmete sich dem reinen Strahltriebwerk. Abweichend von der später von Schelp eingeführten, heute in Deutschland üblichen Bezeichnung Turbinen-Luftstrahl-Triebwerk (TL), benutzte man in Magdeburg den Begriff Rückstoß-Turbinen-Triebwerk (RT). Systematische Versuche an Verdichtern mit einer, fünf, 12 und 14 Stufen folgten. Anfang 1939, bereits nach dem Weggang Wagners von Junkers, wurde das Versuchsgerät RT0

(Rückstoß-Turbinen-Triebwerk „Null") bestehend aus einem 14-stufigen Axialverdichter, einer Ringbrennkammer und einer zweistufigen Axialturbine erstmals auf einem Motorprüfstand in Magdeburg montiert. Die vorbereiteten Versuchsläufe mit Propangas konnten nicht mehr abgeschlossen werden, da das RLM verlangte, die weiteren Arbeiten im Rahmen der Junkers Motorenwerke (Jumo) in Dessau durchzuführen. Soweit die Darstellung auf der Basis von Aussagen Müllers und Friedrichs, die nach Kriegsende gemacht wurden. Ein Protokoll „Turbinen-Luftstrahltriebwerk, Stand der Entwicklung bei Übernahme durch MSD im Juli 1939" vom 5.8.1939, das Anselm Franz verfasste, der anschließend bei Junkers die Entwicklung des Triebwerks Jumo 004 leitete, macht ergänzende Angaben. Danach waren bei der Übernahme im Juli in Magdeburg ein Prüfstandsvollaggregat (RT0/RTI), ein ein- bzw. vierstufiger Verdichter und verschiedene Brennkammern für Vorversuche vorhanden. Das erste Versuchstriebwerk RT0 war nicht selbständig gelaufen, auch das zweite RTI (RT „römisch I") mit geänderter Brennkammer und Turbine und einem 12-stufigen Verdichter hatte maximal 6500 U/min bei verlangten 12900 U/min erbracht. Bei der Erprobung des 12-stufigen Verdichters hatte sich bei den gefahrenen Drehzahlen sogar eine Druckabnahme in den letzten Stufen ergeben. Die Brennkammern funktionierten nicht, da die Verbrennung teils in der Turbine und dahinter stattfand. Dabei war dieses Triebwerk schon für das Messerschmitt-Jägerprojekt P 1065 (die spätere Me 262) vorgesehen. M. A. Müller hatte als Ablieferungstermin der ersten Triebwerke an Messerschmitt den April 1940 gemeldet. Franz schloss seine Darstellung deshalb auch mit einer negativen Bilanz: „ Aus (den Versuchsergebnissen und dem Entwicklungsstand) ergibt sich, dass bisher kein Versuchsergebnis erzielt werden konnte, durch das die Erwartungen und die der bisherigen Konstruktion zu Grunde ge-

legten theoretischen Überlegungen bestätigt worden wären. Angesichts dieser Tatsachen sind die obigen terminlichen Zugeständnisse Müllers (April 1940) unverständlich, eine Basis für die verantwortliche Abgabe eines solchen Termins ist nach Stand und bisherigem Verlauf der Arbeiten jedenfalls nicht gegeben."

Mit vermutlich ähnlich optimistischen Leistungs- und Terminversprechen hatte M. A. Müller ab Frühjahr 1939 seinen Übertritt zu Heinkel angeboten. Ihm folgten im August weitere 15, nach anderer Quelle 18, seiner ehemaligen Magdeburger Mitarbeiter. Bei Heinkel wollten sie auf der Basis der bisherigen Arbeiten ein axiales Strahltriebwerk (He S 30) und daneben auch Motorluftstrahltriebwerke (ML) entwickeln. Deshalb wurde bei Heinkel beschlossen, die Arbeiten an dem von der Abteilung Sonderentwicklung II (v. Ohain) bearbeiteten Axialtriebwerk He S 9 abzubrechen, das einen Verdichter nach AVA-Entwürfen (Encke) mit 100 % Reaktionsgrad hatte. Bei Jumo entstand nach dem Weggang des größten Teils der Müller-Gruppe unter Leitung von Anselm Franz ebenfalls auf der Basis eines AVA-Verdichterentwurfs das neue Triebwerk Jumo 004 für die Me 262, in dem sich wenig der in Magdeburg geleisteten Vorarbeiten wiederfanden.

Entwicklung des He S 30 in Rostock und Stuttgart

Als Max Adolf Müller im September 1939 bei Heinkel begann, wollte er auf der Grundlage der Magdeburger Vorarbeiten innerhalb eines Jahres ein Axial-Triebwerk mit etwa 750 kp Schub zum Laufen bringen. Als Bezeichnung dafür wurde He S 30 festgelegt. Die genaue Abfolge der Entscheidung und die Beweggründe, nach dem Eintritt der Müller-Gruppe auf das bisherige Projekt des Axialtriebwerks He S 9 für die He 280 zu verzichten und statt dessen das He S 30 und als Notlösung für eventuelle Schwierigkeiten das He S 8 in Radialbauweise zu entwickeln, ist dokumenta-

Die projektierten Leistungs-daten des He S 30 waren bezogen auf Masse und Durchmesser die besten aller damals in Entwicklung stehenden TL-Triebwerke.

risch bisher nicht zu belegen. Es gibt dazu nur spätere Darstellungen von Hans von Ohain und M. A. Müller, die nicht in allen Punkten übereinstimmen. Hans von Ohain gibt die in der Rückschau plausibelste Schilderung der damaligen Abläufe. Danach hatten die Gespräche des neuen Technischen Direktors Lusser mit M. A. Müller ergeben, das Müller keine verbindliche Terminzusage über die Bereitstellung von zwei flugfähigen He S 30 geben konnte, da es bei Heinkel keine Prüfstände für Kompressoren, Brennkammern und Turbinen gab. Deshalb waren alle Versuche mit dem Gesamttriebwerk zu machen, was große Risiken und Verzögerungen bringen konnte. Als nach dem erfolgreichen Erstflug der He 178 V-1 Hans von Ohain etwas mehr Zeit hatte, fanden zahlreiche Gespräche zwischen Müller, Lusser und ihm statt. Lusser wollte, dass Ohain zwei für die He 280 geeignete radiale Triebwerke mit geringstem Entwicklungsrisiko bauen sollte. Zur notwendigen Verringerung des Triebwerksdurchmessers war der bisherige radiale Schaufel-Diffusor hinter dem Verdichter durch einen axialen zu ersetzen und eine Ringbrennkammer zwischen den axialen Diffusoraustritt und den Turbinen-

gitter-Eintritt anzuordnen. Dies waren auch die Risiken der Entwicklung, die von Ohain sah. M. A. Müller, der mit einem viel größeren Team (er hatte seine Gruppe bald auf etwa 50 Personen vergrößert, während für Ohain immer noch nur etwa 6-8 Ingenieure tätig waren) an der Fertigstellung des He S 30 arbeitete, schätzte das Risiko der He S 8-Entwicklung geringer ein. Ernst Heinkel entschied deshalb, dass schnellstens drei He S 8 für den Erstflug der He 280 bis spätestens April 1941 gebaut werden sollten. Udet hatte ihm bei Einhaltung dieses Termins den Erwerb der Hirth Motorenwerke in Aussicht gestellt. Diese waren für Heinkel unbedingt notwendig, um den Triebwerksbau zu verselbständigen und die Mängel des reinen Flugzeugwerks auf diesem Gebiet zu umgehen.

Während dieser Plan dank der intensiven Arbeit der Ohain-Gruppe letztendlich auch zum erfolgreichen Erstflug der He 280 V-2 am 30.3.1941 und Erwerb der Hirth-Werke durch Heinkel führte, gingen die Arbeiten am He S 30 nur schleppend voran. Die Ursachen dafür waren vielfältiger Natur. Es gab wohl auch subjektive Gründe, da zahlreiche Auseinandersetzungen mit M. A. Müller aktenkundig sind. Ein wesentlicher Grund für Verzögerungen waren die fehlenden Prüfstände bzw. deren nur sehr schleppender Bau. Allerdings lag dies, wie nachzuweisen ist, größtenteils an den Schwierigkeiten, unter den jetzt herrschenden Kriegsbedingungen an Material- und Baukapazität zu kommen und an Kompetenzgerangel im RLM, weniger an dem von Müller später behaupteten Unwillen der Werksleitung. Mitte 1940 waren die Konstruktionszeichnungen für das He S 30 fertig. Im Werk führten interne Schwierigkeiten mit anderen Abteilungen und dem Materialeinkauf und -lager zu Verzögerungen, so dass Ernst Heinkel Mitte 1940 anordnete, die Abteilung Sonderentwicklung selbständig zu machen, d. h. dort auch den Einkauf und die Lagerhaltung separat zu gestalten. Es entsteht aus den erhaltenen Akten mehrfach der Eindruck, dass die Ursache vieler dieser Reibereien in der Natur der Beteiligten, speziell M. A. Müllers, begründet waren. Mitte August 1940 existierte dann ein spezielles kaufmännisches Büro Sonderentwicklung (KBS) mit 10 Angestellten. In einer Besprechung am 25.9.1940 bei Prof. Heinkel ist zum Stand des He S 30 zu erfahren, dass der größte Teil der dafür anzufertigenden Teile bei der Firma Albert

Hirth AG in Stuttgart-Zuffenhausen bis Ende November fertig sein sollte. Nach Montage der in Marienehe zu bauenden Teile hoffte man, Ende Februar 1941 das erste Triebwerk auf dem Prüfstand zu haben. Voraussetzung dafür war die Erprobung des Axialgebläses PG 2 des He S 30 auf dem He S 6, die Zeichnungen dafür waren von November 1939 bis März 1940 an den Betrieb ausgeliefert worden. Der Prüfstand, der im Juli beziehbar sein sollte, war immer noch nicht fertig, so dass man immer noch in einer provisorischen Baracke die Versuchsläufe des He S 8 und Einzylinderversuche für die geplanten ML-Triebwerke durchführen musste, was parallel unmöglich war. Anfang 1941 begann die Entwicklung einer zweistufigen Turbine für das He S 30. Im Mai 1941 wurde vom RLM angeordnet, die Arbeiten am He S 10 abzubrechen und als einziges Zweikreistriebwerk das He S 30 A weiter zu bearbeiten. Die ersten Prüfstandsläufe des He S 30 V-1 in Marienehe waren enttäuschend. Trotz der einstellbaren Turbinen-Leitschaufeln war kein nennenswerter Eigenschub erreichbar. Die Turbine lieferte kein ausreichendes Drehmoment, um den Kompressor auf die gewünschte Drehzahl zu bringen. Nach dem Erwerb der Hirth-Werke in

In der Schnittdarstellung des He S 30 sind die axiale Auslegung und die Einzelbrennkammern des Entwurfs gut sichtbar.

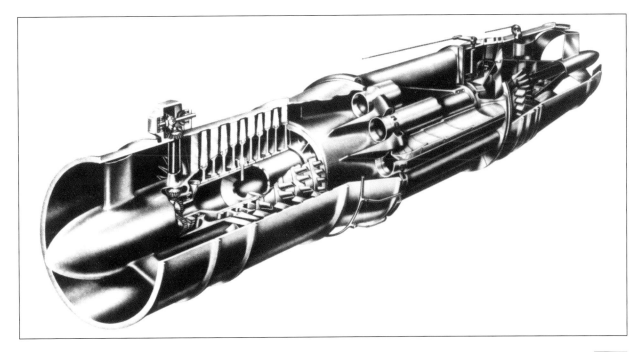

*Die Prüfstandsläufe des
He S 30 führten erst Ende
1942 zu nennenswerten
Ergebnissen und wurden
abgebrochen, da die
Konkurrenzentwicklungen
weiter waren, bzw.
erfolgversprechender
schienen.*

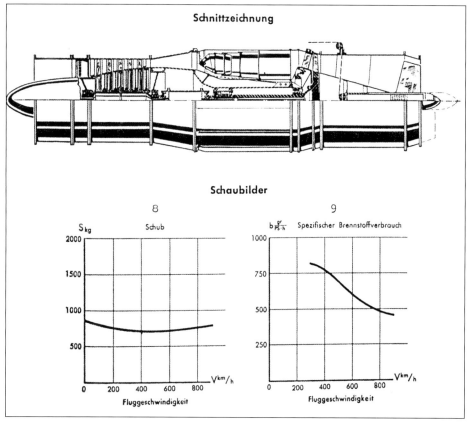

Zuffenhausen wurde die Gruppe Müller nach dort verlegt, da es in Rostock immer wieder Probleme gegeben hatte. Dadurch und die nun am neuen Arbeitsort doch wieder auftretenden Reibereien verzögerten sich die Arbeiten am He S 30 immer mehr. Im Oktober 1941 befand sich das erste He S 30 in der Erprobung, zwei weitere waren in der Endmontage. Die ersten Versuche noch in Rostock hatten ergeben, dass die Antriebsleistung der Turbine zum selbständigen Hochfahren des Aggregats nicht ausreichte. Deshalb wurde ein Fremdantrieb mit einem 280 kW Elektromotor über Getriebe und Gelenkwelle benutzt. Um eine höhere Turbinenleistung zu erreichen, wurden die

Schaufeln etwas umgeschlagen. Als Entwurf war in Vorbereitung für die zukünftige ZTL-Entwicklung ein Triebwerk entstanden, das die neuen Baugruppen, insbesondere außenliegende Brennkammern, hatte, um diese erproben zu können. Die Planungsarbeiten für die in Zuffenhausen notwendigen neuen Prüfstände waren abgeschlossen. Allerdings hatten sich auch am neuen Standort bereits zahlreiche Probleme in der Zusammenarbeit ergeben. Projektiert wurden neben der ZTL-Variante auch eine zweistufige Turbine für das He S 30. Man arbeitete an verschiedenen Entwürfen des Zweikreisers. Das Vorgebläse sollte einmal ein freilaufendes Vorleitgitter bekommen, zum anderen ein umlaufendes, aber abbremsbares Vorleitgitter, um so eine Leistungsänderung des Triebwerks zu ermöglichen. Für den zweiten Luftkreis wollte man eine Zusatzbeheizung mit Verpuffungskammern benutzen. Das Entwicklungsprogramm 1942 sah die Fertigstellung und Volltriebwerksläufe von drei He S 30 vor (V-1 bis V-3), als V-4 sollte ein weiteres He S 30 mit zweistufiger Turbine gebaut und erprobt werden. Parallel lief die Weiterentwicklung zum Zweikreiser. Da bis dahin mit dem He S 30 noch kein Erfolg erzielt worden war, war Ernst Heinkel Ende Januar 1942 entschlossen, die Arbeiten abzubrechen, wenn nicht bald brauchbare Ergebnisse vorgelegt würden. Er forderte M. A. Müller auf, „die Arbeiten am He S 30 stark zu intensivieren" und „alle weiteren Entwicklungsarbeiten einzustellen", um „in kürzester Zeit Grundlagen für die Beurteilung der Brauchbarkeit dieses Gerätes" zu erhalten. Damals liefen Gebläseuntersuchungen des He S 30 V-1 mit Fremdantrieb auf dem Ende Januar in Betrieb genommenen 280 kW-Schleppprüfstand. Das zweite Versuchsmuster mit zweistufiger Turbine sollte bis Ende April lauffertig montiert sein. Die Fertigung der Einzelteile für das ebenfalls mit zweistufiger Turbine geplante He S 30 V-3 war ebenfalls bis dahin vorgesehen. Als Studie auf konstruktiver und

Läufer und Leitschaufelapparat des fünfstufigen Verdichters des He S 30-Versuchstriebwerks.

zeichnerischer Ebene lief daneben der Entwurf des He S 30 V-5 als ZTL-Triebwerk mit vorgeschalteter Niederdruckstufe und kontinuierlicher oder intermittierender Aufheizung des Zweitkreises.

Im Februar/März wurde bei einem Versuch, das He S 30 V-3 mit eigener Kraft laufen zu lassen, durch einen Unfall das Gerät beschädigt. Die erneute Fertigstellung gelang bis Anfang April. Am 20.4.1942 lief das Triebwerk dann erstmals selbständig an und erreichte bis zu 12000 U/min. Allerdings traten schon bei Drehzahlen ab 11000 U/min Fließspuren und Querrisse in der Schaufelbefestigung auf.

Anfang Juni 1942 kulminierten die Auseinandersetzungen mit M. A. Müller, woraufhin dieser aus dem Werk ausschied. Am 8.7.1942 wurde deshalb bei einer Besprechung über die Weiterführung der Arbeiten der Entwicklung 2 bei Hirth festgelegt, dass „nach dem Ausscheiden des Herrn Müller und auf Grund der gegebenen allgemeinen Sachlage auf dem TL-Gebiet eine Konzentration für das Strahltriebwerksgebiet beim Heinkel-Konzern einsetzen muss." Alle laufenden Arbeiten waren so fortzuführen, dass sie für die Weiterentwicklung im Heinkel-Konzern, also das He S 11, vorteilhaft verwendet werden konnten. „Das He S 30 in der vorliegenden Form ist als TL-Triebwerk für den Einsatz im Flug auf Grund des heutigen Entwicklungsstandes nicht mehr vordringlich. Es ist als Studiengerät anzusehen, um die verschiedenen Probleme für die Weiterentwicklung schnellstmöglich einer Lösung entgegenführen zu können." Abzustoppen waren alle Arbeiten am Verdichter PG 1 mit Göttinger Profilen. Das He S 30 sollte nur mit dem Verdichter PG 2 mit symmetrischer Auslegung laufen. Da das He S 11 eine zweistufige Axialturbine bekommen sollte, waren nun alle drei He S 30 für Vorversuche mit zweistufiger Turbine auszurüsten. Ebenfalls abzustoppen

waren alle Arbeiten an den Versuchsmustern vier und fünf des He S 30 (ZTL-Variante).

Im Juli wurden die Laufschaufeln der Turbine des He S 30 V-1 um etwa 10 mm gekürzt. Die Versuche blieben aber ebenfalls erfolglos, da durch ständigen Ausfall von Brennkammern kein stationärer Betrieb möglich war. Im August 1942 wurde deshalb erneut eine neue Turbinenbeschaufelung mit stärkerer Umlenkung in Auftrag gegeben (He S 30 V-1a). Da die zweistufige Turbine des He S 30 V-3 zwar lief, aber nicht die volle Drehzahl wegen auftretender Risse in der Schaufelbefestigung gefahren werden konnte, wurde ebenfalls im August 1942 eine geänderte Turbine in Auftrag gegeben (He S 30 V-3a).

Anfang November 1942 war für die Versuchsmuster des He S 30 geplant, V-1 mit einstufiger Turbine nach dem 12.11. und die ebenfalls mit einstufiger Turbine ausgerüstete V-2 einen Monat später zum Laufen zu bringen. Das He S 30 V-3 hatte am 31. Oktober auf dem Prüfstand 435 kp Schub bei 11500 U/min erreicht und wurde zur Kontrolle demontiert. Die Gesamtlaufzeit betrug bis dahin einschließlich der Läufe in Rostock weniger als fünf Stunden. Im November konnten kurzzeitig Schübe bis 650 kp erreicht werden, wobei sich die

Aus einem Prüfstandsfoto wurde dieses Werksfoto des He S 30 retuschiert.

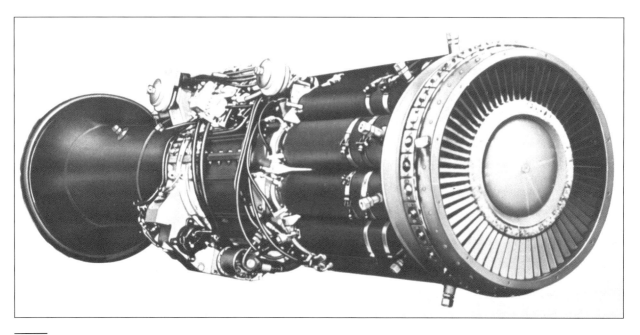

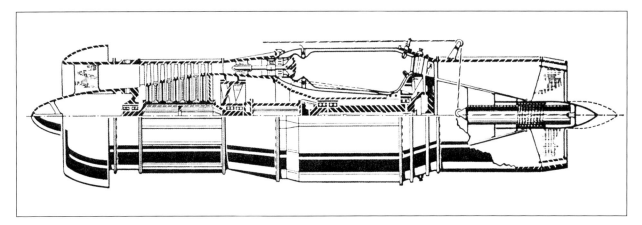

von Stabernack entworfene Turbine bewährte. „Vom technischen Standpunkt war das He S 30 zu seiner Zeit das fortschrittlichste axiale Triebwerk in Hinsicht auf sein weit überlegenes Verhältnis von Triebwerksschub zu Triebwerksgewicht, Stirnfläche und Länge. Der Hauptgrund für diese Überlegenheit lag in dem 50% Reaktionsgrad-Kompressor, der von R. Friedrich entworfen war." Von Seiten des RLM (Schelp) wurde Anfang Dezember jedoch erneut nachdrücklich verlangt, die Versuche der in Stuttgart verbliebenen Müller-Mitarbeiter, die Brauchbarkeit des He S 30 zu beweisen, einzustellen, da dadurch die angeordnete Konzentration auf die Entwicklung des He S 11 nur verzögert wurde. Es war damals klar, dass das Jumo 004 schon wesentlich weiter entwickelt war als das He S 30 und sehr viel näher vor der Produktion stand. Auch war die Me 262 entwicklungsfähiger als die He 280, so dass unter dem Druck des Krieges keine weitere Arbeit für die Entwicklung des He S 30 zu verantworten war.

Das Fazit der gesamten Entwicklung des He S 30 blieb somit ernüchternd. Die Entwicklung hatte viel zu lange gedauert, da es immer wieder zu Verzögerungen gekommen war. Die Gründe dafür lagen in den allgemeinen Umständen, der zu geringen bzw. nicht vorhandenen Prüf- und Fertigungskapazität für Triebwerke in Rostock und der kriegsbedingten Material- und Personalknappheit. Zu einem großen Teil wohl auch am Erntwicklungsleiter M. A. Mül-

ler, der zwar ein ausgezeichneter und ideenreicher Ingenieur, aber ein schwieriger Charakter, war, wenig anpassungsfähig und vielleicht zur Selbstüberschätzung neigend. Max Bentele schreibt in seinen 1991 erschienenen Memoiren, dass die Müller-Leute, als sie zu Hirth nach Stuttgart kamen, glaubten, die Triebwerksentwicklung sei zu 80 % Wissenschaft und Theorie und nur zu 20 % experimentelle Arbeit. Eine Vorstellung, die sich bald als falsch erweisen sollte. Auch gibt Bentele an, dass Müller wenig Wert auf die Hilfe der Hirth-Ingenieure bei der Lösung der zahlreichen Probleme des He S 30 legte. Im Gegensatz dazu war die Teilnahme der Hirth-Mannschaft bei der Serienreifmachung des He S 8 sehr willkommen. Das Verhältnis zu Hans von Ohain und seinen Leuten wurde von Max Bentele als gut und offen empfunden.

Bei Abbruch seiner Entwicklung hatte das He S 30 insbesondere wegen seines Axialverdichters mit 50 % Reaktionsgrad den höchsten technologischen Entwicklungsstand aller damaligen TL-Triebwerke und besaß die geringste Stirnfläche und Eigenmasse bezogen auf die Schubleistung. Die in der Zwischenzeit entstandenen Konkurrenzmuster BMW 003 und Jumo 004 waren der Serienreife aber wesentlich näher. Vielleicht hätte es eine Nullserie der He 280 gegeben, wenn das He S 30 rechtzeitig fertig geworden wäre. Einen Großserienbau sicher nicht, da die He 280 nicht die Leistungsfähigkeit der Me 262 mit Jumo 004-Triebwerken hatte.

Vom Projekt des aus dem He S 30 abgeleiteten TL-Triebwerk He S 40, das nach dem Verpuffungsprinzip arbeiten sollte, existiert nur diese Prinzipskizze. Dabei sollte die Luftzufuhr zu den Brennkammern mit Ventilen gesteuert werden.

Das Verpuffungs-Strahltriebwerk-projekt He S 40

He S 40 war die Bezeichnung einer projektierten Wciterentwicklung des He S 30. Dabei sollte das Gleichraum (Verpuffungs)-Verfahren angewandt werden. Dabei gelangt die verdichtete Luft über Ventile oder dergleichen gesteuert in die Brennkammern, wo die Verbrennung bei zeitlich annähernd unverändertem Rauminhalt erfolgt. Die entstehenden Arbeitsgase beaufschlagen die Turbine dann bei zeitlich veränderlichem Zustand, d. h. Geschwindigkeit, Temperatur und spezifischem Volumen. Es erfolgte praktisch eine Verpuffung durch die Turbine. Davon versprach man sich einen besseren inneren Wirkungsgrad des Triebwerks. Die sich periodisch verändernde Belastung der Turbine ließ jedoch Probleme erwarten. Auch beim He S 40 war an eine ZTL-Version gedacht, wie aus einem Schreiben Ernst Heinkels an den Generalluftzeugmeister Udet vom 18.7.1940 hervorgeht, in dem er erneut um die Übernahme der Hellmuth Hirth Werke bat. Ein Bau des He S 40 oder von Teilen ist nicht nachweisbar.

Das Motor-Luftstrahl-Triebwerk He S 50

Allgemeines über Motor-Luftstrahl Triebwerke

Neben der Entwicklung des TL-Triebwerks He S 30 befasste sich die 1939 bei Heinkel eingetretene Müller-Gruppe in Zusammenarbeit mit dem von Prof. Wunnibald Kamm geleiteten Flugmotoreninstitut Stuttgart (Forschungsinstitut für Kraftfahrwesen und Fahrzeugmotoren der TH Stuttgart = FKFS) mit Entwürfen von Motor-Luftstrahl (ML)–Triebwerken. Vereinfacht ausgedrückt waren dies Strahltriebwerke, deren Kompressor von einem Kolbenmotor angetrieben wurde. Die vom Niederdruckverdichter kommende Luft wurde einmal für die normale Verbrennung im Motor benötigt, der Rest diente der Mo-

torkühlung und erwärmte sich dabei. Diese Luft zusammen mit den Abgasen erzeugte den Antriebsschub. Verschiedene Varianten waren möglich. Eine Zusatzverbrennung vor der Ausströmdüse konnte den Schub erhöhen, Eine Turbine zur teilweisen Entspannung der Abgase führt zum MTL-Triebwerk. Hier sprach man auch vom Kombinations-Strahltriebwerk. Dabei wird der Turboverdichter von einem Kolbenmotor und während des Betriebs mit erhöhtem Schub zusätzlich von einer Gasturbine angetrieben. Eine wesentlicher Vorteil des Kolbenmotors gegenüber der Strahlturbine liegt in seinem geringeren Kraftstoffverbrauch. Die Gasturbinen hatten jedoch ein geringeres Leistungsgewicht und einen wesentlich einfacheren Aufbau Es galt also Kolbenmotoren zu entwickeln, die ein geringes Leistungsgewicht, höhere Wirtschaftlichkeit und einen einfachen Aufbau besaßen. Dies wollte man durch eine Erhöhung der Betriebsdrehzahl, Anwendung des Zweitaktverfahrens und verbesserte Gemischbildung erreichen. Dazu war ein neues Arbeitsverfahren entwickelt worden. Zur Vermeidung der normalen periodischen Unterbrechung des Luftzuflusses strömte die kontinuierlich vom Kompressor kommende Luft während der Spül- und Ladeperiode durch den Brennraum des Arbeitszylinders und während der Verbrennungs- und Entspannungsperiode durch einen vom Arbeitskolben gebildeten besonderen Raum. Das diente gleichzeitig zur Kühlung der besonders wärmebeanspruchten Kolbenteile. Durch Vergrößerung des Ladedrucks wurde der Kolbenhub verringert. Dies erlaubte eine Erhöhung der Motordrehzahl durch die geringere Kolbengeschwindigkeit. Beim verbesserten Otto-Verfahren wurde nicht, wie bis dahin üblich, die gesamte Spül- und Ladeluft vor dem Eintritt in den Arbeitszylinder mittels Vergaser mit Kraftstoff angereichert. Der Brennstoff wurde in den im Brennraum verbleibenden Teil der Spülluft eingespritzt, was zu einem geringen Verbrauch führte.

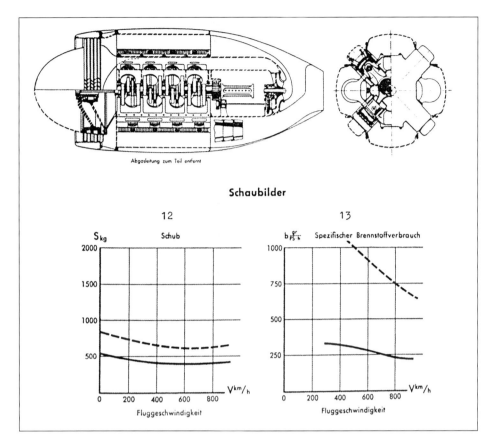

Schaubilder

Abgasleitung zum Teil entfernt

Die untersuchten Varianten des He S 50

Zwei unterschiedliche Ausführungen eines ML-Triebwerks wurden unter der Bezeichnung He S 50 untersucht.

He S 50 z

Ein nach dem Otto-Prinzip arbeitender luftgekühlter Reihensternmotor sollte als Verdichterantrieb des He S 50 z dienen. Z stand dabei für Zünder. Dieser Zweitaktmotor hatte 16 Zylinder, die, je vier hintereinander, in einem Viererstern angeordnet waren. Für ihn waren eine Nennleistung von 800 PS und 1000 PS Startleistung bei 6000 U/min Betriebsdrehzahl geplant. Dieser Motor sollte das zweistufige Axialgebläse des ML-Triebwerks antreiben. Weitere projektierte Daten des He S 50 z waren eine Masse von 370 kg bei einer Stirnfläche von 0,30 m². Um zuerst die Brauchbarkeit des neuen Motorprinzips zu untersuchen, waren Einzylinderversuche nötig. Die dafür nötigen Einrichtungen wurden bei Fremdfirmen in Auftrag gegeben und sollten etwa im März 1940 eintreffen. Da in Marienehe dafür Räum-

lichkeiten fehlten, forderte M. A. Müller am 2.2.1940 Geld für die Errichtung einer provisorischen Unterkunft für die Versuchsarbeiten. Bei einem Besuch im FKFS in Stuttgart am 14.3.1940 zeigte sich, dass bei den ersten Leistungsversuchen des dortigen Einzylindermotors ein Zylinderleistung von etwa 38 PS, also 75 PS Literleistung erreicht worden waren. Da dies in der Nähe der berechneten Vollastleistung lag, hoffte man, nach der Behebung noch vorhandener mechanischer Schwierigkeiten mit der Konstruktion der Vollmaschine beginnen zu können. Am 25.9.1940 wurde Prof. Heinkel mitgeteilt, dass sich die Konstruktion des Vollmotors He S 50 z vor der Vollendung befand. Zwei verschiedene Kurbelwellen (Vollwelle und Hirth-Welle) waren ebenso wie die Einspritzpumpen, Lichtmaschinen und sonstigen Zubehörteile bei Fremdfirmen bestellt. Die Konstruktion von Lade- und Kühlgebläse sollte in Marienehe bis zum 15.10.1940 abgeschlossen werden und anschließend im Institut von Prof. Kamm gefertigt werden. Solltermin für die Fertigmontage des Motors war Februar 1941. Die Einzylinderversuche waren im wesentlichen positiv verlaufen und hatten maximal 40 PS bei einem Verbrauch von 250 g/PSh ergeben. In der gleichen Besprechung wurde aber auch erklärt, dass wegen der dringenderen Rückmontage des He S 8 a, die Termine für die Einzylinderversuche der ML-Motoren nicht gehalten werden können, da nur die provisorischen Baracke als Prüfstandsraum zur Verfügung stand, wo keine Parallelversuche möglich waren. Am 10.1.1941 ordnete Dir. Lusser dann auch die zeitweilige Einstellung aller Einzylinder-Versuche für He S 50 an, um die Versuchsläufe des He S 8 A zu beschleunigen. Im September 1941 wurde festgestellt, dass allein die Arbeiten im Institut von Prof. Kamm am He S 50 bis dahin schon rund 600000,- Reichsmark gekostet hatten. Man wollte deshalb die Arbeiten in personeller wie finanzieller Hinsicht strenger zusammenfassen. Im August 1941 wurden die meisten der an den Projekten He S 50 und He S 60 arbeitenden Leute zu Gunsten der „Front-

reifmachung" des He S 8 A abgezogen, da deren „Einsatz im jetzigen Krieg" als unwahrscheinlich betrachtet wurde. Ende Oktober 1941 liefen zwei Einzylindermotoren für das He S 50 im FKFS, ein dritter befand sich bei Hirth in Montage. Der Bruch von Kolbenringen war zu untersuchen. Der Vollmotor mit 16 Zylindern sollte zuerst bei Prof. Kamm laufen und vier Monate später in Zuffenhausen weiter erprobt werden. Die Montage erfolgte an zwei Triebwerken He S 50 Z zugleich. Verzögerungen ergaben sich durch fehlende Auswärtsteile (Pleuel und Zahnräder). Im Programm der Entwicklung II für das Jahr 1942 standen die ML-Triebwerke am Ende der Dringlichkeitsskala, da die Fertigstellung des He S 30 höchste Priorität hatte. So war zu den Kolben Strahltriebwerken nur geplant: „Neben der Fertigmontage des He S 50 im FKFS (Prof. Kamm) soll durch laufende Bearbeitung der hier neu aufgetretenen Fragen der Grundstock zu einem Großtriebwerk auf der Grundlage ´Verdichterantrieb durch Zweitaktmotoren´ geschaffen werden."

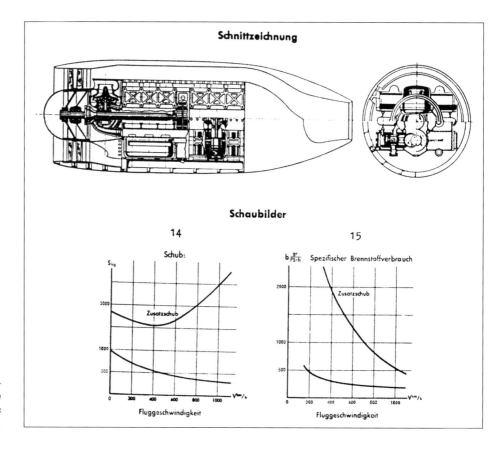

Ein 24-Zylinder-Zweitakt-Dieselmotor sollte den Verdichter des ML-Projekts He S 50 d antreiben.

Am 27.1.1942 forderte Ernst Heinkel M.A. Müller auf, sich voll auf das He S 30 zu konzentrieren und bemerkte: „Ich ziehe in Erwägung, die Arbeiten für das Gerät He S 50 überhaupt zu liquidieren, da ich bei den Fortschritten, die andere Firmen mit dem Strahlgerät gemacht haben, die praktische Nutzbarkeit dieser Arbeiten nicht mehr sehe." Bei einer gemeinsamen Besprechung zwischen RLM (Fl.-Stabsing. Schelp u.a.), FKFS (Prof. Kamm u.a.) und HMZ (Dir. Wolff, M. A. Müller) am 29. und 30.1.1942 wurden die bisher vorliegenden Teilaggregate im Institut von Prof. Kamm besichtigt. Dabei wurde festgestellt: „Die bei diesen jetzt auftretenden Probleme sind so schwieriger Art, dass nicht damit gerechnet werden kann, dass die jetzt fertig werdenden Vollaggregate He S 50 eingesetzt werden können. Das erste Triebwerk He S 50 V-1, welches als Antrieb einen Sechzehnzylinder-Zweitakt-Motor verwendet, wird bis etwa Ende April prüfstandsfertig montiert sein, soweit es das eigentliche Kolbentriebwerk betrifft." Die größten Probleme bereitete bis zur Einstellung der Arbeiten die Kühlung der Kolben des Motors. Der Heinkel erteilte Auftrag auf Entwicklung von drei Vollmaschinen He S 50 umfasste 700000,- RM, bis Januar 1942 waren aber bereits 1,3 Millionen RM dafür verbraucht worden. Da M. A. Müller Anfang Juni 1942 entlassen wurde, dürften spätestens dann alle weiteren Arbeiten an den Heinkel-ML-Projekten eingestellt worden sein. Es ist demnach zweifelhaft, ob ein vollständiger Kolbenmotor für das He S 50 z fertig wurde. Auf keinen Fall ist ein Volltriebwerk He S 50 oder He S 60 gebaut worden.

He S 50 d

Der zweistufige Axialverdichter des He S 50 d sollte von einem Zweitakt-Dieselmotor betrieben werden. Der Buchstabe d bedeutete Druckzünder. Der Motor hatte 24 Zylinder, die in vier Motorblöcken H-förmig angeordnet waren. Die gegenüberliegenden Arbeitszylinder einer Reihe arbeiteten jeweils auf eine ge-

meinsame Kurbelwelle. Über ein in der Mitte jeder dieser beiden Kurbelwellen angeordnetes Getriebe wurde die zwischen den Kurbelwellen liegende Gebläsewelle angetrieben. Die projektierten Daten des Dieselmotors waren 1200 PS Start- und 1000 PS Nennleistung bei 4600 U/min. Das He S 50 d sollte ein Triebwerksgewicht von 680 kg und 0,57 m^2 Stirnfläche haben. Bei einer Besprechung bei der Firma Gebrüder L´Orange, Motorzubehör in Stuttgart-Feuerbach am 16.3.1940 wurden von Heinkel die Entwurfszeichnungen für die Reihen-Einspritzpumpen für einen 12-Zylinder-Motor in H-Form übergeben. Die Durcharbeitung bei L´Orange sollte beginnen, sobald die Einzylinderversuche abgeschlossen wären. Die Stuttgarter Firma fertigte die Pumpen für die Benzin- und Dieselversuche an Einzylinderversuchsmotoren für Heinkel. Parallel wurden diese Versuche auch im Institut von Prof. Kamm in Stuttgart gefahren. Ende September 1940 rechnete man mit den ersten Versuchsläufen des Einzylindermotors für Ende Oktober 1940. Die Konstruktion des Vollmotors wurde als im wesentlichen abgeschlossen gemeldet. Der Zusammenbau des Vollmotors konnte erst nach Beendigung der Einzylinderversuche erfolgen. Man hoffte dies bis Ende Juni 1941 zu erreichen. Die Berechnungsunterlagen für die Konstruktion eines Zweizylinder-Prüfmotors für den He S 50 d stammen vom 4.9.1940. Dabei arbeite der zweite Zylinder in Boxeranordnung als Luftkompressor. Dieser Aufbau sollte zur Erprobung der Haltbarkeit des Triebwerks (Pleuelstangen und –Lager) dienen, wie es für den Gesamtmotor vorgesehen war.

Das Kombinations-Strahltriebwerk He S 60

Unter der Bezeichnung He S 60 war das Projekt eines sogenannten Kombinations-Strahltriebwerks oder Motor-Turbinen-Luftstrahl (MTL)-Triebwerks entwickelt worden. Zur Erhöhung der

*Das Projekt für
ein Kombinations-
Strahltriebwerk He S 60
kam über den Entwurf
und Rechnungen
nicht hinaus.*

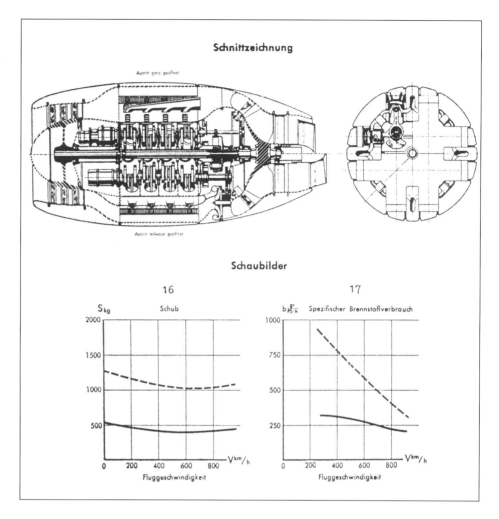

Schnittzeichnung

Schaubilder

16

17

Start- und Kampfleistung sollte es aus einer Kombination aus Strahl (TL)- und Motorluftstrahl (ML)-Triebwerk bestehen. Einem dreistufigen Axialgebläse folgte ein Radialverdichter, wie er im He S 8 verwendet worden war. Leider ist aus der kurzen Übersichtsbeschreibung des Werkes und der zugehörigen Skizze im kleinen Maßstab von etwa Anfang 1941 nicht zu entnehmen, ob der Antriebskolbenmotor den Axial- oder den Radialverdichter antreiben sollte. Der Zweitakt-Ottomotor sollte aus kreuzförmig angeordneten Doppelreihen mit je zweimal vier, insgesamt also 32, Zylindern, bestehen. Eine ebenfalls an die im He S 8 verwendete angelehnte Radialturbine folgte. Diese Gasturbine wurde ständig von den Arbeitsgasen des Triebwerks durchströmt. Durch Verstellen ihres Leitgitters sollte sie in ihrer leistungsabgebenden Wirkung ein- oder ausgeschaltet werden. Gleichzeitig mit

dem Einschalten der Gasturbine sollte die davor liegende Verbrennungsanlage zünden und das Gebläse (welches bleibt unklar, s.o., d.V.) mit der Turbine verbunden werden. Ein besonderes Getriebe verhinderte die Beeinflussung des Kolbenmotors durch die steigende Drehzahl des Verdichters. Er konnte mit gleichbleibender Drehzahl und damit günstigster Wirtschaftlichkeit weiterlaufen, obwohl der Schub um bis zu 300 % erhöht werden sollte. Das Ganze war ein wenig detailliert ausgearbeitetes Projekt, was aus obiger Schilderung zu ersehen ist. Zahlreiche, besonders mechanische, strömungstechnische und thermische Probleme waren nicht berücksichtigt und weit von einer Lösung entfernt. Alle Arbeiten auf dem ML-Gebiet mussten schon 1942 wegen der Konzentration auf die He S 11-Entwicklung eingestellt werden und konnten vorher auch nur halbherzig betrieben

Wilhelm Gundermann (1904-1997)

geboren am 7.3.1904 in Cottbus.

1923 Abitur am Friedrich-Wilhelm-Gymnasium in Cottbus.
Danach Studium des Flugzeug- und Turbomaschinenbaus an der TH Berlin-Charlottenburg. Mitglied der Akaflieg.

1932 Diplom-Ingenieur.

1933 Ab 12. Januar bei den Ernst Heinkel Flugzeugwerken in der Festigkeitsabteilung.

1936 Ab April als Konstruktionsleiter der Gruppe von Ohain zugeteilt.

1941 Wechsel zur Deutz AG in Köln und Oberursel. Dort auch mit intermittierenden Strahlrohr-Triebwerken beschäftigt.

1943 Ab 1. September bei den BMW Flugmotorenwerken Brandenburg, Mitarbeit an der Entwicklung des BMW 003-Strahltriebwerks.

1945 Nach Kriegsende bei der BMW AG in München-Allach und bei zwei Fertighausfirmen als Konstrukteur.

1949 Mitarbeit am Motorroller „Tourist" der Ernst Heinkel AG in Stuttgart-Zuffenhausen.
Danach Arbeiten im Entwicklungsinstitut für Motoren in München und beim Junkers Maschinen- und Modellbau in München-Allach.

1958 Vom 1. Januar bis zur Pensionierung am 31.3.1970 bei der MAN AG als Konstrukteur von Fahrzeug-Dieselmotoren beschäftigt.

1997 Am 14. Januar verstarb Wilhelm Gundermann in Nürnberg.

werden. Es fehlte an Personal- und Baukapazität, die wegen des schleppenden Fortgangs der Arbeit an He S 8 und He S 30 auch noch ständig abgezogen wurde. Eine Teilefertigung für das He S 60 kann daher nicht erfolgt sein, auch wenn dies gelegentlich in den 1960er Jahren behauptet worden ist. Das beruht sicher auf der sehr optimistischen Auslegung einer ebenfalls notorisch positiven Darstellung des Herstellers, die selten der Wirklichkeit entsprach. So ist in der o. g. damaligen Werksdarstellung zu lesen: „Für das vorgesehene Kombinationsstrahltriebwerk sind wesentliche Teile desselben bereits erprobt. Diese erprobten Teile umfassen das Gebläse, die Gasturbine, das Verstellgitter, sowie zum Teil die Kolbenbrennkraftmaschine durch die bereits angeführten Einzylinderversuche."

Man meinte damit die Einkolbenversuche für das He S 50 z und die Komponenten des He S 8A, allerdings hatte man zum Zeitpunkt des Berichts, das He S 8 A nach dem Erstflug in der He 280 V 2

noch immer nicht wieder betriebsreif bekommen und sollte den notwendigen 10-Stunden-Lauf nie erreichen, ebenso wie das He S 50 nie komplettiert wurde. Am 25.9.1940 war der Stand des He S 60 wie folgt: Die Konstruktion befand sich in der Vorentwurfsphase. Der eigentliche Entwurf konnte erst beginnen, wenn der He S 50 z-Vollmotor befriedigende Ergebnisse gezeigt hatte. Die Konstruktion für Gebläse, Turbine und Getriebe musste vorher beginnen, da dafür mit einer längeren Entwicklungszeit gerechnet werden musste. In der werksinternen Besprechung werden die Probleme klarer erkannt als in der o. g. Außendarstellung für das RLM zugegeben.

Die Projektdaten des He S 60 waren 1600 bzw. 2000 PS Nenn- und Startleistung des Kolbenmotors bei 6000 U/min, das gesamte Triebwerk sollte eine Masse von 800 kg und eine Stirnfläche von 0,64 m² haben.

Nach der Vorführung der Hc 178 am 1.11.1939 fand eine kurze Feier bei Ernst Heinkel statt. V.l.n.r.: Reidenbach, Ohain, Udet, Heinkel und Lucht.

Personelle und räumliche Fragen der Strahltriebwerksentwicklung bei Heinkel

Die Aufbauarbeit bis 1939

Der Aufbau der Abteilungen für Strahltriebwerksentwicklung bei den Ernst Heinkel Flugzeugwerken erfolgte in drei wesentlichen Abschnitten. Diese sind hauptsächlich durch die agierenden Personen geprägt und im Ergebnis deutlich unterscheidbar.

Der erste Abschnitt umfasst die knapp dreieinhalb Jahre vom ersten Vortrag Hans von Ohains bei Ernst Heinkel in Warnemünde am 17. März 1936 bis zum erfolgreichen Erstflug der He 178 V-1 am 27. August 1939 in Rostock-Marienehe. In dieser erstaunlich kurzen Zeit gelang es, eine technikhistorisch weltbedeutende Entwicklung vom ersten Prinzipmodell bis zum einsatzfähigen und geflogenen Versuchsmodell eines Strahltriebwerks zu führen. Dieses Ergebnis wurde unter unzureichenden labormäßigen Bedingungen von nur sehr wenigen Ingenieuren und Facharbeitern mit äußerstem Einsatz und großem Enthusiasmus erzielt, was wesentlich der genialen Fähigkeit Hans von

Bei der Feier zum erfolgreichen Erstflug von Erich Warsitz in der He 178 sind auch die Arbeiter der Abteilung Sonderentwicklung dabei. Im dunklen Anzug mit dem Rücken nach vorn Walter Künzel.

Ohains geschuldet war, eine theoretisch gut durchdachte Idee in technisch zu verwirklichende Lösungen umzusetzen. Dabei spielte auch Ohains sehr bescheidene und selbstlose Art eine Rolle, der seine Mitarbeiter zu schöpferischer Teamarbeit anregte, ohne seine eigene Person in den Vordergrund zu rücken. Weiteren wesentlichen Einfluss hatte Ernst Heinkel, der sich voll hinter die Arbeiten stellte und ständig auf eine möglichst schnelle Verwirklichung des Strahlflugs drängte, gleichzeitig aber auch durchaus Verständnis für die beim Bewegen auf völligem Neuland auftretenden Rückschläge und Verzögerungen hatte. Der im Werk herrschende Arbeitsstil, der Stolz auf das immer wieder betonte „Heinkel-Tempo" taten ein übriges. Viel wurde improvisiert und ausprobiert, was unter den o. g. Bedingungen zwar das Erreichen des Ziels des erfolgreichen Erstflugs erlaubte, aber später teilweise auch zum Hindernis wurde, als sich die Randbedingungen umfassend geändert hatten.

Als Hans von Ohain und Max Hahn im April 1936 ihre Arbeit in Rostock aufnahmen waren sie anfangs der Versuchsabteilung unter Dr. Matthaes unterstellt, zu dieser gehörte auch der ihnen zugeteilte Ing. Wilhelm, Gundermann. Werksintern sprach man von der Gruppe Ohain oder Gundermann, wobei sich letzteres auf die Konstruktionsabteilung bezog. Als nach dem erfolgreichen Lauf des wasserstoffbetriebenen Versuchsgeräts die Planungen für flugfähige TL-Triebwerke begannen, bat Hans von Ohain am 2.5.1937 darum, die Gruppe Gundermann „zum Zwecke einer unmittelbaren Zusammenarbeit mit Herrn Schwärzler und Günter als Sondergruppe dem Konstruktionsbüro anzugliedern". Einen Tag später entband Ernst Heinkel Dr. Matthaes von der Leitung der Versuche und legte fest, dass diese bis auf weiteres von den Herren von Ohain und Gundermann selbst weiter geführt werden sollten. Ein Jahr später (4.5.1938) legte Wilhelm Gundermann einen Terminplan für die laufen-

den und künftigen Arbeiten der jetzt „Sonderentwicklung II" genannten Abteilung vor. Zu diesem Zeitpunkt gehörten neben Hans von Ohain und Herbert Jacobs, welche die Apparatprojekte ausarbeiteten, Wilhelm Gundermann und die drei Ingenieure Lindenzweig, Lüders und Espe zur SoE II, die für Konstruktion, Festigkeitsrechnungen und Prüfstandsarbeiten an den Triebwerken verantwortlich waren. Zur von Max Hahn geleiteten Werkstatt, wo die Versuchstriebwerke gebaut und Verbrennungsversuche ausgeführt wurden, gehörten der Ingenieur Röttig, 1 Vorarbeiter, 12 Schlosser, 1 Dreher und ein Hilfsarbeiter. Insgesamt also nur 15 Arbeiter und 8 Angestellte haben bei Heinkel das Strahltriebwerk geschaffen. Das Konstruktionsbüro lag in der Halle 38, davor am Ufer der Warnow fanden die Prüfstandsversuche in einer Baracke statt.

Diese geringe Zahl der unmittelbar an Entwicklung und Bau des Ohain-Triebwerks Beschäftigten änderte sich bis zum August 1939 nur wenig, wie die von Max Hahn am 1.9.1939 eingereichte Prämienliste zeigt, in der er insgesamt 750 Mark für seine 14 Arbeiter anforderte.

Verstärkung durch die Junkers-Gruppe aus Magdeburg

Der zweite Abschnitt der TL-Triebwerksentwicklung in den Ernst Heinkel Flugzeugwerken begann mit dem Eintritt der von Max Adolf Müller geführten ehemaligen Junkers-Entwicklungsgruppe im September 1939. Neben Max Adolf Müller waren etwa 18 weitere Ingenieure von Junkers zu Heinkel gekommen. Müller begann sofort seine Entwicklungsgruppe auf fast 50 Personen zu erweitern und nahm neben Entwicklung und Bau eines Axialtriebwerks (He S 30) auch den Entwurf von Motorluftstrahltriebwerken ins Programm. Er erhielt die Leitung der gesamten Triebwerksentwicklung bei Heinkel. Es wurde beschlossen, dass die weiterhin klein bleibende Ohain-Gruppe das erfolgreiche He S 3b-Triebwerk zum He S 8 als vorläufigen Antrieb für die geplante He 280 weiterentwickeln sollte. Heinkel wollte seinen Vorsprung im Strahltriebwerksbau durch den Einstieg in alle Gebiete dieser Entwicklung ausbauen und hoffte dies durch die Übernahme der von Professor Wagner bei Junkers aufgebauten Gruppe realisieren zu können. Der Mangel an Versuchs- und Fertigungskapazität sollte durch den Bau von Prüfständen in Rostock, die Vergabe von Bauaufträgen an Unterlieferanten und möglichst durch Übernahme eines Motoren- oder Maschinenbaubetriebes ausgeglichen werden. Der gerade begonnene Krieg schränkte die Möglichkeiten allerdings stark ein. Neben dem durch Einberufungen weiter steigendem Mangel an Facharbeitern und Ingenieuren wurde die Beschaffung von Material und Baukapazitäten weiter eingeschränkt und ein ständiges Ringen um die jeweils höheren Dringlichkeitseinstufungen und Materialkontingente begann. So erhielten die Heinkel-Werke anfangs überhaupt keine Werkstoffzuteilungen für den Motorenbau oder die nötigen Normblätter. Noch im Herbst 1939 begann ein zähes Ringen mit dem RLM um die Materialbereitstellungen für Prüfstandsbau und Triebwerksentwicklung. Insbesondere die benötigten Legierungsmetalle, wie Nickel u.ä. standen nicht mehr oder nur in stark reduziertem Umfang zur Verfügung. Im Werk wurde ab 1940 versucht, die Abteilung Sonderentwicklung selbständig zu machen, indem die Arbeitsvorbereitung, das Materiallager, die Betriebsmittelverwaltung und der Einkauf aus dem allgemeinen Werksverbund gelöst und separat geführt wurden. Dies war für die kaufmännischen Bereiche etwa im August 1940 abgeschlossen. Bereits am 11. Juni hatte Ernst Heinkel in einem Schreiben an Generalluftzeugmeister Udet darum gebeten, die durch den Tod Hellmuth Hirths zum Verkauf stehende Hirth-Motoren GmbH in Stuttgart-Zuffenhausen erwer-

ben zu dürfen. Der Bau der vom RLM genehmigten Prüfstände in Rostock, die im Juli 1940 beziehbar sein sollten, verzögerte sich derart, dass ihre Fertigstellung bis Jahresende nicht zu erwarten war. Es stand weiterhin nur eine Baracke dafür zur Verfügung, die erst winterfest gemacht werden musste. Ein weiterer dringend notwendiger Versuchsraum war nicht vorhanden. Die im Zwischenbau der Hallen 38 und 39 einzurichtende Werkstatt stand noch nicht vollständig zur Verfügung. In Rostock kam es immer wieder zu Beschwerden von Max Adolf Müller, der dabei auch persönliche Vorwürfe gegen einzelne Mitarbeiter und Abteilungsleiter erhob. Anfang Januar 1941 setzte Ernst Heinkel deshalb Dipl.-Ing. Werner als seinen Kommissar für das gesamte Arbeitsgebiet der Sonderentwicklung ein. Dieser sollte insbesondere die Fragen der Zusammenarbeit zwischen den verschiedenen Bereichen gründlichst überprüfen und Heinkel darüber berichten. Mitte Januar gehörten insgesamt 85 Personen zum Konstruktionsbüro der Abteilung Sonderentwicklung. Damals übernahm Ernst Heinkel selbst die Leitung der Sonderentwicklung mit allen ihren Abteilungen und beauftragte Dipl.-Ing. Werner mit der Führung der laufenden Geschäfte in seiner Abwesenheit.

Die im Januar 1941 stattgefundene Arbeitstagung „Strahltriebwerk" des RLM zeigte deutlich das Dilemma, in dem sich die Arbeiten bei Heinkel befanden. Die werksinterne Auswertung ergab folgende Schlussfolgerungen:
1) Man arbeitete bei allen Firmen auf breiter Basis an der Entwicklung, was vom RLM gefördert wurde.
2) Wenn bei Heinkel nicht augenblicklich Schritte zur Vergrößerung der Kapazität unternommen würden, bestand die Gefahr, den Anschluss auf dem Gebiet der TL-Entwicklung zu verlieren.
3) Heinkel lag bisher technisch an der Spitze, hatte aber gleichzeitig die geringsten Möglichkeiten die Kapazität betreffend.

4) Ernst Heinkel ordnete an, die Hallen 37, 38 und die Zwischenhalle gänzlich zum Ausbau der Sonderentwicklung zur Verfügung zu stellen, wobei dieser Werkskomplex bis Mitte Sommer 1941 einsatzfähig sein sollte.

5) Erneut wurde festgestellt, dass es zweckmäßig wäre, ein vorhandenes Werk mit seinem Facharbeiterstamm für die Entwicklung zu erwerben und den in Rostock vorbereiteten Aufbau des Entwicklungswerkes dort anzugliedern.

6) Sämtliche Serienarbeiten sollten an Fremdfirmen vergeben und die Sonderentwicklung nur für Entwicklungsarbeiten eingesetzt werden.

7) Das vorhandene Prüffeld war selbst für die Entwicklung nicht ausreichend.

Am 13.3.1941 ordnete Ernst Heinkel die Sonderentwicklung erneut um. Es wurden zwei Entwicklungsabteilungen geschaffen, deren erste M. A. Müller leitete, dem auch der Betrieb, das Versuchswesen, die Arbeitsvorbereitung und die Patentabteilung unterstanden. Dr. von Ohain leitete die Entwicklungsabteilung II. Dipl.-Ing. Werner war mit dem Aufbau einer selbständigen Serienfertigung und der Leitung des kaufmännischen Teils beider Entwicklungsabteilungen beauftragt.

Am 31.3.1941 legte Dr. Heinkel fest, dass nordwestlich der bisherigen Holzbaracke der Sonderentwicklung in Marienehe weitere vier Prüfstände gebaut werden sollten und zwar wie die vorhandenen. Er hoffte diese bis Ende Juni fertig zu haben. Hier bleibt unklar, ob die ab Herbst 1939 geplanten Prüfstände bereits fertig waren oder bisher immer noch nur die provisorische Holzbaracke benutzt werden konnte. Für letz-

Auf diesem alliierten Aufklärungsfoto sind am oberen Bildrand am Ufer der Warnow die Triebwerksprüfstände und darunter die Halle 38 zu erkennen, die Arbeitsstätten der Heinkel-Sonderentwicklung.

Gruppenfoto der Mitarbeiter der Heinkel-Sonderentwicklung, das wahrscheinlich nach dem Erstflug der He 280 V-2 am 30. März 1941 aufgenommen wurde. In der vorderen Reihe steht Hans von Ohain rechts von Ernst Heinkel, nach links folgen Robert Lusser, Fritz Schäfer in Fliegerkombination und Max Adolf Müller.

teres spricht ein später verfasstes Manuskript M. A. Müllers.

Zum ersten April 1941 wurde dann die vom Flugzeugzellenwerk unabhängige Ernst Heinkel Studien-GmbH (EHS) geschaffen, die den Sondertriebwerksbau betrieb. Allein zeichnungsberechtigter Geschäftsführer war Prof. Dr. Heinkel, als weiterer zeichnungsberechtigter Geschäftsführer war Direktor Dr. Lehrer berufen und als Handlungsbevollmächtigte der GmbH M. A. Müller, Dr. von Ohain und Dipl.-Ing. Werner eingetragen. Nach dem erfolgreichen Vorführungsflug der He 280 vor Udet und weiteren RLM-Vertretern am 5. April wurde Ernst Heinkel der Erwerb der Hirth-Motorenwerke zugesprochen, was am 30. April 1941 durch notariellen Kaufvertrag besiegelt wurde. In einer Besprechung bei Dr. Heinkel am 12.6.1941 an der Helmut Schelp vom Technischen Amt (LC 3) und der Zuffenhausener Betriebsdirektor Schif teilnahmen, wurde festgestellt, dass für den Strahltriebwerksbau bei Hirth neue Prüfstände und Anlagen für die Serienfertigung neu zu erstellen waren, da die bisherigen Arbeiten auf dem Gebiet der Kolbenmotoren u.ä. weiterlaufen sollten. Schon einen Tag später setzte Ernst Heinkel seine bisherige auf Einschränkung und Improvisation zielende Haltung erneut durch und ließ Schelp mitteilen, dass nach Auskunft Schifs in Zuffenhausen „drei Prüfstände frei seien, für eine Anzahl Konstrukteure Platz ge-

schaffen würde und in der neuen Fabrikationshalle genügend Platz für Müller abgeteilt werden könne". M.A. Müller sollte deshalb sofort nach Zuffenhausen umziehen. Dipl.-Ing. Schelp wurde umfassend über die persönlichen Schwierigkeiten informiert, die mit Müller bestanden, der es zwischenzeitlich schon abgelehnt hatte, das Werk zu betreten, wenn nicht Herr Werner sofort seines Postens in der Sonderentwicklung enthoben würde, usw. Es wurde beschlossen, Dr. von Ohain wegen seiner Verdienste mit den Triebwerken He S 3 und He S 8 nicht Müller unterzuordnen, sondern ihm seine Parallelstellung zu erhalten. Ernst Heinkel wollte ihm nichts in den Weg legen, wenn er in 2-3 Jahren eine Professur in Göttingen anstrebte. Es sollte eine geeignete Persönlichkeit gefunden werden, die den parallel gestellten Herren Schif (Technischer Direktor in Zuffenhausen), Müller und Ohain übergeordnet werden konnte und die zum Ausgleich der bestehenden persönlichen Spannungen befähigt war. Schelp hielt dafür Direktor Harald Wolff von BMW für geeignet, dem dort die Technischen Direktoren Bruckmann (Bramo) und Sachse (BMW) unterstanden, und wollte mit ihm Fühlung aufnehmen. Wolff hat seine Arbeit bei Heinkel spätestens Anfang August 1941 begonnen, da ab Mitte August erste Berichte von ihm über den geplanten Umzug der Müller-Gruppe nach Stuttgart-Zuffenhausen vorliegen. Danach sollte die Übersiedlung am 25.8.1941 stattfinden. Müller wurde als Leiter der „Entwicklung II" bei der Hirth Motoren GmbH eingesetzt und sollte sich auf die Arbeiten am He S 30-Triebwerk konzentrieren, während die weitere Beschäftigung mit den ML-Projekten, da sie voraussichtlich „in diesem Kriege nicht zum Einsatz kommen können", einzustellen waren. Die frei werdenden Leute blieben in Rostock, um das He S 8 serienreif zu machen. Als die Gruppe Müller nach Stuttgart verlegte, ging Dr. Rudolf Friedrich zur Turbinenfabrik Brückner, Kanis & Co. in Dresden. Friedrich hatte Pionierarbeit bei der Entwicklung des Axialverdichters des He S 30 geleistet, sein Weggang war ein herber Verlust für die Heinkel-TL-Entwicklung.

Aus M. A. Müllers „Bericht zur Entwicklung II in Firma Hirth-Motoren GmbH" für den Monat Oktober 1941 geht hervor, dass weiterhin neben dem He S 30 auch am He S 50 z gearbeitet wurde. Die Planungen für die nötigen neuen Prüfstandsbauten in Zuffenhausen waren abgeschlossen und mit der Errichtung provisorischer Prüfstände begonnen worden. Müller beschrieb bereits wieder Schwierigkeiten in der Zusammenarbeit seiner aus Rostock gekommenen Gruppe mit der Zuffenhausener Stammbesatzung. Die angeblich vorhandenen Prüfstände standen nicht zur Verfügung. Dies setzte sich im November-Bericht fort. Müller konstatierte, „dass infolge der unrichtigen Einstellung der örtlichen Geschäftsleitung seit Juli 1941, d.h. seit der Umsiedlung der Entwicklung II zu HMZ, keinerlei Arbeiten durchgeführt werden konnten. Bauten und Umzüge konnten nicht termingemäß durchgeführt werden. Die Fertigstellung der Prüfstandsbaracke war zugesagt für den 1.10.1941. Sie konnte jedoch erst am 10.11. von einem kleinen Teil und am 25.11. vom Rest bezogen werden. Sie ist aber immer noch nicht endgültig fertiggestellt." Am Neubau des Prüfstandes und der Konstruktionsbaracke war laut Müller bis zum 1.12.1941 noch nichts Sichtbares unternommen worden.

Die fehlende Prüfstands- und Fertigungskapazität taucht auch in der Programmplanung der EHS in Rostock und der Zuffenhausener Entwicklung II für das Jahr 1942 auf. In Rostock wurde die dringend benötigte Erweiterung des Prüfstandes und die Vervollkommnung

Hier stellen sich Ernst Heinkel und Hans von Ohain mit einigen anderen Mitarbeitern der Sonderentwicklung dem Fotografen. Ganz links steht Max Hahn, der 5. v.r. ist Dr. Vanicek.

des Prüfstandsgeräts gefordert. Ebenso war immer noch nicht die in der Halle 38 befindliche fremde Abteilung ausgezogen. Es fehlten etwa 40 Werkzeugmaschinen und ca. 12 Detailkonstrukteure und Zeichner sowie vier bis 5 Mitarbeiter im Versuchsfeld. Für Ende 1942 war die Verlegung der Studiengesellschaft nach Stuttgart geplant, wenn bis dahin die dort geplanten Bauten fertig würden. In Stuttgart stand weiterhin die nötige Prüfstands- und Personalkapazität für die Fertigungswerkstatt nicht ausreichend zur Verfügung. Ende Januar 1942 war dann ein 280 kW-Schleppprüfstand in Zuffenhausen fertiggestellt, so dass mit dem Durchmessen des Gebläses des He S 30 begonnen werden konnte. Der Brennkammerprüfstand war in Verzug und sollte erst zum Ende Februar fertig werden. Die Arbeiten an Bürobaracke und Prüfstandsneubau lagen weit hinter Plan. Erneut gab es Auseinandersetzungen mit M. A. Müller, der am 20. Februar die Arbeit verweigerte. In seiner Antwort auf ein Beschwerdeschreiben Müllers legte Ernst Heinkel dar, dass sich dieser „in die bestehende Organisation einfügen müsse" und verbat sich, das „Herantragen von Maßnahmen der Geschäftsleitung an das RLM". Anfang März folgte ein weiterer Briefwechsel, wobei beide Seiten auf gegensätzlicher Darstellung der Vorfälle beharrten. Allerdings bewies dabei Ernst Heinkel mehr Verständnis für die Schwierigkeiten der Gruppe Müller als sein Personalchef Dr. Köhler. Im April 1942 schrieb er an Prof. Kamm, der seinen Rücktritt vom Beratervertrag als Hochschullehrer angeboten hatte, da auch nach Übersiedlung der Müller Gruppe nach Stuttgart kein ausreichender Kontakt zu Stande gekommen war. Darin heißt es unter anderem: „Seit längerer Zeit schätze ich die Arbeit der von Herrn Müller geleiteten Abteilung in Zuffenhausen so ein, dass ich von Enttäuschungen nicht getroffen werden kann. Ich habe seit Monaten bereits erkannt, dass Erfolge auf dem Gebiet des TL-Geräts He S 30 auf sich länger warten

lassen werden, als wir ursprünglich angenommen haben; zum Teil wird dies durch äußere Umstände, wie Umzug, Eingewöhnung der von Rostock gekommenen Abteilung und die längere Krankheit des Herrn Müller verschuldet. Leider ist die Zusammenarbeit zwischen dem Herrn Schif und dem Herrn Müller nicht so reibungslos vor sich gegangen, wie ich es mir gewünscht hatte. Müller ist ein guter Ingenieur und ein ausgezeichneter Projekteur. Er ist aber alles in allem ein schwer zu nehmender Charakter und dazu ein schlechter Menschenführer. Es ist ihm bisher nicht gelungen, seine Mannschaft in einem einheitlichen Geiste zu führen und sie zu gemeinsamer reibungsloser Arbeit zu bringen." Anfang Juni 1942 kulminierten dann die Auseinandersetzungen, so dass Heinkels Personaldirektor Dr. Köhler persönlich nach Stuttgart fuhr und Max Adolf Müller die Heinkel-Werke verließ. Aus den verbliebenen Entwicklungsingenieuren wurde die Gruppe Henrici gebildet. Nun drängte Generalfeldmarschall Erhard Milch darauf, wegen der hohen Luftgefahr die Studiengesellschaft ebenfalls bis spätestens Ende August nach Zuffenhausen zu verlegen. Am 8. Juli 1942 fand in Zuffenhausen eine Besprechung mit Flieger-Stabsingenieur Schelp über die Weiterführung der Arbeiten der Entwicklung II und die Gesamtlage der Triebwerksentwicklung im Heinkel-Konzern statt. Dabei wurde festgelegt, dass die Arbeiten am He S 30 nur insoweit fortzuführen waren, wie sie der Entwicklung des He S 11 dienen konnten. Für kurzzeitige Verwirrung sorgte die Anordnung Ernst Heinkels, vom 22.7.1942, die Gruppe Ohain nicht nach Zuffenhausen, sondern nach Wien zu verlagern. Deshalb stoppte er den Bau der Kobü-Baracke bei Hirth. Dies entsprach wohl dem Wunsch Heinkels, trotz bereits ablehnender Haltung Schelps, der nur noch das He S 11 entwickeln lassen wollte, weiter am He S 8 und der He 280 zu arbeiten. Einen Monat später kam dann Prof. Heinkels endgül-

Max Adolf Müller (1901-1962)

geboren am 10.8.1901 in Metz/Lothringen.

Abbruch der Schulausbildung im Krieg und 1921 Ausweisung aus Lothringen.

1919 Bis 1926 Arbeit als Maschinenschlosser, Motorenmonteur u.ä., Abend-studium.

1927 Studium Maschinenbau an der Höheren Technischen Staatslehranstalt in Köln. Abschluss 1928.

1928 Konstrukteur und Statiker im Eisenhochbau.

1929 bis 1934 Studium und Assistenz an den TH Aachen, Braunschweig und Hannover.

1936 Assistent am Flugtechnischen Institut der TH Berlin bei Prof. Herbert Wagner.

1937 Leiter der von Prof. Wagner bei Junkers betriebenen Strahltriebwerksent-wicklung in der Maschinenfabrik Magdeburg. Entwürfe von Axial-TL- und PTL-Triebwerken. Bau eines Versuchstriebwerks RT0.

1938 April Rückkehr an das Berliner Institut und ab September Leiter der Strahl-triebwerksentwicklung bei den Ernst Heinkel Flugzeugwerken Rostock.

1942 Übersiedlung zur von Heinkel übernommenen Hirth-Motoren GmbH. Dort Leiter der Entwicklung II.

1943 Im Juni verlässt M.A. Müller Heinkel. Anschließend technischer Berater der Friedrich Goetze AG in Burscheid.

1944 Beratende Tätigkeit für das RLM für TL-Prüfstände, beim Entwurf einer 1000 PS-Turbine für Landfahrzeuge und eines leichten 500-kp-Strahltriebwerk für die Flugbombe V-1.

1945 bis 1948 Entwicklung verschiedener Industrieverdichter, eigenes Ingenieur-büro.

1949 Ab 1949 Entwurf eines Heinkel-Triebwerksprojekts für einen für Jugoslawien bestimmten Jäger.

1962 Am 2.11.1962 in Köln-Burscheid verstorben.

tige Entscheidung die Studiengesell-schaft nach Zuffenhausen zu verlegen, wobei der Erprobungsflugplatz für die TL-Triebwerke Wien-Schwechat wer-den sollte. Jetzt gab es Reibungen zwi-schen Ernst Heinkel und dem Techni-schen Direktor Schif in Zuffenhausen und Harald Wolff. Ernst Heinkel, seinem Temperament und Charakter folgend, empfand die Arbeit Schifs als wenig druckvoll, außerdem „regierte" er stän-dig in den Entscheidungsbereich des Technischen Direktors für Triebwerks-fragen Wolff hinein und versuchte, in ge-wohnter Improvisation durch Versetzen von Personal von Stuttgart nach Ro-stock die Arbeit am He S 8 weiter auf-recht zu halten bzw. zu beschleunigen, wodurch andere Arbeiten liegen blieben bzw. verzögert wurden.

Ernst Heinkel hatte zwar ein ausge-prägtes Gespür für gute Leute, die sich aber seinem oft sprunghaften und manchmal Unmögliches forderndem Regime unterordnen mussten. Eigen-ständige und selbstbewusste Charakte-re hatten es bei ihm oft schwer, insbe-sondere, wenn sie als Direktoren Ver-antwortung tragen mussten, Ihnen aber die dazu nötige Freiheit nicht zugestan-den wurde.

Am 26.8.1942 wurde der umgehende Umzug der EHS nach Stuttgart be-schlossen, allerdings ergaben sich Ver-zögerungen, wegen der immer noch nicht fertiggestellten Bürobaracke und bei der Verlegung der Prüfstände. Ende September hoffte man, bis Jahresende die Umsiedlung zu schaffen. Kriterium war die Vermeidung von Entwicklungs-

Vier Pioniere der Strahltriebwerksentwicklung 1978 bei einem Treffen im Air Force Museum in Dayton, Ohio. V.l.n.r.: Helmut Schelp, Sir Frank Whittle, Hans von Ohain und Max Bentele. Alle vier arbeiteten nach dem Krieg in den USA.

Ernst Heinkel Studiengesellschaft und Hirth verschmelzen zur Heinkel-Hirth Motoren GmbH

Mit der Übersiedlung der Ernst Heinkel Studiengesellschaft nach Zuffenhausen und ihrer Verschmelzung mit den Hirth Motorenwerken entstand eine neue Organisation, die sich nachfolgend als recht effektiv erwies und in nur etwa zwei Jahren das damals stärkste TL-Triebwerk bis zur Serienreife entwickelte, das durch das Kriegsende allerdings nicht mehr zum Einsatz kam. Dies war der dritte Zeitabschnitt der Heinkel TL-Entwicklung. Harald Wolff hatte die Leitung sämtlicher Triebwerksbauaktivitäten des Heinkel-Konzerns, ihm unterstellt war Curt Schif als Direktor des Heinkel-Hirth-Werkes. Er war verantwortlich für alle Verwaltungs- und Geschäftsangelegenheiten des Betriebes und für die Serienherstellung aller Hirth-Produkte, einschließlich der zukünftigen Serienproduktion des 109-011-Triebwerks. Hans von Ohain wurde Entwicklungs-Leiter TL-Triebwerke und unterstand in allen technischen Angelegenheiten H. Wolff, in allen Personal- und Verwaltungsfragen C. Schif. Dr. Max Bentele war der führende Ingenieur der Hirth-Werke, der auf allen Teilbereichen der Triebwerksentwicklung grundlegende Beiträge lieferte. Seine Untersuchungen zur Resonanzerregung halfen, bei Jumo die Ursachen der Schwingungsbrüche der Jumo 004B-Turbine zu vermeiden. Auch die Entwicklung der luftgekühlten Turbine des He S 11 führten über seine „Faltschaufeln" zu den am Ende eingesetzten „Topfschaufeln". Hans von Ohain sagte über ihn: „Dr. Max Bentele war eingeschaltet bei allen technischen Problemen der Entwicklung und Serienherstellung der Heinkel-Hirth-Produkte. In der TL-Entwicklung arbeitete er an den Hauptkomponenten der Strahltriebwerke, wie Kompressor, Turbine, Brennkammer und verstellbare Strahldüse. Er verfügte über alle Teilprüfstände innerhalb wie außerhalb der Firma."

verzögerungen durch fehlende Prüfstände, die in „Primitivbauweise unter Benutzung der Rostocker Ausrüstungen" zu erstellen waren. Wieder gab es Unstimmigkeiten, weshalb Direktor Wolff am 13. Oktober sogar die weitere Zusammenarbeit mit den Zuffenhausener Verantwortlichen ablehnte, da die dortigen Bauten nicht vorankamen, während Ernst Heinkel die Schuld bei Wolff suchte, dem er Verzögerungen unterstellte. Dieser hatte aber erkannt, dass beim RLM nur noch die Entwicklung des He S 11 Aussicht auf Erfolg hatte und wollte sich voll darauf konzentrieren. Ernst Heinkel hoffte dahingegen immer noch, auch die He 280 und deren Triebwerke He S 8 und He S 30 irgendwie zum Erfolg zu bringen. Ernst Heinkel wurde Ende 1942 auch von Prof. Kamm gedrängt, das He S 30 nicht aufzugeben, das dieser für vorläufig aussichtsreicher hielt als das He S 11. So hat es damals auch noch Verhandlungen zwischen M. A. Müller und dem Hirth-Direktor Morhardt gegeben, die auf Heinkels Anregung zurückgingen. All dies trug nach Auffassung Schelps nur zur Verzögerung des He S 11 bei und wurde von ihm scharf abgelehnt.

Die Strahlflugzeuge der Ernst Heinkel Flugzeugwerke

Die Entwicklung des ersten strahlgetriebenen Versuchsflugzeugs der Welt He 178

Nach dem ersten erfolgreichen Lauf des wasserstoffbetriebenen Versuchstriebwerks Hans von Ohains etwa Ende Februar/Anfang März 1937 wurden die Prüfstandläufe fortgesetzt, die vor allem den wichtigen Effekt hatten, dass Heinkel und seine Ingenieure jetzt an die Möglichkeit des Strahlantriebs glaubten und nun ein flugfähiges Triebwerk verlangten. In seinem Arbeitsprogramm vom 25.2.1937 für die weitere Entwicklung des Strahlapparats erwähnt Hans von Ohain, dass „verschiedene Apparatprojekte, einmotorig und zweimotorig mit Angabe von Schub, Leistung, Brennstoffverbrauch, Gewicht und Abmessungen an das Projektbüro zur Ausarbeitung von Einbauprojekten gegeben" werden sollten. Danach dürften die ersten Entwürfe von Strahlflugzeugen bei Heinkel entstanden sein.

Am 2. Mai 1937 formulierte Dr. Ohain seine Vorstellungen vom weiteren Verlauf der Arbeiten für Heinkel. Dabei schlug er zwei Wege vor:

a) Bau einer zweimotorigen Spezialmaschine einschließlich Triebwerken bis April 1938.

b) Noch optimistischer war der Vorschlag, bis Ende September ein Triebwerk zu bauen und an Stelle des Kolbenmotors in einer He 118 zu montieren.

Heinkels Forderungen an das nun zu entwickelnde Flugtriebwerk waren 300 kg Masse und 800 kp Schub. Vom Ende Mai 1937 stammt die bemaßte Prinzipskizze des geplanten Triebwerks, das unter der Bezeichnung „Projekt 2" geführt wurde.

Entschieden wurde auch, ein kleines einmotoriges Versuchsflugzeug mit im Rumpf liegendem Triebwerk zu bauen. Hauptgrund dafür war wohl der immer noch relativ große Durchmesser des Radialtriebwerks. Als nachteilig erwiesen sich die langen Rohrleitungen für Lufteinlauf und Strahlaustritt und die Schwerpunktrücklage durch den

---

Walter Günter (1899-1937)

geboren am 8.12.1899 in Keula/Thüringen.

1920 Studium Maschinenbau an der TH Hannover. Abbruch nach vier Semestern.

1922 Konstrukteur bei Firma Bäumer Aero GmbH in Hamburg. Unter anderem Entwurf des „Sausewind"-Sporteindeckers.

1931 Im Juli Eintritt bei den Ernst Heinkel Werken Warnemünde.

1931 Die Zwillingsbrüder Walter und Siegfried Günter übernehmen die Leitung des Heinkel-Entwurfsbüros. Walter Günter entwirft die He 176 und die He 178.

1937 Mitglied der Deutschen Akademie für Luftfahrtforschung.

1937 Am 21. September verstirbt Walter Günter nach einem Autounfall in Rostock.

Einbau des Triebwerks hinter dem Massemittelpunkt der Maschine. Die Entwurfsauslegung für das He 178 genannte Flugzeug stammte noch von dem im September 1937 tödlich verunglückten Walter Günter, der dafür einen Triebwerksschub von 500 kp ansetzte. Den weiteren aerodynamischen Entwurf bearbeiteten dann Prof. Heinrich B. Helmbold und Wilhelm Benz. Anfangs sind mehrere Triebwerksanordnungen in Betracht gezogen worden. Am 4.5.1938 betonte Ernst Heinkel jedoch ausdrücklich: „Es soll nur das Projekt weiter verfolgt werden mit dem Apparat in der Mitte und Rohreintritt." Ernst Heinkel hatte großes Interesse am Strahlflugprojekt und nahm mehrfach direkten Einfluss auf die Auslegung. So regte er seinen Technischen Direktor Hertel in einem Brief im Juni 1938 an, die He 178 mit einer Fläche von nur acht bis neun Quadratmeter auszurüsten und als Ziel gab er 800 km/h Geschwindigkeit vor. Am Ende des Monats waren die projektierten Daten auf 7,5 m² Flügelfläche, eine Spurweite von 1,32 m und 780 km/h Geschwindigkeit am Boden, bei 850 km/h Höhenleistung, festgelegt.

Diese Daten sollten mit einem Triebwerk erreicht werden, das bei 930 mm Durchmesser anfangs 500 kp Schub erreichen sollte (F 3 b). Eine Schuberhöhung auf 750 kp war für die Weiterentwicklung (F 6) geplant, die mit gleichen Außenabmessungen gegen das erste Aggregat austauschbar sein sollte.

Der Entwurf 178.01-01 für das Versuchsflugzeug He 178 war am 9.7.38 fertig und lag drei Tage später den Sonderentwicklungs-Abteilungen I und II vor. Das Flugzeug sollte die Sonderentwicklung I (Abteilung Künzel) konstruieren und montieren. Dort wurde auch eine Konstruktionsattrappe aus Holz gebaut, deren Fertigtermin auf den 10.8.1938 festgelegt wurde. Der Mitte Juli gezeichnete Rumpfstrak wurde am 1. August nochmals geändert. Bis dahin lag die endgültige Flügelauslegung noch nicht fest. Anfang Dezember plante man die Großbaugruppen der He 178 V-1 etwa Mitte Dezember fertig zu haben. Am 29. August fand die erste Attrappenbesichtigung statt. Dabei wurde u. a. festgelegt, „die rechte Rumpfseitenwand vom Instrumentenspant bis zum Tankraum als Klappe" auszubilden um bei hohen

Von diesen Heinkel-Werk-fotos wird angenommen, dass sie das nicht mehr geflogene zweite Versuchsmuster der He 178 zeigen.

Karl Schwärzler (1901-1974)

geboren am 26. Januar 1901 in Linz an der Donau.

1916 Bis 1920 Studium des Maschinenbaus und des Elektromaschinenbaus an der Ingenieurschule Mittweida.

1921 Erste Anstellung bei den Caspar-Werken in Travemünde, dort trifft Schwärzler auf Ernst Heinkel.

1922 Ab Gründung des Werkes Chefkonstrukteur der Ernst Heinkel Flugzeugwerke. Somit verantwortlich für die Konstruktion aller Heinkel-Strahlflugzeuge.

1945 Juli bis Oktober Arbeit für die Amerikaner in Landsberg am Lech.

1946 bis 1954 Technischer Direktor in den Jenbacher Berg- und Hüttenwerken in Tirol.

1954 Ab 1. April Technischer Direktor und Chefkonstrukteur bei der EHAG.

1959 Leiter des Konstruktionsbüros und der Flugerprobung der VJ 101 beim Entwicklungsring Süd.

1970 Dipl.-Ing. e.h. der TH Darmstadt.

1974 Karl Schwärzler stirbt am 12. April in Gauting bei München.

Beim „Führerbesuch" in Rechlin am 3. Juli 1939 wurde auch die He 178 am Boden vorgeführt. Hans von Ohain (rechts im Profil sichtbar) gibt Erläuterungen zur Maschine.

Geschwindigkeiten eine bessere Ausstiegsmöglichkeit zu haben. Fahrwerk und Landeklappe sollten durch Pressluft betrieben werden. Die Festigkeitsberechnungen waren unter Annahme von 800 km/h Horizontalfluggeschwindigkeit in Bodennähe und 1000 km/h Sturzfluggeschwindigkeit durchzuführen. Walter Künzel war als Typenbearbeiter für die Gesamtabwicklung der He 178 verantwortlich. Die Konstruktionsleitung hatte Dipl.-Ing. Regener, wobei die Gesamtverantwortung bei Chefkonstrukteur Schwärzler lag. Die Herstellung von Flügel, Leitwerk, Fahrwerk und Rumpfschale erfolgte im Typenbau. Am 4.11.1938 legte Ernst Heinkel fest, dass die Bauaufsicht des RLM nicht

Erich Warsitz (1906-1983)

geboren am 18.10.1906 in Hattingen/Ruhr.

1930 Flugausbildung in Bonn-Hangelar.

1935 Versuchspilot in der Erprobungsstelle der Luftwaffe Rechlin.

1937 Ab Anfang 1937 ist Warsitz als Pilot für die Heinkel-Raketenversuche abgestellt.

1937 Am 3. Juni zündet Warsitz erstmals den Raketenmotor der He 112 V-4 im Flug und muss wegen eines Triebwerksbrands notlanden.

1938 Chefpilot und Flugleiter der E-Stelle West in Peenemünde bis Ende 1941.

1939 Am 15. Juni gelingt Erich Warsitz in Peenemünde mit dem Raketenflugzeug He 176 die erste Platzrunde.

1939 Warsitz fliegt am 27. August in Rostock-Marienehe auch die He 178 als erstes TL-Flugzeug der Welt ein.

1945 Verweigerung der Zusammenarbeit mit der sowjetischen Besatzungsmacht. Anschließend fünf Jahre Haft in Sibirien.

1950 Gründung der eigenen Firma „Maschinenfabrik Hilden".

1983 Am 12.7.1983 in Lugano in der Schweiz verstorben.

informiert werden und für die He 178 keine Bauaufsichts-Abnahme erfolgen sollte. Am 20. Januar 1939 besichtigten die Herren Reidenbach und Antz vom RLM in Marienehe das Ohain-Strahltriebwerk und die Attrappe der He 178, wobei sich Dr. Heinkel noch einmal vergewisserte, „dass doch unbedingt der Stand unserer Entwicklung den anderen Firmen, wie Junkers usw. geheim bliebe". Ab März 1939 war das Triebwerk F 3 b zur Standerprobung bereit, zuerst reichte der Schub noch nicht, so dass sich aus den Versuchsläufen laufend kleine Änderungen ergaben. Dann kamen Einbauversuche in die He 178 V-1, Leistungsmessungen, Temperaturmessungen im Bereich des Rumpfhecks mit Thermocolorfarben usw., wobei eine Reihe von Messvorrichtungen und Hilfsgeräten erst entwickelt und gebaut werden mussten. Dazu gehörte z. B. auch ein Startwagen zum Triebwerksanlassen für die Flugversuche. Ende Mai 1939 hoffte man, die He 178 V-1 bis Mitte Juni fertig zu haben um unmittelbar darauf mit Roll- und Startversuchen in Marienehe zu beginnen. Danach sollte die weitere Erprobung in Oranienburg erfolgen, wohin man das Flugzeug Anfang Juli überführen wollte. Dazu

kam es in der Folge nicht. Die Bodenerprobung der He 178 wurde Anfang Juli 1939 für wenige Tage unterbrochen, da die Maschine auf Lastwagen nach Rechlin gebracht wurde, wo man sie im Rahmen der Vorführung der neuesten Luftwaffentechnik am 3. Juli Adolf Hitler und seinen Begleitern am Boden vorführte. Am frühen Morgen des 27. Augusts 1939 konnte dann Versuchspilot Erich Warsitz auf dem Werkflugplatz in Rostock-Marienehe den historischen ersten Flug mit einem Turbinenluftstrahltriebwerk ausführen. Dieser Flug am letzten Sonntag vor Kriegsbeginn war die Krönung der Arbeit der kleinen Gruppe unter Hans von Ohain, die in der erstaunlich kurzen Zeit von nur 40 Monaten zum Erfolg kam. Zu verdanken war dies neben der genial einfachen Idee Hans von Ohains, der klar das einfachste, ohne aufwendige Prüfstandsläufe und Testeinrichtungen zu realisierende, Triebwerkskonzept erdacht hatte, der unermüdlichen Arbeit seines kleinen Teams und der stetigen Förderung durch Ernst Heinkel, der das gesamt finanzielle und technische Risiko privat trug. Erstaunlich ist die geringe Zahl der Mitarbeiter der Abteilung Sonderentwicklung II in der für die Pro-

jektarbeit Hans von Ohain und Herbert Jacobs, für Konstruktion, Prüfstände und Festigkeitsfragen Wilhelm Gundermann mit drei Mitarbeitern und für die Fertigung und Verbrennungsversuche Max Hahn mit einem Ingenieur verantwortlich waren. Zur Werkstatt Hahns gehörten 15 Arbeiter, insgesamt also nur 23 Personen nach dem Stand vom 4.5.1938.

Der begonnene Krieg stoppte die weiteren Arbeiten an der He 178. Nachdem der Prototyp Anfang November 1939 General Udet vorgeflogen worden war, baute man das Triebwerk aus und erprobte es weiter im Stand und unter der He 111 F (Werknummer 2390). Der bisher letzte bekannte Flugbucheintrag dazu stammt vom 8. April 1940. Weiter

heißt es in einer Mitteilung vom 9.11.1939 zur He 178 V-1: „Das Flugzeug wird ohne Triebwerk in demontiertem Zustand abgestellt, um eventuell für eine Flugvorführung wieder benutzt werden zu können." Die nicht komplette He 178 V-2 kam zur Verschrottung. Ihre Fertigstellung hätte noch weitere 1500 Mannstunden erfordert, was unter Kriegsbedingungen nicht mehr gerechtfertigt schien, da man keine weiteren Einsatzmöglichkeiten für das Flugzeug sah. Beide Maschinen wurden jetzt vom Reichsluftfahrtministerium bezahlt, nachdem bisher Heinkel alle Arbeiten privat finanziert hatte. Am 12.9.1939 strich der Generalluftzeugmeister Udet eine Reihe von Entwicklungsvorhaben. Unter „He 178" war jedoch ausdrücklich

Vom Erstflug der He 178 V-1 am 27. August 1939 gibt es einen Schmalfilm. Die Aufnahmen daraus zeigen, dass Warsitz wegen der Befürchtung, das Triebwerk könne versagen oder zu geringen Schub entwickeln, mit ausgefahrenem Fahrwerk, aber wegen des Luftwiderstands verschlossenen Einziehöffnungen, flog.

Da lange Zeit nur die schlechten Standbilder aus dem Schmalfilm zur Verfügung standen, wurden daraus, wie hier erkennbar, weitere „Flugbilder" gemacht.

vermerkt: „Die Arbeiten an Einsitzern mit Luftstrahltriebwerken werden mit aller Kraft weitergetrieben, damit baldmöglichst ein einsatzfähiges Flugzeug geschaffen ist.". Für das F 6, eine etwas schubstärkere Variante des He S 3B, plante man Prüfstandsläufe ab Ende September. Später wurde es unter dem Versuchsträger He 111 in verschiedenen Höhen und unter unterschiedlichen Belastungen im Flug erprobt und diente weiter als Versuchsträger einzelner Komponenten der weiterentwickelten TL-Baumuster. Damit ist klar, dass das F6 nicht in der He 178 geflogen wurde, wie manchmal behauptet wird. Festgestellt werden muss am Ende auch, dass zahlreiche der bisher in der Literatur immer wieder abgeschriebenen Be-

hauptungen falsch sind. Dazu zählt, dass Entwicklung und Bau der He 178 ohne Wissen des RLM erfolgten und dass man dort die Entwicklungen auf diesem Gebiet bei Heinkel ablehnte und nicht unterstützte. Auch das Datum des ersten erfolgreichen Standlaufs des Triebwerks wird nach den Angaben in der Biographie Ernst Heinkels oft noch mit September 1937 genannt. Die Information des RLM erfolgte zwar eingeschränkt und nur wenige Referenten und Udet waren persönlich informiert, doch allein die Materialbeschaffung erforderte die Hilfe des RLM und auch die Frage der Patentierung der Erfindungen, auch im Ausland, konnte nur in Zusammenarbeit mit dem RLM geklärt werden.

Dieses „Flugbild" der Heinkel 178 ist eine Zeichnung.

Die He 178 V-1 soll noch einige Jahre in Marienehe in einer Baracke aufbewahrt worden sein, scheint dann aber den Bombenangriffen 1944 zum Opfer gefallen zu sein, so dass von diesem historischen Flugzeug und seinem Triebwerk keinerlei Originalstücke erhalten sind. Ernst Heinkel, dem die Bedeutung der Entwicklung klar war, hatte Ende Juni 1939 das Sammeln sämtlicher Versuchsmotoren, auch der halbzerstörten, für die Schaffung eines Werksmuseums angeordnet.

Überlieferte Technische Daten der ersten Heinkel-TL-Triebwerke und –Projekte

	Projekt 2 v. 21.5.37	He S 3b	He S 6
Startschub	900-1000 kp	500 kp	600 kp
Schub in Höhe	600 kp (5 km)		
Temperaturverh.	1:2,7		
Max. Durchm.	970 mm	930 mm	917 mm
Strahldurchm.	475 mm	410 mm	
Länge	rd. 1390 mm	rd. 1650 mm	
Masse	rd. 250 kg	360 kg	420 kg
Drehzahl	13000 min^{-1}	13300 min^{-1}	
Kraftstoffverbrauch	650 gPS^{-1}h^{-1}	750 gPS^{-1}h^{-1}	750gPS^{-1}h^{-1} (bei 300 km/h)

Die Arbeiter, der von Max Hahn geleiteten Werkstatt der Sonderentwicklung, lassen nach dem erfolgreichen Flug der He 178 am 27. August den jungen Erfinder Hans von Ohain hochleben.

Der erste Flug eines Strahlflugzeugs wird in Marienehe gefeiert. In der Mitte im hellen Hemd von Ohain, dann im Anzug Erich Warsitz und Walter Künzel. Der zweite von links ist Ulrich Raue, der den Versuchsbau leitete.

Ernst Heinkel dankt den
Anwesenden für ihre
Leistungen. Links von
ihm sitzt Erich Warsitz,
der Pilot, rechts Hans
von Ohain, der Erfinder
des Triebwerks.

Die Arbeit der letzten
drei Jahre gab genügend
Gründe zum Anstoßen.

Robert Lusser (1899-1969)

geboren am 19.4.1899 in Ulm/Donau.

1924 Dipl.-Ing. nach Studium der Elektrotechnik an der TH Stuttgart. Danach bei der Siemens Schuckert AG in Berlin tätig.

1925 bis 1932 in der Klemm Flugzeugbau GmbH als Konstrukteur und Flugzeugführer.

1932 Konstrukteur bei den Ernst Heinkel Flugzeugwerken Warnemünde.

1934 Ab 1. November bis 1939 Leiter des Projektbüros der Bayerischen Flugzeugwerke.

1939 Ab Juni Technischer Direktor der Ernst Heinkel Flugzeugwerke. Unter seiner Leitung entstand wesentlich die He 280.

1941 Berater bei der Argus Motorengesellschaft mbH.

1941 Ab März Technischer Direktor der Gerhard Fieseler Werke. Leitete die Entwicklung der Flugbombe Fi 103.

1944 Als Leiter der Entwicklungssonderkommission Flugzeuge verantwortlich für die Entwicklung der deutschen Strahl- und Raketenflugzeuge.

1948 Bis 1958 in den USA als Berater der US Navy und Army, u. a. im Redstone-Arsenal.

1959 Technischer Direktor im Entwicklungsring Süd, wo der Senkrechtstarter VJ 101 gebaut wurde.

1969 Am 19. Januar in München gestorben.

Heinkel He 280, das erste Strahljagdflugzeug der Welt

Die ersten Schritte zur Entwicklung der He 280

Mitte 1937, spätestens aber Ende des Jahres, waren die Führungskräfte im Technischen Amt des RLM über die bei Heinkel laufenden Entwicklungsarbeiten am Strahltriebwerk informiert.

Der Bearbeiter dieses Sachgebiets, Dipl.-Ing. Helmut Schelp, hatte nach seinem Studium in Deutschland und in den USA ab 1936 bei der DVL in Berlin seine Flugbaumeisterausbildung absolviert. Dabei erarbeitete er eine Studie über die bisher bekannten Vorschläge von Strahltriebwerken für den Hochgeschwindigkeitsflug. Im August trat Schelp in die Forschungsabteilung des Technischen Amts beim RLM ein, wo er sich mit Pulsostrahl- und Staustrahlantrieben beschäftigte. Da sein Hauptinteresse jedoch den Turbinen-Luftstrahltriebwer-

ken galt, wechselte er im September 1938 in die Abteilung Flugtriebwerksentwicklung, wo er in Dipl.-Ing. Hans Mauch, dem Referenten für Sondertriebwerke, einen interessierten Partner fand. Beide besichtigten im Herbst 1938 die wichtigsten deutschen Flugmotorenhersteller und versuchten, diese für die Entwicklung von TL-Triebwerken zu interessieren.

Gleichzeitig diskutierten sie mit Dipl.-Ing. Hans Martin Antz von der Abteilung für Flugzeugzellenentwicklung des Technischen Amts (LC 7) mögliche Projekte für TL-getriebene Jagdflugzeuge. Im Ergebnis entstanden die am 4.1.1939 vom RLM herausgegebenen „Vorläufigen technischen Richtlinien für schnelle Jagdflugzeuge mit Strahltriebwerk". Diese waren bei Messerschmitt Auslöser für das Projekt P.1065, der späteren Me 262, und bei Heinkel entwarf Siegfried Günter die He 180, als Projekt eines Strahljägers mit zwei Strahlturbinen und Bugradfahrwerk.

Bei einer EHF-Besprechung am 20.6.1939 wurde der Bau von zwei

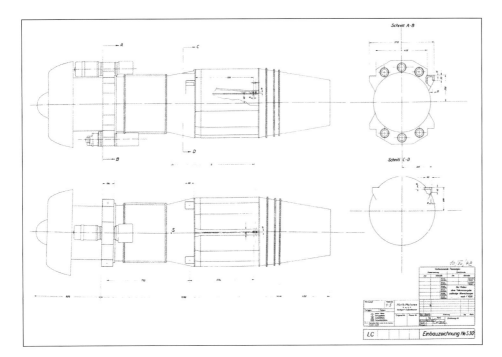

Diese Einbauzeichnungen erlauben einen Vergleich der beiden ursprünglich für die He 280 vorgesehenen Triebwerke. Bei vergleichbarer Masse und Länge lag der Hauptunterschied in der Stirnfläche, die beim He S 8 mit 0,48 m² sechzig Prozent über der des He S 30 (0,30 m²) lag.

Attrappen der He 180 in der Sonderabteilung Künzel beschlossen. Diese unterschieden sich durch die Lage des Flugzeugführersitzes im Bug bzw. weiter hinten. Auch verschiedene Tragflächengrößen durch austauschbare Außenflügel waren vorgesehen. Die Bewaffnung sollte aus drei bis vier MG 151 im Bug bestehen. Einen guten Monat später legte man sich dann auf eine Flügelfläche von 16 m² und Verwendung von Sacktanks der Firma Raspe anstelle der bisher vorgesehenen dichtgenieteten Rumpfbehälter fest. Nach Beendigung der Entwurfsarbeiten am 10.8. 1939 war die Vorkonstruktion geplant.

Am 26.9.1939 wurde die Attrappe von Vorderrumpf und Kabine der nun als He 280 bezeichneten Maschine in Anwesenheit von Vertretern des RLM und der E-Stelle Rechlin besichtigt und positiv beurteilt. Bei der Bewaffnung wurde vorgeschlagen, das obere der drei 15-mm-Maschinengewehre MG 151 durch eine 20-mm-Kanone MG 151/20 zu ersetzen. Auf der Amtsleiterbesprechung LC zwei Tage später erhielt Udet erstmals Leistungsunterlagen und eine Dreiseitenansicht der He 280. Damit entstand beim Generalluftzeugmeister der Eindruck, dass seine Forderung,

„die Arbeit an Einsitzern mit Luftstrahltriebwerken mit aller Kraft weiter zu betreiben, um baldmöglichst ein einsatzfähiges Flugzeug zu schaffen" bei

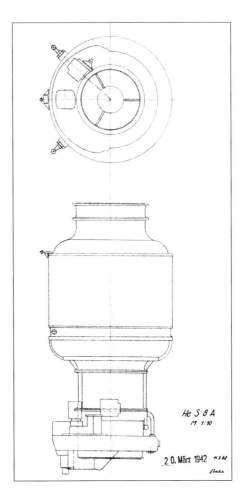

He S 8 A
M. 1:10

2 0. März 1942

Heinkel in Rostock auf dem besten Wege war.

Inzwischen hatten sich die Rahmenbedingungen allerdings geändert:
1) Die He 180/280 entstand unter dem neuen Technischen Direktor Robert Lusser, der am 1. Juni 1939 von Messerschmitt kommend von Ernst Heinkel eingestellt worden war, welcher sich im März von seinem bisherigen Technischen Direktor Heinrich Hertel getrennt hatte.
2) Der Kriegsbeginn am 1. September veränderte die Lage, insbesondere die Material- und Arbeitskräftebeschaffung.
3) Ebenfalls zum 1. September war nach mehreren Vorgesprächen im Juli Max Adolf Müller mit insgesamt 18 Mitarbeitern zu Heinkel übergetreten. Er hatte bei Junkers in Magdeburg unter Leitung von Prof. Wagner das erste Prüfstandmuster eines axialen Strahltriebwerks entwickelt.

Vergrößerung der Sonderentwicklungsgruppe und Auswahl des Triebwerks für die He 280

Verbunden mit den geänderten Rahmenbedingungen waren auch wesentliche Änderungen in den Planungen für den Strahljäger. Noch unter dem Technischen Direktor Hertel hatten in der Sonderentwicklung bei Dr. von Ohain vorbereitende Arbeiten für ein axiales Strahltriebwerk mit geringerem Durchmesser für eine Montage unter den Tragflächen begonnen. Dazu vereinbarte man bereits im Februar 1938 eine Zusammenarbeit mit der DVL. Als Entwicklungslinien schälten sich dabei einmal der Einsatz axialer Verdichter heraus, deren Berechnung Dr. Encke von der AVA Göttingen übernahm und weiterhin die Erhöhung der Gastemperatur durch Kühlung der Turbinenschaufeln. Die danach projektierten Triebwerke waren das He S 9 und das F 4, während unter der Projektbezeichnung F 5 eine Verbesserung von Schub und Wirkungsgrad des F 3 b durch ein zusätzliches Axialgebläse erreicht werden sollte. Im Arbeitsplan des Konstruktionsbüros der Sonderentwicklung vom 1. März 1939 waren als Termin für die Fertigstellung von Konstruktion, Stücklisten und Festigkeitsberechnung des Triebwerks der „Weiterentwicklung He 178" die nächsten 8 Wochen genannt, also Anfang Mai 1939.

Zeichnerische Werksdarstellung des zweistrahligen Jäger Heinkel He 280.

Zwei Abbildungen der Bugattrappe der He 280 mit drei 20-mm-Kanonen MG 151/20, die im April 1940 erfolgreich eingeschossen wurde.

Die am Flugtriebwerk der He 178 nötigen Änderungen, um ausreichend Schub für den Start zu erreichen, verzögerten dann allerdings die Arbeiten am He S 9, so dass sich am 7. August 1939, also rund 3 Wochen vor dem Erstflug der He 178 V-1, der Bearbeitungsstand folgendermaßen darstellte:

Die Konstruktion des aus dem He S 6 weiterentwickelten Radial-Triebwerks F 8, das jetzt die neue Einheitsbezeichnung He S 8 erhielt, war abgeschlossen. Es sollte als Ausweichlösung in zwei Exemplaren gebaut werden, falls mit dem He S 9 unvorhergesehene Schwierigkeiten auftauchen würden. Der Abschluss der Konstruktion des Axial-Triebwerks He S 9 wurde in etwa 2 Monaten und die ersten Probeläufe für Ende 1939 erwartet.

Doch die Einstellung Max Adolf Müllers und seiner Gruppe, von der sich Ernst Heinkel eine Stärkung seiner Triebwerksentwicklungskapazität und den Einbruch in die Domäne der traditionellen Triebwerkshersteller erhoffte,

Der bei Heinkel entwickelte pressluftbetriebene Schleudersitz der He 280 war ein wesentliches neues Sicherheitselement, das heute aus dem militärischen Flugzeugbau nicht mehr wegzudenken ist.

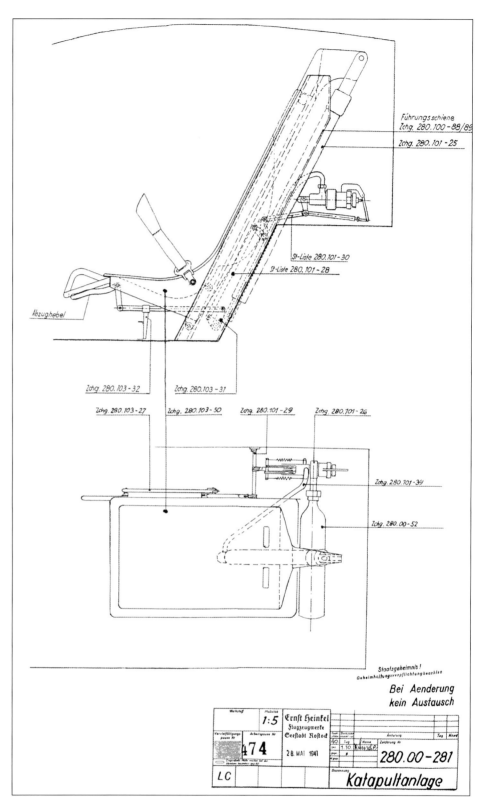

änderte alle diese Pläne. Dabei sollte sich aber in den nächsten Jahren zeigen, dass sich Ernst Heinkels Vorstellungen nicht verwirklichen ließen. Er wollte zuviel auf einmal schaffen, wobei die bisherigen meist provisorischen Ein-

richtungen auf die Dauer nicht ausreichten. Dazu kam eine Verzettelung der Arbeiten und wohl auch menschliche Schwächen der Beteiligten, die am Ende die von Prof. Heinkel und der Ohain-Gruppe erreichten Pionierleistungen nicht in den erhofften wirtschaftlichen Erfolg münden ließen.

Müller hatte ab 1.4.1936 in der Junkers-Maschinenfabrik Magdeburg an einem Strahltriebwerk mit axialem Reaktionsverdichter und an Projekten von Motor-Luftstrahl-(ML)-Triebwerken und Propellerturbinenluftstrahltriebwerken (PTL) gearbeitet. Als im Juli 1939 das Motorenstammwerk Dessau diese Entwicklungsarbeiten übernahm, waren ein Prüfstandsvollaggregat des Triebwerks RT 0/RT I mit zwölfstufigem Axialverdichter und verschiedene Brennkammern und je ein ein- und vierstufiger Verdichter für Vorversuche vorhanden. RT stand dabei für Rückstoß-Turbine. Das erste Prüfstandsaggregat RT0 war nur bei Zuführung von Fremdleistung gelaufen. Nach Änderung von Brennkammer und Turbine lief es ebenfalls noch nicht selbständig und die Verbrennung erfolgte teilweise außerhalb der Brennkammern, ein Schub konnte nicht gemessen werden. Trotzdem hatte Müller bereits die Lieferung von zwei Triebwerken an Messerschmitt für April 1940 angekündigt und auch zu geringe Kraftstoffverbrauchswerte angegeben.

Die Bearbeitung des gesamten Triebwerksspektrum wurde nun bei Heinkel weitergeführt, wieder unter Angabe von zu optimistischen Terminen.

Andererseits wurden aber nach dem Eintritt der Junkers-Gruppe die Arbeiten am bisherigen Axial-Triebwerk He S 9 eingestellt und festgelegt, zuerst als Interimslösung das Triebwerk He S 8 A

für die He 280 zu bauen. Man hoffte, dieses schneller zu realisieren, als das wegen seines geringeren Durchmessers besser geeignete He S 30. Unter dieser Bezeichnung sollte die Gruppe Müller nun ein Axialtriebwerk auf der Basis der in Magdeburg gelaufenen Vorarbeiten entwickeln.

Damit war bei EHF zwar eine stark vergrößerte Entwicklungsgruppe für Triebwerke vorhanden, die sich aber zum größten Teil mit Projekten befasste, die in absehbarer Zeit nicht zu einem verwendungsfähigen Motor führen konnten. Das vor allem auch deshalb nicht, da es weiterhin an einer dafür geeigneten Fertigungskapazität und insbesondere an Prüfständen mangelte. Wegen des Krieges bereitete die Beschaffung von Material und Baukapazität für die Prüfstände und auch der Sondermetalle und Legierungen für die Triebwerke starke Schwierigkeiten.

Konstruktion und Bau der He 280

Trotz der weitgehend ungeklärten Fragen in der Triebwerksentwicklung, wurden sehr schnell unrealistische Termine für die He 280 vorgegeben. Bei einer Besprechung in Marienehe mit Vertretern des Technischen Amts und der E-Stelle am 28.9.1939, die sich in der Hauptsache mit Fragen der Ausrüstung und Bewaffnung der He 280 befasste, legte man die Flugklartermine für die ersten 20 Maschinen fest. Danach sollte die erste He 280 am 20.4.1940 und die 20.

Dieser Längsschnitt der damals in Konstruktion stehenden He 280 stammt vom Januar 1940.

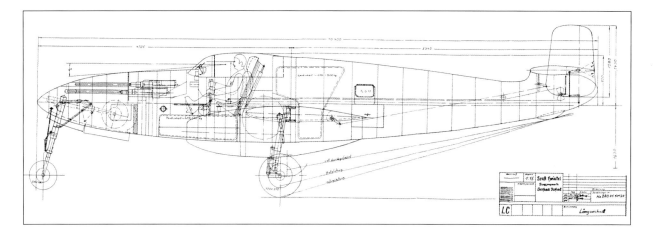

Da die Triebwerke noch nicht betriebsbereit waren, begann am 22.9.1940 die Schlepperprobung der He 280 V-1. Die Triebwerke wurden dabei zeitweise durch aerodynamische Attrappen ersetzt.

im November 1940 fliegen, also in weniger als einem Jahr nach Entwicklungsbeginn. Gleichzeitig wollte man in einem knappen halben Jahr bereits 20 Flugzeuge dieses völlig neuartigen Typs bauen.

Bei einer Unterredung mit General Udet am 19.10.39 beklagten sich Heinkel, sein Technischer Direktor Lusser und der Chef des Berliner Heinkel-Büros von Pfistermeister erstmals über Schwierigkeiten bei der Materialbestellung für die Sonderentwicklung, die durch Referenten des RLM entstehen würden. Udet erklärte, dass er „fanatisch an den Erfolg dieser Arbeiten bei Heinkel glaube" und „keiner der kleineren Referenten ermächtigt sei, EHF in irgendeiner Weise Schwierigkeiten zu machen, da diese die dort laufenden Arbeiten nicht verstehen würden." Heinkel sollte freie Hand bei der Entwicklung haben, später sei es Sache des RLM zu entscheiden, welche Firma die Serienfertigung übernimmt und welches Aggregat das Beste ist. Der Hinweis Schelps, dass allein die Entwicklung des Motors für den Verdichter eines ML-Triebwerks drei Jahre erfordern würde, wurden offensichtlich ignoriert.

In der genannten Attrappen-Arbeitsbesichtigung am 28. September 1939 forderte man Heinkel erstmals auf, für die He 280 einen Katapultsitz zu entwi-

ckeln, um den ungefährdeten Ausstieg des Piloten zu sichern. Am 25. des Folgemonats wurden erneut Fragen des Notausstiegs und der Druckkabine mit Vertretern der E-Stelle besprochen und erstmals der Einbau einer Flugbremse vorgeschlagen. Die Arbeiten an all diesen technischen Neuerungen liefen sofort an und die Funktions- und Ausrüstungserprobungen begannen im Jahr 1940. Am 30. April erfolgte der Funktionsbeschuss der Konstruktionsattrappe des He 280-Bugs mit drei MG 151, der erfolgreich verlief. Am 12. Juni lieferte die Firma VDM das erste Fahrwerk mit dem neuartigen Bugrad und drei Tage später begann die Erprobung des bei Heinkel entwickelten Schleudersitzes. Zuerst wurden Abschüsse mit Sandsackbelastung aus einer Führerraumattrappe, dann Abschüsse von Personen auf einer speziellen Gleitbahn erprobt. Diese Untersuchungen, die bis Ende September liefen, zeigten die Brauchbarkeit des Schleudersitzes. Der Abschuss erfolgte mit Hilfe von Pressluft, die einen Kolben mit dem daran befestigten Sitz aus dem fest montierten Zylinder schoss. Bei der Konstruktion und auch der Druckregelung, die so erfolgen musste, dass die abgeschossene Person keine Schäden durch Beschleunigungsspitzen erlitt, kamen dem Werk die Erfahrungen mit dem Bau

von Flugzeugkatapulten zu Gute. Ebenfalls noch im Juni (21.6.1940) fand der erste Probeeinbau der geschützten Kraftstoffbehälter im Rumpf der He 280 V-1 statt. Verwendet wurden ein Behälter Raspe RP 1600 mit 420 Liter Inhalt vorn und dahinter ein 645-l-Tank RP 1601. Der Einbau der Triebwerke in die Maschine konnte allerdings nicht wie geplant erfolgen. Bei der im April begonnenen Prüfstandserprobung des He S 8 A traten Verbrennungsprobleme auf und erst Ende Oktober lief ein Versuchsmotor He S 8A kurzzeitig mit voller Leistung von 750 kp Schub.

Deshalb fanden am 24.8.1940 die ersten Rollversuche der He 280 V-1 ohne Triebwerke statt und das RLM musste die Maschine zuerst flugeigenschaftsmäßig im Schlepp einer He 111 erproben lassen. Dazu wurden anstelle der Triebwerke aerodynamische Attrappen angebaut. Der erste Schleppflug fand am 22.9.1940 in Rechlin-Roggentin statt. Pilot der He 280 V-1 war dabei Flugbaumeister Bader von der E-Stelle, während der Flugzeugführer Deutschmann die Schleppmaschine He 111 B flog. Beim dritten Flug wurde die Maschine am 2.10. nach Marienehe zurückgeschleppt, wo man die Gleit-Erprobung fortsetzte.

Im C-Amts-Programm Nr. 18/2 vom 1. August 1940 sind noch 5 V-Muster und eine Nullserie von 20 Maschinen genannt. Doch bereits in einer Besprechung im RLM am 18.10.40 schlug Robert Lusser vor, wegen der fortwährenden Komplikationen bei den Prüfstandsläufen der Triebwerke die Zellenfabrikation vorerst bis zu Abschluss der Dauerläufe des He S 8 A zu unterbrechen und nur die 5 Prototypen zu bauen. Es gelang nicht, mit den für den Flug vorgesehenen V-Mustern des He S 8A (V-3 und V-4), die vorgeschriebenen 10-Stunden-Läufe zu absolvieren. In einer RLM-Besprechung am 9. Dezember äußerte General Udet, dass er an den Erfolg der Arbeit an der He 280 durchaus glaube, da das Flugzeug fliegerisch in Ordnung sei. Allerdings würden ihm nach dem ursprünglich genannten Flugklartermin Juni 1940 ständig um einige Wochen verschobene genannt, so dass er über die Gründe der Verzögerungen auf dem laufenden gehalten werden wollte.

In einer Darstellung des Entwicklungsstands der He 280 vom 12.12.1940, die EHF daraufhin am 16.12.1940 im RLM an den Chefingenieur LC Lucht übergab, wird von 16 bis dahin durchgeführten Schleppflügen mit der He 280 V-1 berichtet, wobei eine Höchstgeschwindigkeit von 600 km/h erflogen wurde. Die Maschine sei fliegerisch in Ordnung und könnte mit Motoren geflogen werden. Die Festigkeit der Druck-

Die triebwerkslose He 280 V-1, DL+AS, während der Werkserprobung.

kabine sei nachgewiesen, ebenso die Waffenanlage in Tarnewitz überprüft worden. Die Bruchzelle war fertiggestellt und sollte ab Januar 1941 untersucht werden. Als voraussichtliches Datum für den ersten Flug mit Motor wurde Mitte Januar genannt. Der Stand der V-Flugzeuge zu diesem Datum war wie folgt:

V-1: Flugklar für weitere Schleppflüge

V-2: In der Endmontage

V-3: Flügel und Rumpf in der Helling. Leitwerksbau ab Januar.

V-4 u. V-5: Einzelfertigung der Holme, Spanten und Rippen

V-6 bis V-10: Ausschreibung der Fabrikationsaufträge.

Beim Reichsluftfahrtministerium verlor man anscheinend das Vertrauen in die Triebwerksentwicklung bei EHF und in einer Besprechung am 13.12.1940 empfahl Generalingenieur Lucht, so schnell wie möglich ein Motorenwerk einzuschalten. Auf die Bemerkung hin, dass man bei Heinkel versuche, die Hirth-Werke zu erwerben, wurde empfohlen, dort zuerst Teile für das He S 8 fertigen zu lassen.

Zum 5. Februar 1941 ist erneut der Entwicklungsstand der He 280 und der He S 8A-Triebwerke dokumentiert. Danach waren bis dahin mit der V-1 insgesamt 32 Gleitflüge mit bis zu 700 km/h ausgeführt worden. Die Bruchversuche

mit dem Rumpf waren beendet und die mit Leitwerk, Fahrwerk und Flügel hatten begonnen. Bei der Druckkabine gab es noch Schwierigkeiten mit der Gummiabdichtung. Der Baustand war folgendermaßen:

V-1: Vorgesehen für weitere Schlepperprobung

V-2: Ausgerüstet mit den Triebwerken He S 8A V-3 und V-4 fand am 24.1.1941 der erste Versuchslauf statt, dabei fraßen die Getriebe wegen ungenügender Schmierung. Soll erste Flugerprobung mit Motoren ausführen.

V-3: Ebenfalls für Motorenflug vorgesehen. Fertigstellungstermin am 1.4.1941. Die dafür vorgesehenen Triebwerke V-7 und V-8 sollen am 28.2.1941 bereit sein.

V-4: Fertigstellungstermin 1.5.1941.

V-5: Fertigstellungstermin 1.6.1941

Für die ersten 5 Vorserienmaschinen hatte die Teilfabrikation begonnen. Das Anlaufen der Maschinen 06 bis 015 war nach den ersten Motorflügen geplant. Die weiteren V-Muster der Triebwerke bis zur V-10 sollten für weitere Versuche und die Triebwerks-Mustererprobung eingesetzt und bis zum 20.5.1941 (He S 8 V-10) fertiggestellt werden. Mit dem jetzt erreichten Startschub von 550 kp bei 13000 U/min wollte man eine Vorserie von 30 bis 40 Stück auflegen.

Am 30. März 1941 führte der Werkeinflieger Fritz Schäfer am Nachmittag dann den ersten dreiminütigen Musterflug der He 280 V-2 mit Triebwerken aus. Es war Heinkel gelungen, auch das erste Strahljagdflugzeug der Welt vor allen anderen Konkurrenten in die Luft zu bringen.

Am 5. April 1941 wurde das Flugzeug dann in Marienehe dem RLM vorgeflogen, was zur Folge hatte, dass General Udet Ernst Heinkel gestattete, die Hirth Motorenwerke in Stuttgart-Zuffenhausen und deren Tochterbetrieb in Berlin-Waltersdorf zu erwerben. Ernst Heinkel hatte sich bereits seit dem Juni des Vorjahres um deren Kauf bei Udet bemüht. Mit dem Erwerb des Stuttgarter Werkes hoffte Heinkel, in die Reihe der Motorenhersteller aufzurü-

cken und damit auch die nötigen Fertigungsgeräte und -erfahrungen zu übernehmen.

Nach den ersten Flügen wurde die He 280 V-2 im April 1941 wieder stillgelegt, da die Triebwerke noch unausgereift waren. Nach dem Vorfliegen war bei einem Triebwerk das hintere Lager nach Fressen wegen eines Kühlpumpenschadens schwer beschädigt, beim zweiten Triebwerk hatte sich ein Sicherungsbolzen aus der Brennkammer gelöst und die Turbinenschaufeln angeschlagen. Ungeklärt waren die Treibstofförderung, die Lagerkühlung und die Regelung. Da der Auslegungsschub immer noch nicht erreicht wurde, experimentierte man weiter mit dem Verdichter, den Turbinengittern und der Verbrennungsanlage. Wegen des bei hö-

Fritz Schäfer startet am 30. März 1941 in Rostock-Marienehe zum Erstflug der zweistrahligen He 280 V-2.

Nach drei Minuten setzt die He 280 V-2 zur Landung an. Bei diesem Flug waren die Triebwerke nicht verkleidet, da sie noch Leckprobleme hatten.

Ernst Heinkel unterhält sich mit den beiden Piloten, die die He 280 einflogen. V.r.n.l.: Ernst Heinkel, Fritz Schäfer, Paul Bader und die Direktoren Dr. Otto Köhler und Dr. Karl Lehrer.

Am 5. April 1941 wurde die He 280 V-2 von Paul Bader einer Delegation des RLM in Marienehe vorgeflogen. Die Besucher stehen hier inmitten der beteiligten Heinkel-Mitarbeiter.

heren Geschwindigkeiten erwarteten Strömungsabrisses am Triebwerkseinlauf sollte dieser geändert werden, ebenso waren das Leitwerk und die Triebwerkssausströmrohre zu modifizieren. Als erneuten Flugklartermin für die He 280 V-2 gab Ernst Heinkel am 7.4.1941 den 10. Mai vor.

Bei den Standläufen im Mai zeigte sich jedoch, dass durch die Treibstoffvergasung Temperaturspitzen auftraten, die Turbinenschäden verursachten. Deshalb beschloss man, noch vor der Wiederaufnahme der Flugversuche zur

geplanten Kraftstoff-Kalteinspritzung überzugehen. Die daraufhin begonnenen Versuche waren schwierig und führten erst im September zu einer befriedigenden Funktion der Ringbrennkammer. Auch das nicht genügend flugsichere Getriebe mit den Nebenapparaten des Geräteteils wurde von Gleitlagern auf Wälzlager umgestellt. Es war eine vollkommene Neukonstruktion nötig, so dass erst im Oktober neue Versuchsstücke zur Verfügung standen. Bis dahin ebenfalls noch nicht gelöst waren Probleme mit dem Turbinenrad, die hauptsächlich auf mangelnder Festigkeit des verwendeten Materials beruhten. In dem hier zitierten Bericht vom 6. Oktober 1941 werden vier vorhandene verwendungsfähige Zellen der He 280 erwähnt.

Es gelang weiterhin nicht, die He S 8A-Triebwerke ausreichend laufsicher zu machen, um den vorgeschriebenen 10-Stunden-Lauf zu absolvieren. Auch die Arbeiten am Axialtriebwerk He S 30 lagen weit hinter der Planung. Deshalb sah man sich bei Heinkel nach anderen Antrieben für die Hochgeschwindigkeitserprobung der He 280 um. Man

wollte von den Walter-Werken in Kiel, mit denen seit den Raketenexperimenten Mitte der dreißiger Jahre eine enge Zusammenarbeit bestand, ein Raketentriebwerk mit 1000 kp Schub entwickeln lassen, um es in die He 280 einzubauen. In einer Unterredung am 7. Juli 1941 stimmte Dipl.-Ing. Antz vom RLM diesem Vorschlag zu, orientierte aber auf die Benutzung des bereits in einer kleinen Vorserie gefertigten Motors mit 750 kp Schub. Ingenieur Walter Künzel, der vorher die Raketenversuche bei Heinkel geleitet hatte und auch am Bau der He 178 wesentlichen Anteil hatte, war zu dieser Zeit schon bei den Walter-Werken angestellt, für die er an der Besprechung teilnahm. Über eine eventuelle Fortführung und Erprobung dieses Projekts sind bisher keine Angaben bekannt geworden.

Die Verzögerungen und die sich fortlaufend als zu optimistisch herausstellenden Terminangaben bei der Erprobung von Triebwerk und Zelle der He 280 ließen das Klima in den Beziehungen zwischen dem RLM und den Heinkel-Werken abkühlen. Es darf hier auch nicht vergessen werden, dass sich auch der zweite große Hoffnungsträger Udets, die He 177, ebenso schwierig darstellte. Im Juni 1941 fragte Udet, wann mit einem Fronteinsatz der He 280 zu rechnen sei und fügte hinzu: „Dass man nur eine Entwicklung betreiben könne, die dem Kriege noch zugute kommt. (Heinkel) hätte einen bedeutenden Stab von hochwertigen Leuten an dieser Aufgabe zu sitzen, den man besser auf andere Aufgaben verteilen könnte, wenn es sich zeigt, dass (Heinkel) mit den Triebwerken nicht mehr rechtzeitig fertig (wird)." Wieder wurde Udet versprochen, bis zum März 1942 einsatzfähige He 280 zu liefern. Doch stand weiterhin nur die motorlose He 280 V-1 für Flüge zur Verfügung. Im September wies Dr. Baumann von der EHF-Flugabteilung darauf hin, dass spätestens zum Ende des Jahres zwei Zellen mit Triebwerken in der Erprobung sein müssten, wenn unter der Voraussetzung, dass keine

Hier diskutiert Carl Francke von der E-Stelle Rechlin mit Ernst Udet. Rechts stehen die beiden Heinkel-Ingenieure Jost und Meschkat.

Ernst Heinkel, sein Sohn und die Herren Lucht, Reidenbach und Francke vom RLM werden von Ernst Udet fotografiert.

Auf diesem Foto vom 5.4.1941 sieht man neben Ernst Heinkel und seinem Sohn von links: Friebel, Udet und Reidenbach vom RLM, und Meschkat, Lusser und Jost von EHF.

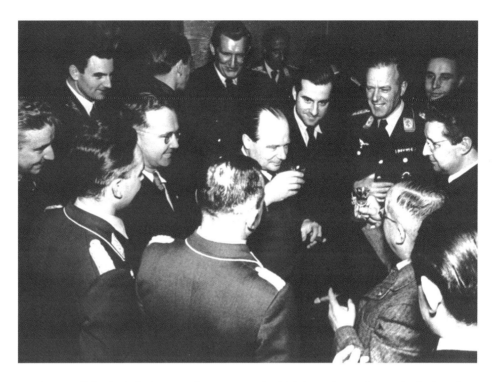

General Udet gratuliert Ernst Heinkel zum Erfolg. Im Kreis links von Heinkel im Uhrzeigersinn stehen: Eisenlohr, Schelp, Lusser (links hinter ihm: Dr. Werner Baumann von der EHF-Flugabteilung), Lucht, Dr. Lehrer, Reidenbach, Siegfried Günter. Im Hintergrund rechts neben Gen.Ing. Lucht steht Carl Francke, der spätere Technische Direktor Heinkels.

größeren Schwierigkeiten auftreten, der Udet genannte Termin eingehalten werden sollte. Trotz intensivster Arbeit der Gruppe Ohain war das He S 8 A auch Ende 1941 nicht serienreif und es standen keine flugfähigen Exemplare zur Verfügung.

Obwohl zum 1. Januar 1942 bereits das RLM-Typenblatt der He 280 erschien, ging in den Folgemonaten das offizielle Interesse an der Maschine weiter zurück. Man kam zur Ansicht, dass Heinkels Strahljäger mit den damals in Entwicklung bzw. Bau befindlichen Strahltriebwerken anderer Hersteller erprobt werden sollte.

Allerdings zeigte sich im folgenden auch bei diesen, dass die Entwicklung

der Triebwerke meist mehr Zeit erforderte, als ursprünglich angenommen worden war.

Anfang März besuchten zwei Vertreter von EHF die Firma Argus in Berlin-Reinickendorf und informierten sich über die dort in Entwicklung stehenden Pulsostrahl-Rohre. Es wurden Rohre von 3,3 m Länge und einem Standschub von 150 kp für die Verwendung in der He 280 vorgeschlagen, da die von Schelp zugesagten Rohre von 2 m Länge noch nicht verfügbar waren. Um die He 280 so schnell wie möglich in die Luft zu bringen, sollten vorerst nur je zwei der Pulsostrahltriebwerke (PST) unter jeder Fläche angebracht werden und der Start weiterhin im Schlepp der He 111 erfolgen. So hoffte man, Mitte Mai 1942 fliegen zu können. Antz vom RLM unterstützte dieses Vorhaben und erklärte, „dass im Amt das Interesse für die He 280 außerordentlich dadurch geschwunden sei, dass sie so lange nicht geflogen ist. Um zu vermeiden, dass sie endgültig auf den Friedhof gestellt wird, müsste sie so schnell als möglich motorisiert in die Luft." Da zu den Heinkel-Triebwerken „langsam das Vertrauen verschwinde", empfahl er dringend „neben dem Einbau der Argus-Rohre

Während der Feier bei Heinkel am 5.4.1941. V.l.n.r.: Udet, Heinkel, Lucht, Reidenbach, Lusser, unbekannt, Eisenlohr.

auch den Einbau des Junkers-TL-Triebwerkes und des BMW-Triebwerkes (3302) zu untersuchen."

Vom Sommer 1942 stammen Leistungsberechnungen für die He 280 mit verschiedenen Triebwerken, nämlich He S 8a und He S 8b mit und ohne Gittersteuerung. Interessant ist dabei, dass man auch die Verwendung von je zwei 150 kp-Argus-Rohren als Zusatzantrieb durchrechnete.

Bei einer Unterredung im RLM am 28.3.1942 erklärten Reidenbach und Schelp, dass sie das BMW-Triebwerk für besser und entwicklungsfähiger als das He S 8 hielten. Im RLM hatte man sich schon auf das Triebwerk der nächsten Generation He S 11 orientiert, dessen Entwicklung seit Anfang des Jahres bei der aus der Ohain-Gruppe hervorgegangenen „Ernst Heinkel Studiengesellschaft" (EHS) lief.

Doch auch diese Euphorie sollte bald gedämpft werden. In einer Bespre-chung bei BMW in Spandau wurde am 12. Mai 1942 mitgeteilt, dass der im Januar durchgeführte 10-Stunden-Lauf des Triebwerks mit 600 kp Schub nicht reproduzierbar sei und deshalb der Termin 1.6.42 zur Lieferung von zwei Triebwerken BMW P 3302 mit 600 kp Schub für die He 280 nicht zu halten sei. Es wurde eine mehrmonatige Verzögerung erwartet, deren Dauer noch nicht absehbar war. Beim ersten Startversuch der Messerschmitt Me 262 V-1 mit zwei dieser Strahltriebwerke am 25. März 1942 waren beide TL-Motoren nach kurzer Zeit durch Verdichterschaufelbrüche ausgefallen und die Landung musste mit dem noch provisorisch im Bug eingebauten Kolbenmotor erfolgen. EHF legte bei der Sitzung in Spandau den Einbau-Entwurf für die BMW P 3302 in der He 280 vor.

Auch die Vorbereitungen zum Einbau der Argus-PST in die He 280 verzögerten sich. Da vom RLM kein Bordag-

Zeichnerische Darstellung der Montage des linken Triebwerks der He 280.

Der Einbau des Strahltriebwerkes He S 8 A

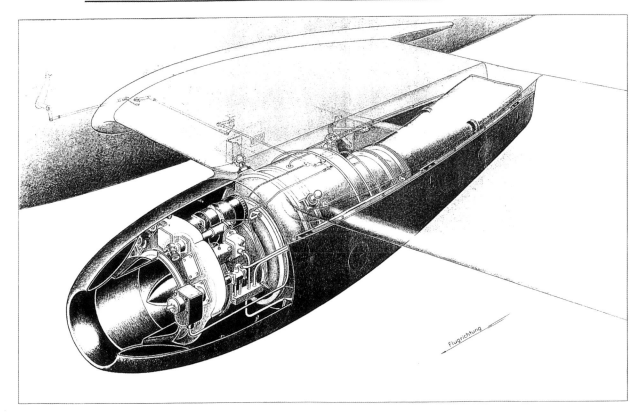

Das rechte obere Viertel des vorderen Haubenteiles ist weggeschnitten. Die Tragfläche über der hinteren Verkleidungswanne ist gläsern dargestellt.

Ein Modell der He 280 wird im Windkanal vermessen.

gregat für den Antrieb von Treibstoff- und Hydraulik-Pumpen zu erhalten war, wurde dafür ein 20-PS-Motor bei Hirth beschafft. Bei den gegen Rostock gerichteten britischen Bombenangriffen in den vier Nächten vom 23. bis 27. April 1942 und in der Nacht vom 8. zum 9. Mai verbrannten auch die Unterlagen für Einbau der Argus-Rohre. Diese konnten aber schnell wieder beschafft werden und standen Ende Mai erneut zur Verfügung, ebenso wie vier Argus-PST mit 150 kp Schub, die an Heinkel versandt worden waren. Am 22.5.1942 wurde die He 280 V-1 nach ihrem 63. Schleppflug für den Umbau auf die Argus-Triebwerke stillgelegt.

Im Mai 1942 entdeckten die Alliierten auch erstmals eine He 280 auf einem Aufklärungsfoto von Rostock.

Erst am 5. Juli 1942, eineinviertel Jahr nach seinem Flug mit der He 280 V-2, startete Fritz Schäfer in Rostock-Marienehe mit der He 280 V-3 mit zwei He S 8A-Triebwerken erneut mit einer motorisierten He 280 zu einem Versuchsflug. Damit war der ursprünglich bei Heinkel vorhandene Vorsprung bei der Entwicklung des Strahljägers praktisch schon verloren, denn nur knapp zwei Wochen später flog Fritz Wendel am 18. Juli erstmals mit dem von zwei Junkers Jumo 004 angetriebenen dritten Versuchsmuster der Me 262 in Leipheim.

Im Anschluss an den erneuten Flug der He 280 mit He S 8A-Motoren, bei dem von Seiten des RLM die Herren Schelp, Antz und Waldmann anwesend waren, wurde festgelegt, dass zur Flugerprobung des Triebwerks „unter äußerster Terminsetzung" eine He 111 als fliegender Prüfstand fertiggestellt werden müsste. Nur so konnten die Schubabhängigkeit von der Flughöhe, das Regelverhalten bei verschiedenen Beschleunigungszuständen und eine Reihe weiterer Einfluss-Faktoren ermittelt werden. Diese Erprobung hätte natürlich auch bereits vorher, parallel zu den Prüfstandversuchen, stattfinden können, doch in der Darstellung zum Entwicklungsstand des He S 8A vom 1.12.1940 war eineinhalb Jahre vorher zu lesen: „Die ursprünglich vorgesehene Erprobung unter einer He 111 unterbleibt im Einverständnis mit dem Amt mit Rücksicht darauf, dass die Läufe auf dem Stand härtere Bedingungen darstellen als in der Luft". Achtzehn Monate Versuchsvorlauf waren verloren!

In der zweiten Juli-Woche 1942 entzog man der He 280 die Dringlichkeitsstufe SS und Ernst Heinkel appellierte an seine führenden Mitarbeiter herauszufinden, wie eine Leistungssteigerung und Verbesserung der Maschine erreichbar sei.

Mitte August 1942 war der Einbau der Argus-Rohre in die He 280 V-1 noch nicht fertiggestellt.

Das C-Amts-Programm 222/1 vom 1. September 1942 lässt erkennen, dass man mit der He 280 kaum noch rechnete. Dort ist für dieses Muster vermerkt: „2x He S 8 oder Junkers T1 oder T2, insgesamt 10 Stück, geliefert bis zum 30.6.42: 0 Stück, wegen Triebwerksschwierigkeiten z. Zt. keine Termine, läuft mit Jumo an".

In einer Betriebsbesprechung am 3.9.1942 legte Ernst Heinkel fest, dass die Jumo-Triebwerke in die Versuchs-

muster He 280 V-2 und He 280 V-4 einzubauen seien. Die dafür notwendigen Änderungen hielt er für relativ geringfügig und wollte sie „skizzenhaft und zum Teil nach mündlichen Angaben" ausführen lassen, um die erste Maschine in der ersten Novemberhälfte flugklar zu haben und die He 280 V-4 einen Monat später. Dabei sollte das zweite Muster einen vergrößerten hinteren Tank, die Druckkabine und einen verstärkte Bewaffnung bekommen. Fehlende Konstrukteure waren aus der Sonderentwicklung (von Ohain) bzw. der jetzt in Stuttgart befindlichen Müller-Gruppe zu nehmen. Schon in der zweiten Besprechung in der Technischen Direktion einen Tag später wurden die Probleme deutlich, die dann auch das Programm der Erprobung der He 280 mit den Jumo-

Standbilder aus einem Film von der Erprobung der He 280, die wahrscheinlich das zweite Versuchsmuster mit He S 8 A-Triebwerken zeigen.

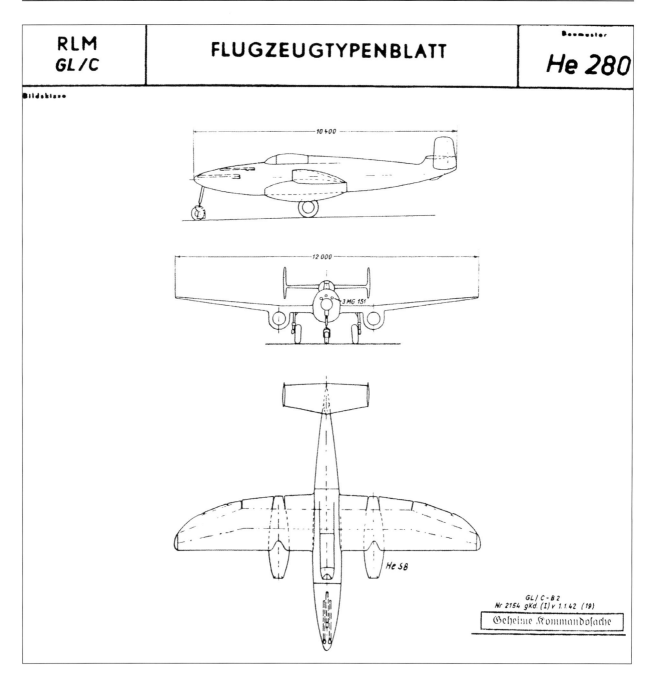

| RLM GL/C | FLUGZEUGTYPENBLATT | He 280 |

Das offizielle RLM-Typen-blatt der He 280 stammt vom 1. Januar 1942.

Triebwerken erheblich verzögern sollten. Durch den längeren Jumo 004 bestand die Gefahr der Bodenberührung bei der Landung. Deshalb musste der Notsporn erhöht werden und wegen des geringeren Anstellwinkels ergaben sich höhere Landegeschwindigkeiten. Auch die Masse der frühen Jumo 004 von je 850 kg (das He S 8A wog 435 kg) machte Sorgen, da das Rüstgewicht anstieg. Die vorgesehene Vergrößerung der Tankanlage und der Bewaffnung brachte weiteren Massezuwachs, so dass der Lastfaktor der Maschine sich

verringerte, d.h. es waren Leistungsbeschränkungen zu erwarten und die Verwendungsfähigkeit des bisherigen Fahrwerks war zu untersuchen. Alles Fragen, die gegen die allzu optimistischen Zeitvorgaben des Firmenchefs sprachen. Obwohl eigentlich alle anderen Konstruktionsarbeiten bei Heinkel zugunsten der He 177 zurückgestellt werden sollten, wollte Ernst Heinkel die He 280 unter allen Umständen bearbeitet haben. Im September 1942 wurde teilweise um einzelne Konstrukteure und Statiker für das Muster gerungen. Als weitere Belastung kam die nach dem Viertagebombardement Rostocks im April beschlossene Verlegung von Werksleitung, Entwicklungsabteilung und Versuchsbau nach Wien, wo man mit der Einrichtung der Werksanlagen, der Raumbeschaffung und ähnlichen Problemen kämpfte.

Im Ergebnis ging es bei allen Konstruktions- und Entwicklungsarbeiten in den Heinkel-Werken 1942 nicht recht vorwärts, was den Staatssekretär Erhard Milch veranlasste, Prof. Heinkel am 15. September in einem Brief darauf hinzuweisen, dass er keine weiteren Entwicklungsarbeiten, wie beispielsweise den aussichtsreichen Arbeitsbomberentwurf, betreiben dürfe, sondern alles zurückstellen müsse, bis die He 177 die wirkliche Truppenreife errungen hatte. Für die damals bei Heinkel laufenden Entwicklungsarbeiten gab Milch folgende Reihenfolge vor:
1) He 177
2) He 219
3) He 111 Höhenaufgaben
4) He 274
5) He 280, Umstellung auf Jumo

Die He 280 lag also auf dem letzten Platz. Die damals noch als möglich erachtete serienmäßige Ausrüstung der Maschine mit dem Jumo 004 erwies sich bald als unmöglich, da aus Festigkeits- und Bodenfreiheitsgründen eine Umkonstruktion der Flächen und des Fahrwerks unumgänglich gewesen wäre. Im Oktober war man davon schon abgerückt und sah die He 280 lediglich noch als Triebwerks-Erprobungsträger. Damit ergab sich nach Besprechungen im RLM am 15.10.1942 folgendes Bild: Die He 280 sollte in einer Stückzahl von 20 bis 22 Maschinen als Erprobungsträger entstehen. Die ersten 10 V-Muster sollten jetzt einheitlich ohne Waffen, Panzerung und ohne den dritten Kraftstoffbehälter gebaut werden, also auch die V-4 (2. Jumo-Maschine), dafür war ab V-5 immer die Druckkabine einzubauen. Die Maschinen waren mit Argus-Rohr (V-1), Jumo 004 (V-2, V-4, V-6, V-8, V-9, V-10) und dem He S 8 (V-3, V-5) geplant bzw.

bereits in Ausrüstung. Die V-7 blieb triebwerkslos und sollte der Schnellflugforschung dienen. Die weiteren 10 Versuchsmuster, die sofort vom RLM freigegeben werden sollten, waren für EHS- und BMW-Triebwerke gedacht. Bei BMW hoffte man, die ersten beiden BMW 003 im März 1943 an Heinkel liefern zu können. Damit wurde bei Heinkel die Montage der Jumo-Triebwerke an der He 280 nur noch provisorisch betrieben, also ohne die für eine höhere Bodenfreiheit und ausreichende Festigkeit nötigen Änderungen.

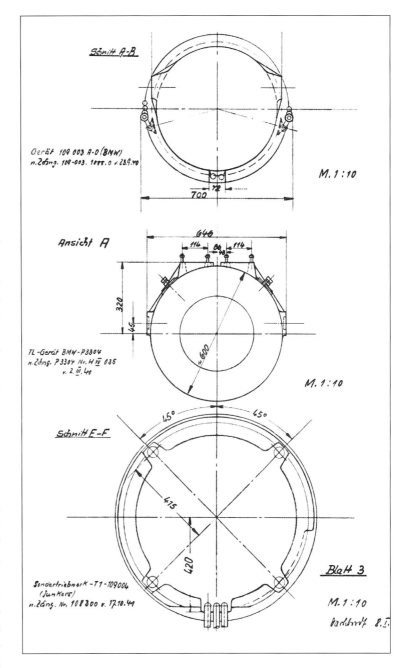

Die vorläufigen Querschnittszeichnungen der bei BMW und Junkers in Entwicklung befindlichen Strahltriebwerke zeigen, dass sich die BMW-Projekte auch als Antrieb für die He 280 anboten. Man wollte bei Heinkel aber die eigenen Entwürfe verwenden.

Bisher ist kein Foto der mit Argus-Triebwerken ausgerüsteten He 280 V-1 bekannt geworden. An Stelle der hier sichtbaren Gondelattrappen waren je zwei der Argus-Rohre montiert

Vertreter des RLM bei einem He 280-Flug. Rechts steht Heinkel-Chefkonstrukteur Karl Schwärzler.

Die He 280 V-1 hatte vier Argus-Rohre mit je 150 kp Schub erhalten und sollte nach dem bisher fehlenden Einbau eines Brennstoff-Regulierventils noch im Oktober nach Rechlin geschleppt werden. Dieser während einer Besprechung bei Prof. Heinkel am 16. Oktober festgelegte Termin konnte auch eingehalten werden, denn bei ihrem 64. Schleppflug am 29.10.42 wurde die He 280 V-1 nach Rechlin überführt. Allerdings versagte das Hirth-Hilfsaggregat, so dass der Flugzeugführer Schuck eine Bauchlandung machen musste, da das Fahrwerk wegen fehlendem Hydraulik-

druck nicht ausfuhr. Glücklicherweise erlitten die Argus-Rohre dabei keinen Schaden, da sie mit einem Lastwagen nach Rechlin kamen.

So blieb weiterhin die He 280 V-3 als einzige Maschine in der Flugerprobung. Allerdings ging im Oktober, gleich beim ersten Flug, die neu eingebaute Austrittsdüsenregelung zu Bruch und musste neu entworfen werden.

Am 2.11.1942 war der mit dem RLM abgesprochene Planungsstand für die Triebwerksausrüstung der He 280 wie folgt:

Bei den Mustern V-1 bis V-7 hatte sich gegenüber dem Stand vom 15. Oktober nichts geändert. Auch die V-10 sollte weiterhin den Jumo 004 erhalten, die V-8 war jetzt aber für Heinkel-Triebwerke und die V-9 für BMW 003 geplant, die im April 1943 zur Verfügung stehen sollten. Neu war die Planung der weiteren Versuchsträger:

V-11 BMW 003 (Mai 1943), V-12 Heinkel-TL, V-13 bis V-18 nach Wahl Junkers- oder BMW-Geräte und V-19 bis V-24 BMW-Triebwerke.

Frustrierend für Heinkel war die Feststellung, dass für die Junkers- und

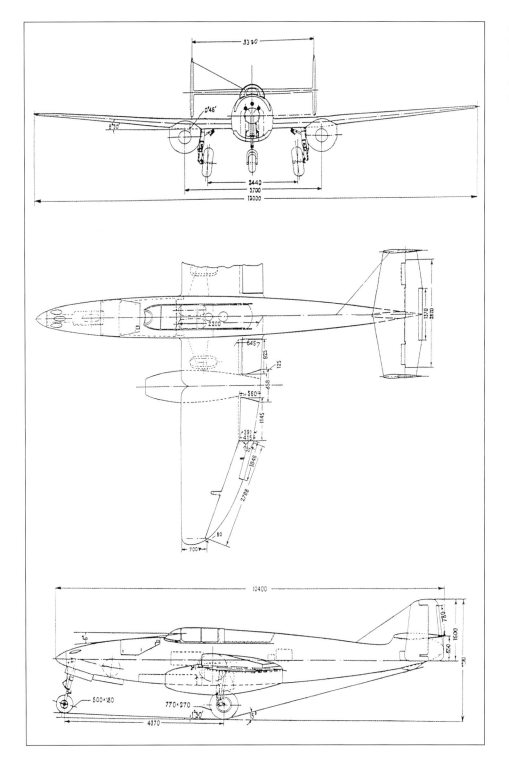

BMW-Triebwerke nach erfolgreichen 10-Stunden-Läufen die Produktionsplanung bis Ende 1944 erfolgt war, während die Heinkel-TL wegen des immer noch ausstehenden 10-Stunden-Laufs unberücksichtigt blieben.

Aus dem C-Amts-Programm V-Muster 222/2 vom 1.11.1942 ist zu entnehmen, dass die He 280 V-4 und V-5 bereits nach Wien-Schwechat überführt wurden, davon befand sich die V-5 noch in Montage.

Im November trat man von Seiten der Heinkel-Werke an das RLM heran und bat mit Rücksicht auf den Aufwand den Einbau von Jumo-Triebwerken in die He 280 auf zwei Mustermaschinen zu beschränken. Ernst Heinkel ordnete

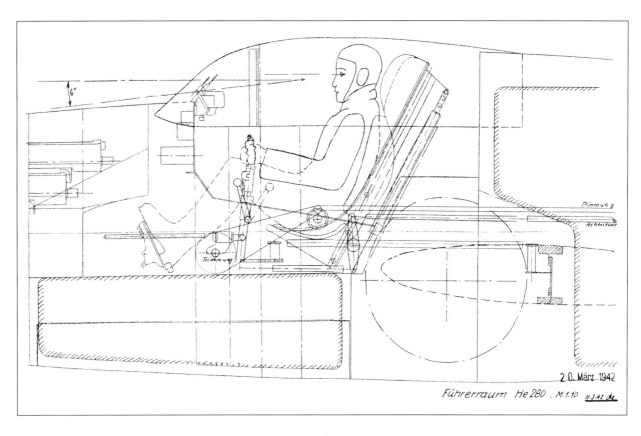

Führerraum He 280 . M.1:10

Mitte des Monats an, in Schwechat sofort den Weiterbau der He 280 zu beginnen und festzulegen, wann die 20. Zelle fertig sein sollte. Ebenso verlangte er jetzt einen „vernünftigen Entwurf für den Einbau des Junkers-Geräts" und alle Anstrengungen, die He 280 anstelle der Me 262 ab 1944 in den Großserienbau zu bringen.

Zu einem ganz anderen Ablaufplan kam man bei einer Besprechung unter Leitung des Technischen Direktors Francke am 18. November, an der Prof. Heinkel nicht teilnahm, da er sich in Jenbach in Tirol befand. Dabei wurde festgelegt, vorerst nur 9 V-Muster zu bauen und gleichzeitig für den Fall, dass das RLM eine Serie der He 280 mit irgendeinem Triebwerk auflegen wollte, konstruktive, fabrikatorische und wartungsmäßige Vereinfachungen an der Maschine zu untersuchen, um die Fertigung zu rationalisieren. Zum Stand der Versuchsmuster wurde in dieser Sitzung festgehalten, dass sich die He 280V-1 mit Argus-Geräten in Rechlin befand. Der Umbau der V-2 lief in Marienehe. Die Konstruktionsunterlagen dafür waren fertig. Die Endmontage sollte aber in Schwechat erfolgen. Der Flugklartermin wurde erneut vom 15.1. auf den 1.2.1943 verschoben. Die V-3 flog weiterhin in Marienehe. Die V-4 hatte eine Druckkabine, war für Druckversuche vorgesehen und sollte nun später He S 8-Triebwerke erhalten, ebenso die V-5. Die V-7 war weiterhin für die Schnellflugforschung fertig zu machen, während jetzt V-6 und V-9 BMW- und die V-8 Jumo-

Triebwerke erhalten sollten. Ebenfalls im November kündigte BMW Heinkel die Lieferung von zwei Triebwerken für Ende März an. Einbauattrappen standen aber vorher nicht zur Verfügung. Auch sollten die Motoren je etwa 70 kg schwerer sein, als früher angegeben und wegen der nun gewählten normierten Aufhängung und einem günstiger gestalteten Lufteinlauf einen Meter länger sein. Das bedeutet natürlich auch eine Änderung der Konstruktion der für die-

se Triebwerke vorgesehenen He 280-Versuchsträger.

Die Flugerprobung der He 280 V-3 in Marienehe befasste sich Anfang Dezember 1942 intensiv mit Fragen der Verstelldüsen der Triebwerke, die immer noch Schwierigkeiten machten.

Am 11.12.1942 machte Fl.-Stabs-Ing. Heinrich Beauvais von der Erprobungsstelle Rechlin in Marienehe einen 15-minütigen Flug mit der He 280 V-3. Nach seiner Beurteilung war die Triebwerks-

Die He 280 V-3 (GJ+CB) war die zweite motorisierte Maschine des Typs und hatte mit Fritz Schäfer am 5. Juli 1942 ihren Erstflug.

regulierung belastend und bei Geschwindigkeiten über 600 km/h traten Unruhen in der Steuerung auf. Das Bugrad beurteilte Beauvais als gut, das Verhalten bei Start und Landung besser als bei der Me 262.

Ernst Heinkel verlangte im Ergebnis dieser Überprüfung der He 280 eine Reihe teils gravierender Änderungen. Dazu gehörten eine auf 6 Kanonen verstärkte Bewaffnung, wesentlich mehr Brennstoff und dadurch dickeren Rumpf, ein modernes Flächenprofil, ein Zentralleitwerk und eine Rumpfverlängerung um 50 bis 80 Zentimeter. Zur Fertigungsvereinfachung sollte die Gestängeführung für das Leitwerk außen am Rumpf verlaufen. Mit diesen Maßnahmen hoffte Ernst Heinkel, Messerschmitts Entwurf zu überflügeln.

Am Vortag war von Milch das Entwicklungs- und Beschaffungsprogramm „Vulkan" befohlen worden, dass Flugzeuge mit Strahlantrieb und Fernlenkwaffen in die erste Dringlichkeitsgruppe einstufte. Darin waren die He 280 und die Me 262 als einsitzige TL-Jagdflugzeuge geführt. Die Heinkel-Strahltriebwerke He S 8 und He S 30 tauchten allerdings nicht mehr auf, dafür das neu in Entwicklung stehende He S 011. Das RLM war damals „an der He 280 mit He S 8 außerordentlich wenig interessiert", dachte aber weiterhin an einen Serienbau mit BMW-Triebwerken. Bei Heinkel argumentierte man gegenüber dem RLM immer noch mit angeblich gleichen oder besseren Leistungen des Flugzeugs mit dem eigenen Triebwerk, was aber wohl mehr Wunschdenken war, da man selbst in das Geschäft mit dem TL-Triebwerk kommen wollte.

Am 17. Dezember 1942 flog Fritz Schäfer in Rechlin die He 280 V-3 vor Generalfeldmarschall Milch und dem General der Jagdflieger Adolf Galland. GFM Milch äußerte sich anerkennend und meinte „besonders mit der 280 müsste Heinkel schnell machen". Zu diesem Zeitpunkt gingen die Planungen noch immer von einem Serienbau der He 280 aus. Zuerst sollten 15 weitere Versuchsmaschinen (V-6 bis V-20) unter der Dringlichkeit DE entstehen, dann waren 300 Serienmaschinen angedacht. Am 20. Dezember 1942 schrieb Ernst Heinkel an Milch und freute sich, dass dieser und Generalmajor Galland die He 280 im Flug gesehen hatten und „damit schnell vorwärts machen" wollten. Gleichzeitig wollte er „noch einige Verbesserungen machen, z. B. das Zentralseitenleitwerk, anstatt der beiden Seitenleitwerke" und eine stärkere Bewaffnung aus je zwei 20-mm- und 30-mm-Kanonen. Dieser Brief war u. a. Gegenstand der Entwicklungsbesprechung beim GL Milch am 8.1.1943. General Vorwald warnte vor diesen Änderungen im ersten Anlauf, da sich daraus erhebliche Terminverzögerungen ergeben würden. Milch fragte nach den Baumöglichkeiten für die He 280, die er für überzeugender hielt als die He 219. Pasewaldt war dagegen für die Förderung der Me 262, die er für leistungsfähiger hielt, als die He 280. In einem Schreiben an das RLM vom 8.1.1943 werden von Seiten des Heinkel-Werkes die immensen Schwierigkeiten

Fünf Standbilder der He 280 V-3 aus einem Lehrfilm über den Heinkel-Strahljäger und seine Triebwerke, der im Juli 1942 gedreht wurde.

im Musterbau und in der Serienfertigung beschrieben, die durch die Einberufungen deutscher Facharbeiter entstanden waren. Darin ist jetzt von Planungen für 9 + 13 V-Muster der He 280 die Rede. Weiterhin wird erklärt, dass bei Heinkel wegen des Mangels an Raum und Arbeitskräften für die vorgesehene Serie von 300 Stück He 280 keine Planungen vorgelegt werden können. Damit wurden die RLM-Bestrebun-

Paul Bader ist in der He 280 V-2 gelandet. Im Mittelgrund vorn steht Karl Schwärzler, Heinkels Chefkonstrukteur.

Ernst Udet lässt sich die He 280 vorführen. Links neben ihm steht Heinkels Technischer Direktor Robert Lusser.

gen nur einen Strahljäger zu bauen auch von Seiten der Heinkel-Werke indirekt gestützt. Am 27. Januar 1943 kamen die He 280 und die Materialbeschaffung für deren Bau trotzdem mit der Dringlichkeitsstufe SS in das RLM-Vulkan-Programm. Bei Heinkel war man sich betriebsseitig zwar über die Unmöglichkeit bzw. die erheblichen Schwierigkeiten eines Serienbaus der He 280 klar, andererseits beschäftigte man sich aber weiterhin mit der Serienreifmachung der He 280. Am 23. Februar 1943 sollte auf Anordnung von Prof. Heinkel sofort damit begonnen werden, den vor dem

Leitwerk oben eingezogenen Rumpf so auszustraken, dass die obere Rumpfkontur in Höhe des Höhenleitwerks lag.

Heinkels jetziger Technischer Direktor Carl Francke nahm Verbindung mit den Siebel-Flugzeugwerken in Halle auf, um die Serienreifmachung und den Serienbau der He 280 dorthin zu verlegen. SFH signalisierte Zustimmung und war bereit ab April diese Arbeiten zu beginnen. Doch bereits im Februar lehnte Gen. Ing. Hertel von der Beschaffungsstelle des RLM diese Pläne ab, da die Siebel-Werke durch das Ju 88-Bauprogramm ausgelastet waren.

Rings um Ernst Udet, der in der He 280 „probesitzt", stehen im Uhrzeigersinn von vorn: Paul Bader, Carl Francke, Gottfried Reidenbach, Robert Lusser und Hans Antz.

Inzwischen waren zwei Unfälle erfolgt, die das He 280-Programm erneut zurückwarfen.

In Rechlin fand am 13.1.1943 der erste Schleppflug der He 280 V-1 mit den Argus-PST statt, die in der Zeit vom 15.12.1942 bis 12.1.1943 an die Maschine angebaut worden waren. Da der EHF-Flugzeugführer Schäfer gerade nicht abkömmlich war, wurde dieser Flug vom Piloten der Firma Argus, Schenk, ausgeführt. Es handelte sich um einen Überführungsflug ohne Brennstoff (also ohne arbeitende Triebwerke) von Rechlin nach Lärz. Als Schleppmaschine fungierten erstmals eine oder zwei Bf 110 mit Luftwaffen-Besatzung. Es gibt zu diesem Schleppzug leider sich widersprechende Angaben. In der allgemeinen tabellarischen Erprobungsübersicht für die He 280 V-1 vom 28.1.1943 ist als Schleppflugzeug eine He 111 mit Rechliner Besatzung aufgeführt, der ausführliche Bericht mit gleichem Datum und von den gleichen Bearbeitern nennt dann als Schleppmaschine „Me 110 und militärische Besatzung". In einem Fernschreiben der Technischen Direktion an das Berliner Heinkel-Büro und im Bericht des Piloten Schenk vom 15. bzw. 18. Januar 1943 ist von einer Schleppmaschine die Rede. Der ursprünglich für den Flug vorgesehene

Flugzeugführer Schäfer, erinnerte sich 1979 dann allerdings an zwei „Me 110 als Schleppmaschinen". Durch starkes Schneeaufwirbeln beim Start wurde wahrscheinlich der Fahrwerksraum durch Schnee verstopft, wodurch das Bugrad nicht einfuhr. Der Flugzeugführer versuchte, bereits während des Starts die Schleppkupplung zu lösen, was ebenfalls nicht gelang. In etwa 2000 m Höhe setzte nach Angaben von Schenk auch das Hirth-Bordaggregat aus. Er hat dann durch starkes Pendeln versucht, die schleppende Besatzung

Ernst Udet steigt in den Führersitz der He 280.

auf seine Situation aufmerksam zu machen, warf die Kabinenhaube ab und stieg mit dem Schleudersitz aus. Das war der erste erfolgreiche Notabschuss eines Piloten mit einem Schleudersitz. Die Bf 110 kuppelten anschließend die He 280 ab, die noch zwei führerlose Platzrunden über dem Flugplatz Lärz ausführte, bevor sie in einem Wald zu Bruch ging. Die Maschine wurde dabei so stark beschädigt, dass ein Wiederaufbau sich nicht lohnte. Dieser Unfall, der bei etwas Schleppflug-Routine von Schenk vielleicht vermeidlich gewesen wäre, verhinderte die geplante Schnellflugerprobung der He 280 mit Argus-Triebwerken. So hatte die He 280 V-1 in den insgesamt 65 Schleppflügen mit 31 Stunden Gesamtflugdauer zwar eine Reihe von Erkenntnissen zur aerodynamischen Verbesserung des Musters und den Beweis der Funktionsfähigkeit des Rettungssystems geliefert, war aber nie mit eigenem Antrieb geflogen.

Am 8. Februar 1943 musste Fritz Schäfer nach dem Ausfall des rechten Triebwerks die He 280 V-3 beim Dorf Lichtenhagen nahe Marienehe notlanden. Die Beschädigungen dabei blieben glücklicherweise gering. Wegen der bei höheren Geschwindigkeiten an der Maschine aufgetretenen Leitwerksschwingungen ordnete Prof. Heinkel an,

mit der Zelle nach der Reparatur auf dem Rüttelstand einen Standschwingungsversuch zu machen. Dabei zeigten sich Leitwerksschwingungen, die eine Verstärkung des vorderen Leitwerksanschlusspunkts und der hinteren Rumpfbeplankung auf 2 mm Dicke erforderlich machten. Nach dem erneuten Einfliegen sollten die Kielflossen um 8° schräg gestellt werden. Am 27.2.1943 konnte Fritz Schäfer die He 280 V-3 nach den Änderungen wieder fliegen. Am 23. Februar hatte Prof. Heinkel angewiesen, diese Verstärkungen auch an der He 280 V-2 auszuführen, die sich in Wien in der Endphase des Umbaus auf zwei Jumo 004-Triebwerke befand und nach seinerzeitiger Schätzung in etwa 14 Tagen flugbereit sein sollte.

Bei Heinkel prüfte man damals, ob man den nach der Programm-Studie 1015 des RLM vorgesehenen Anlauf der Versuchsserie He 280 ab März 1944 in Wien bei EHW realisieren konnte und erkundete die Möglichkeit der Beschaffung zusätzlicher Hallen. Die Klärung der Fertigungsmöglichkeiten und des für den Serienanlauf noch nötigen Konstruktionsaufwands war dringlich. Bei einer Besprechung über die He 280 im RLM teilte Antz am 1. März 1943 nämlich mit, dass im RLM Bestrebungen im Gang waren, nur einen Strahljäger wegen nötiger Typenverminderung in Auftrag zu geben. Heinkels Technischer Direktor Francke gab am 3.3.1943 den nötigen Konstruktionsaufwand mit 55 000 Stunden an, von denen noch 35 000 fehlten. Seiner Einschätzung nach, konnten in Wien zwar weitere 13 V-Muster, aber keine Serie gebaut werden. Der Leiter des Berliner Heinkel-Büros von Pfistermeister warnte die Betriebsleitung vor der Abgabe unrealistischer Terminversprechungen, da darunter die Glaubwürdigkeit des Werkes weiter leiden würde. Dieser Haltung stimmte auch Direktor Schaberger von der

Betriebsleitung zu. An der Entwicklungsbesprechung bei Feldmarschall Milch am 19. März nahmen Siegfried Günter und Direktor Francke teil. Dabei schlug Günter vor, die Serienreifmachung der He 280 abzustoppen und die daran beschäftigten Konstrukteure sofort für die He 177 einzusetzen. Weiter wurde von EHF vorgeschlagen, „außer den jetzigen 7 V-Mustern weitere 13 V-Muster für Triebwerkserprobung zu bauen". Während der Generalluftzeugmeister Milch noch Hoffnungen in die He 280 setzte und fragte, wann die erste Frontmaschine und wann der Einsatz

Während der Entwicklung des Schleudersitzes bei den Heinkel-Werken wurden umfangreiche Untersuchungen über die Verträglichkeit der auftretenden Beschleunigungen für den Piloten durchgeführt.

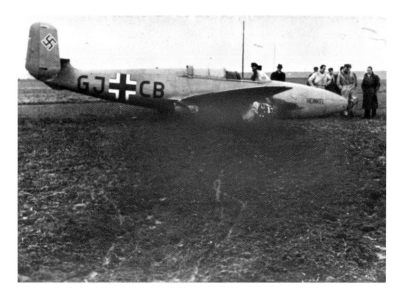

Während eines Fluges zur Erprobung des Höhenverhaltens der Triebwerke mit der He 280 V-3 am 8.2.1943 musste Fritz Schäfer nach Ausfall des rechten Motors eine Bauchlandung in der Nähe des Dorfes Lichtenhagen bei Rostock machen. Die zellenseitigen Schäden betrugen nur 4 Prozent und konnten schnell repariert werden.

kommen würde, erhielt er vom Werk die Auskunft, dass für die Serie von 300 Maschinen noch keine Arbeitskapazität frei sei und im Frühjahr und Sommer 1944 lediglich 13 V-Maschinen gebaut werden sollten. Auf Milchs Frage, ob die Maschine mit dem Triebwerk so klar sei, dass man damit disponieren könne, antwortete Günter: „Es ist gar nichts klar mit der Maschine. Das Triebwerk ist zu schwach und kommt nicht in Frage. Das BMW-Triebwerk ist noch nicht geflogen und noch nicht angeliefert. Wir haben zwei Versuchsmuster mit Jumo-Triebwerk. Damit haben wir erste Versuche gemacht." Und später ergänzte er: „Nachdem die 262 nach den Angaben der Erprobungsstellen mit dem Jumo-Triebwerk geplant ist, würde ich von uns aus vorschlagen, die Serie 280 nicht zu bauen, sondern von dieser geleisteten Arbeit 13 V-Muster zu bauen, um so Erfahrungen auf breiter Basis zu gewinnen und einige Versuchsträger für die Einbautriebwerke, also BMW und Jumo, zu bekommen." Damit war von Seiten des Werkes das Handtuch geworfen und ein Serienbau der He 280 aufgegeben. Die Absetzung der He 280 zu Gunsten der Me 262, die Milch am 27.3.1943 Prof. Heinkel nach einer erneuten Diskussion in der GL-Entwicklungsbesprechung am 22. März mitteilte, war nur eine logische Konsequenz der bis dahin fast zwei Jahre andauernden Probleme, die bei Heinkel bestanden, ein verwendungsfähiges Triebwerk für die Maschine zu finden. Diese war außerdem selbst immer noch nicht ausgereift, wie die unbewältigten Leitwerksschwingungen zeigten. Die später von Ernst Heinkel in seinen Memoiren aufgeführten Gründe für die Absetzung der He 280 durch Feldmarschall Milch, nämlich dessen Scheu vor Neuem und eine Ablehnung des Bugrads, sind dokumentarisch nicht zu belegen und auch nicht nachvollziehbar. Dies trifft auch auf die Behauptung zu, am 15. September 1942 hätte Milch die He 280 auf die allerletzte Dringlichkeitsstufe gesetzt, „obwohl diese bereits mit den verschiedensten Triebwerken, auch dem Jumo 004, fertig eingeflogen war". Zu diesem Zeitpunkt war die He 280 weder fertig eingeflogen und schon gar nicht mit den verschiedensten Triebwerken. Erst am 16. März 1943 konnte Fritz Schäfer in Schwechat zum ersten Flug der He 280 V-2 mit Jumo 004 Triebwerken starten, wobei er bei der Landung wegen falsch eingestellter Landeklappenhydraulik über die Rollbahn hinausschoss. Die Beseitigung der Schäden erforderte erneut Zeit, so dass der nächste Flug erst am 2. April stattfand. Damit standen im Frühjahr 1943 erstmals zwei He 280 mit Triebwerken für die Flugerprobung zur Verfügung, nämlich die V-3 mit He S 8A und die auf Jumo 004 umgerüstete V-2.

Dass die Absetzung der He 280 auf Wunsch der Heinkel-Werke erfolgte, wird auch in einer EHF-Mitteilung an Prof. Heinkel vom 1.4.1943 deutlich, in der es heißt: „Ich habe ihm (General Vorwald im RLM, Erg. d. V.) gesagt, dass wir selbst den Vorschlag auf Streichung der 280 gemacht hätten, um die Konstrukteure für wichtige Aufgaben, insbesondere He 177, freizubekommen."

Das EHF-Versuchsflugprogramm für die He 280 vom 10.3.1943 erwähnt auch wieder die weiteren Versuchsmuster. Danach sollte jetzt die V-4 Argus-Triebwerke erhalten und so nach einem Übergabeflug im August zur weiteren Erprobung an die E-Stelle Rechlin übergeben werden. Die V-5 sollte ab Juli 1943 für die Flugerprobung mit EHS-Triebwerken bereitstehen, in der Bahnneigungsflüge mit verstellbarer Flosse und Schwingungsuntersuchungen erfolgen sollten. Die Versuchsmuster V-6 und V-9 waren als Versuchsträger für BMW-Triebwerke gedacht und sollten ab Mai bzw. Juni flugklar sein. Für die motorlose He 280 V-7 war der 20.4.1943 als Flugklartermin für den Einweisungsflug für die DFS genannt. Als zweiter Jumo-Versuchsträger sollte die V-8 ab Mai 1943 zur Verfügung stehen. Diese im März 1943 gesetzten Flugklartermine sprechen für einen weit fortgeschrittenen Bauzustand der bisher noch nicht geflo-

genen Zellen He 280 V-4 bis V-9. Bis zum 3. April hatte sich an diesem Planungsstand nichts geändert, wie einer Meldung der Technischen Direktion Heinkels an GL/C-E 2 zu entnehmen ist.

Interessant ist die Tatsache, dass die alliierte Luftaufklärung auch schon im März 1943 eine He 280 in Wien-Schwechat entdeckte.

Dem Protokoll einer Besprechung bei Prof. Heinkel am 22.3.1943 ist zu entnehmen, dass das Leitwerksschütteln bei höheren Geschwindigkeiten noch immer ein wesentliches Problem darstellte. Man vermutete, dass die Schwingungen eventuell durch die Triebwerksstrahlen verursacht würden. Man wollte die He 280 V-7 in Wien bei Schleppflügen vergleichsweise ebenfalls auf Schwingungen bei Geschwindigkeiten ober-

Im März 1943 musste F. Schäfer einen Startversuch der He 280 V-3 abbrechen, da er durch die leichte Schneedecke nicht auf die Abhebegeschwindigkeit kam. Beim Bremsen rutschte er von der Startbahn.

Dieser Längsschnitt der He 280 stammt aus einem sowjetischen Beutebericht.

halb 500 km/h untersuchen. Die He 280 V-3 sollte ebenfalls nach Wien verladen werden und dort nach Ostern ihre Flüge fortsetzen.

Als am 18. April 1943 der Messerschmitt-Pilot Wilhelm Ostertag mit der Me 262 V-2 tödlich abstürzte, wollte Ernst Heinkel noch einmal „gegen den Fehlentscheid 280 etwas unternehmen". Er bat den Leiter seines Berliner Büros, sich dementsprechend an Admiral Lahs vom Reichsverband der Deutschen Luftfahrtindustrie und das RLM zu wenden. Dieser lehnte ein solches Vorhaben aber ab und war sich darin mit dem Technischen Direktor Francke einig. Er begründete dies damit, dass er bei der Umstellung der Me 262 auf ein Bugrad-

fahrwerk keine größeren Schwierigkeiten erwartete, der Absturz der Me 262 V-2 nicht auf einem Zellenfehler beruhte und dass bei Heinkel weder Kapazität für die noch nötigen Konstruktionsarbeiten noch für einen Serienbau vorhanden waren.

Eine Auflistung der Flugklartermine für die He 280-Versuchsmuster vom 21.5.1943 lässt einige Terminverschiebungen und anscheinend auch die endgültige Aufgabe der He S 8-Triebwerke erkennen. Jetzt waren neben der zerstörten V-1 und den beiden im Flugbetrieb befindlichen Mustern V-2 und V-3 drei Maschinen für den Einbau der BMW-Triebwerke vorgesehen. Diese hatten größtenteils etwas hinausge-

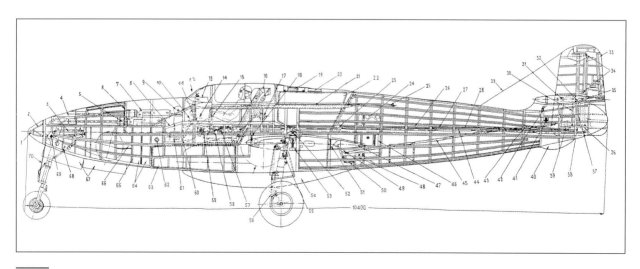

schobene Flugklartermine, nämlich Juli 1943 (V-5), Juni 1943 (V-6) und August 1943 (V-9). Die als zweite Maschine für die Jumo 004-Turbinen geplante He 280 V-8 war weiterhin mit Flugklartermin Mai 1943 geplant, während die Ablieferung der V-7 bereits erfolgte. Nicht ganz klar ist der Status der He 280 V-4, deren Liefertermin liegt mit April 1943 vor dem Datum der Aufstellung. Das könnte bedeuten, dass sie bereits abgeliefert war und in Rechlin ihre Argus-Rohre erhalten sollte.

Leider gibt es für ein Jahr ab Sommer 1943 nur sehr wenige und unvollständige Dokumente über die weitere Erprobung der He 280, so dass dazu sichere Aussagen schwer sind. Mit der He 280 V-2 wurde versucht, die maximale Geschwindigkeit des Musters zu erfliegen, dabei erreichte der Flugzeugführer Schuck am 11.4.1943 in leichtem Bahnneigungsflug 800 km/h in 3600 m Höhe. Bei einer Notlandung des Piloten Könitzer mit stehendem linken Motor kam es zu leichten Schäden an dieser Maschine. Sie wurde am 10.6.1943 stillgelegt und sollte ein neues Querruder, ein bremsbares Bugrad und ein geteiltes Seitenruder erhalten. Als spätester erneuter Flugklartermin wird der 1. Juli genannt. Der nach dem letzten, dem Autor bisher bekannten, Versuchsflugprogramm He 280 vom 6.7.1943 erfolgte 80 %-ige Bruch der He 280 V-2 am 26.6.1943 zeigt, dass der Umbau bis dahin erfolgt war. Die Maschine wurde danach nicht mehr aufgebaut. Unklar ist nach diesem Programm aber der Termin des Erstflugs der He 280 V-8. Das Versuchsflugprogramm vom 6.7.1943 nennt als Flugklartermin den 30.6.1943, der demnach schon erledigt gewesen sein

Die Ausrüstung der He 280 mit Jumo 004 war weniger wegen des Triebwerksdurchmessers (HeS 8:775 mm, Jumo 004: ca. 850mm), sondern wegen der viel größeren Länge des Junkers-Geräts (3,86 m) schwierig. Dadurch war die Bodenfreiheit bei Start und Landung sehr gering.

Ein weiteres Vergleichsbild zwischen He S 8 A und Jumo 004. Die Junkers-Triebwerke wurden im zweiten und achten Versuchsmuster der He 280 erprobt.

müsste. Den ersten Flug mit der auf zwei Jumo 004-Triebwerke umgerüsteten He 280 V-8 NU+EC führte der Einflieger Wedemeyer am 19.7.1943 aus. Er war auch der Pilot beim zweiten zehnminütigen Flug am 7.8.1943. Leider sind bisher nur drei Blätter des zusammengefassten Erprobungsberichts für diese Maschine bekannt, der nur die Flüge bis Nr. 10 umfasst, die von den Flugzeugführern Cap und Wedemeyer bis 10.9.1943 ausgeführt wurden. Dabei wurden erneut starke Erschütterungen und Schwingungen des Höhenleitwerks bei Geschwindigkeiten über 550 km/h registriert. Wie die weitere Flugerprobung dieser Maschine bis 1944 verlief, ist bisher nicht dokumentiert, da leider auch die Flugbücher der beteiligten

Piloten nicht bekannt sind. Ebenso ist unklar, ob die Versuchsmuster V-4, V-5, V-6 und V-9 mit BMW 003 ausgerüstet und geflogen wurden, wie es das Versuchsflugprogramm vom 6.7.1943 vorsah. Darin sind einige der Flugklartermine gegenüber der Planung vom 21. Mai erneut verschoben worden (V-5: 15.9.1943, V-6: 26.7.1943 und V-9: 31.8.1943). Dass nun auch die He 280 V-4 als Versuchsträger für BMW-Triebwerke mit dem Flugklartermin 15.8. 1943 aufgeführt ist, spricht für das Interesse des RLM an der Erprobung dieses Triebwerks in der He 280. Ob die V-4 aber zwischenzeitlich in Rechlin war und mit Argus-Rohren erprobt oder gar geflogen wurde, bleibt unbeantwortet. Dass am 28. August 1943 Stabsing. Schelp vorschlug „zur schnelllsten Durchführung des Mustereinbaus, die 3 BMW-Geräte, die für die He 280 gedacht sind, zunächst für die He 219 (zu) nehmen", zeigt, dass der Einbau von BMW 003 in die He 280 bis dahin nicht erfolgt war und wahrscheinlich nie realisiert wurde. Dass es den Alliierten im Dezember 1944 gelang, in Schwechat vier He 280 zu fotografieren, spricht dafür, dass damals weitere He 280 fertiggestellt oder weit im Bau fortgeschritten waren. Ausgehend vom Verlust der Versuchsmuster He 280 V-1 und V-2 und der Erprobung der V-7 in Hörsching, kommen dafür nur die V-Muster V-3, V-4, V-5, V-6, V-8 und V-9 in Frage.

Die ähnlich der He 280 V-1 ohne Triebwerke als Gleitflugzeug für die Schnellflugerprobung bei der DFS vorgesehene He 280 V-7 flog EHF-Pilot Schuck am 19.4.1943 im Schlepp hinter einer He 111 ein. Die Schleppmaschine wurde dabei vom DFS-Flugzeugführer Opitz gesteuert. In 2000 m Höhe klinkte Schuck die V-7 aus und landete nach einem 23-minütigen Flug. Bereits beim zweiten Flug wurde die Maschine am 20.4.1943 nach Hörsching zur DFS geschleppt. Die Piloten dabei waren Ziegler (He 280) und Opitz (He 111). Bei der Deutschen Forschungsanstalt für Segelflug untersuchte man dann die

Flugeigenschaften der He 280 V-7 ausgiebig im Gleitflug. Die Maschine absolvierte etwa 115 Versuchsflüge in Hörsching bei Linz. Dabei maß man den Profilwiderstand eines Flügelschnitts der Steuerbordfläche in Abhängigkeit von der Oberflächengüte bei hohen Reynoldszahlen und bei allen Fluggeschwindigkeiten mit Hilfe der sogenannten „Impulsverlustmethode". Am Backbordflügel wurde am gleichen Profilschnitt die Druckverteilung gemessen. Durch während des Fluges gefilmte Fäden auf der Flugzeugoberfläche wurde das Strömungsverhalten bei verschiedenen Flugmanövern, beim Überziehen usw. registriert. Die Maschine hatte dabei aber keine Strömungskörper als Triebwerksattrappen, wie sie die He 280 V-1 bis zu ihrem 44. Flug am 17.3.1941 trug. Vom 2. August 1941 (45. Flug) bis zur Ausrüstung mit den Argus-Rohren war die He 280 V-1 dann aber auch ohne Triebwerksattrappen geflogen.

Als im September 1944 die Entscheidung über den Bau des sogenannten „Volksjägers" zu Gunsten von Heinkel fiel, traten die Heinkel-Werke an die DFS heran und wollten an der dort befindlichen He 280 V-7 ein V-Leitwerk erproben. Dieses war neben dem Doppelseitenleitwerk ebenfalls für die als

Ein japanischer Besucher begrüßt Heinkel-Einflieger, von rechts: Julius Schuck, Gotthold Peter, unbekannt.

Dreiseitenansicht des Versuchsgleiters He 280 V-7 nach einem DFS-Forschungsbericht.

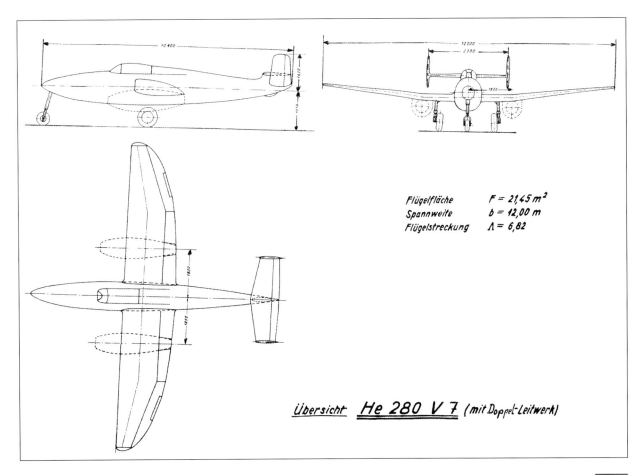

Flügelfläche F = 21,45 m²
Spannweite b = 12,00 m
Flügelstreckung Λ = 6,82

Übersicht **He 280 V 7** *(mit Doppel-Leitwerk)*

Der Schleppzug aus He 111 und He 280 V-7 startet.

Projekt P 1073 entwickelte He 500 geplant, die dann als He 162 in die Fertigung ging. Zacher von der DFS schlug vor, eine andere bei EHW vorhandene He 280 (aber nicht die V-4) mit dem V-Leitwerk und den Messeinbauten entsprechend denen in der V-7 auszurüsten. Am 20. September 1944 wurde dann vereinbart, das V-Leitwerk in die He 280 V-8 einzubauen und im Vergleich mit der He 280 V-7 mit Normalleitwerk zu erproben. Neun Tage später beantragte EHW diese Erprobungsarbeiten bei der Forschungsführung des Chefs TLR und gab als Flugklartermin für die He 280 V-8 mit V-Leitwerk den 20. Oktober an. Die Arbeiten zum Umbau der Maschine in Wien liefen dann aber sehr schleppend, da die Zuständigkeiten häufig wechselten und die Arbeitsbelastung im Volksjägerprogramm enorm war. Als Diplomingenieur Erwin Schnell von der DFS am 6. Oktober 1944 nach Wien-Heidfeld kam, um die Einbauten der Messeinrichtungen in die V-8 zu regeln, stellte er fest, dass sich die Maschine noch in einem stark demontierten Zustand befand. Insbesondere fehlten die Instrumente und Geräte, der Führersitz, die Schleppkupplung u.a.m. Schnell suchte dann persönlich die bei verschiedenen Abteilungen EHW noch vorhandenen Unterlagen über den früheren Umbau

der He 280 V-7 zusammen und informierte sich über das vorgesehene Versuchsprogramm. Dies war nötig, da man bei Heinkel durch Versetzung von Personal und Angriffe auf das Werk über den Verbleib dieser Unterlagen nicht im Bilde war. Die allgemeine Situation war damals schon durch die Kriegslage, Luftangriffe und Verkehrs- und Kommunikationschaos geprägt. Einige Bemerkungen zur He 280 V-4 aus diesem Reisebericht lassen annehmen, dass auch die He 280 V-4 damals noch für Versuche bei der DFS in Hörsching vorgesehen war, wobei über die Natur dieser Pläne weitere Informationen fehlen. Danach war diese Maschine am 5. Oktober 1944 bereits in der Außenstelle Hörsching der DFS eingetroffen und Dipl.-Ing. Schnell vereinbarte mit EHW, dass von dort einige Teile, u.a. 1 Satz Hauptfahrwerksbeine, 1 Steuerknüppel, 1 Schleudersitzventil, nach Hörsching für den Aufbau der He 280 V-4 gesandt werden sollten. Damit scheint die in der Literatur zu findende Behauptung, diese Maschine sei lediglich Ersatzteilspender für die V-7 gewesen, unlogisch. Auch die Angabe, eine Flugerprobung der He 280 V-8 mit dem V-Leitwerk habe noch stattgefunden, ist offensichtlich falsch, wenn man sich die vorhandenen Originaldokumente ansieht. Danach waren

Die antriebslose He 280 V-7 (NU+EB) wurde ab April 1943 für eine Reihe von aerodynamischen Versuchen bei der DFS in Ainring geflogen.

*Ausschnitt aus einem
DFS-Messfilm von der
Flugerprobung der
He 280 V-7.*

am 22.12.1944 die Messeinbauten für die Maschinen bei der DFS fertiggestellt, bei EHW hatte man aber noch nicht das auswärts bestellte Leitwerk erhalten. Es sollte in Holzbauweise bei der Firma Müller in Detmold gebaut werden. Die dazu nötigen Beschläge schickte Heinkel am 22.10.44 per Bahn, wobei zunächst eine Kiste verloren ging und erst am 2.12.1944 in Detmold eintraf. Am 16. Januar 1945 drängte Ernst Heinkel noch einmal dazu, mehrere Ausführungen des V-Leitwerks an der He 280 zu erproben, um die optimale Größe für die He 162 herauszufinden. Während einer weiteren Dienstreise von Dipl.-Ing. Schnell nach Wien in der Zeit vom 13.3. bis 29.3.1945, die klären sollte, ob und wann mit der Durchführung der V-Leitwerks-Untersuchungen zu rechnen sei, ergab sich, dass das erste V-Leitwerk durch Bombenschaden verloren gegangen war. Über den Verbleib des zweiten, bei einer Firma in der Gegend von Breslau bestellten, Leitwerks bestand keine

Klarheit. Da inzwischen die He 162 mit dem Endscheibenleitwerk mit V-Stellung der Höhenflosse befriedigende Stabilitätseigenschaften zeigte, meinten die Herren Günter und Dr. Irrgang vom Heinkel-Projektbüro, dass man die vorgesehenen Versuche annullieren könnte, was anschließend von Chefkonstrukteur Schwärzler bestätigt wurde. Da nur drei Tage danach das Heinkel-Werk in Wien wegen des Angriffs der sowjetischen Truppen geräumt wurde, ist offensichtlich damit die Arbeit an der He 280 beendet gewesen. Die sowjetischen Beutekommissionen fanden in Wien drei He 280 im nicht flugfähigen Zustand und einige He S 8-Triebwerke vor, deren Konstruktion anschließend genauestens untersucht wurde.

Zur Niederlage der Heinkel He 280 gegenüber dem Konkurrenzmuster Messerschmitt Me 262 erinnerte sich Hans von Ohain später in einem Vortrag folgendermaßen: „Das RLM neigte mehr zur Me 262 mit Jumo-Triebwerken 004, weil die Me 262 der He 280 überlegen war in Bezug auf Reichweite, Fluggeschwindigkeit, Flughöhe und Bewaffnung. Außerdem zeigte die He 280 Leitwerksschwingungen, sobald die Fluggeschwindigkeit etwa 800 km/h erreichte. Um schneller zu fliegen, erschienen wesentliche konstruktive Änderungen an der He 280 notwendig zu sein. Dies waren die Gründe, warum Heinkels Plan, das so leistungsfähige Triebwerk He S 30 in die He 280 einzubauen, vom RLM nicht angenommen wurde." Weiter sagte er. „In einer Besprechung mit Schelp stellte ich die Frage, ob die Entwicklung der Dinge anders ausgegangen wäre, falls das He S 30 seine guten Leistungen Ende 41, Anfang 42 demonstriert hätte. Schelp meinte sehr ernsthaft, es sei ziemlich sicher, dass die He 280 mit He S 30-Triebwerken in eine Vor-Produktionsserie gekommen wäre, da zu dieser Zeit die Me 262 noch nicht mit dem Jumo 004 geflogen war und noch große Schwierigkeiten hatte. Schelp glaubte aber nicht, dass die He 280 in eine Großserie gekommen wäre, da die He 280 auch mit dem He S 30 nicht die Leistungen der Me 262 mit Jumo 004 hätte erreichen können."

Warum die He 280 V-7 temporär die Zivilzulassung D-IEXM erhielt, ist unbekannt.

Zur Registrierung der Umströmung von Leitwerk und Tragflächen war die He 280 V-7 mit automatischen Kameras ausgerüstet.

Einbauschemata der für die Vergleichsmessungen zwischen Normal- und V-Leitwerk in He 280 V-7 und V-8 vorgesehenen Mess- und Registriergeräte.

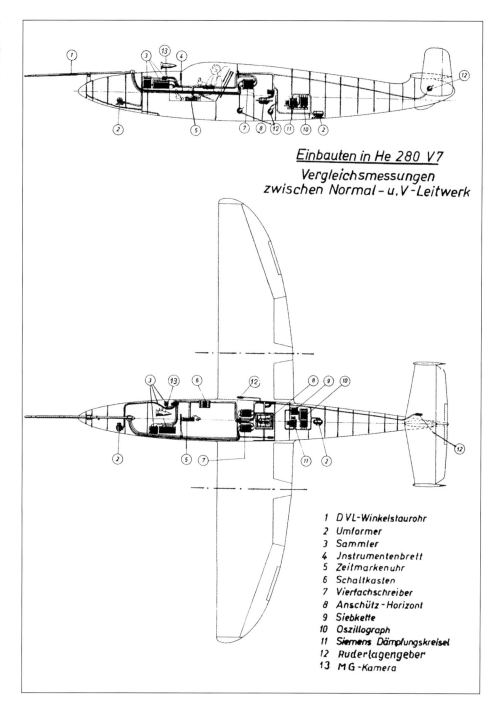

Einbauten in He 280 V7
Vergleichsmessungen
zwischen Normal – u. V – Leitwerk

1 DVL-Winkelstaurohr
2 Umformer
3 Sammler
4 Jnstrumentenbrett
5 Zeitmarkenuhr
6 Schaltkasten
7 Vierfachschreiber
8 Anschütz - Horizont
9 Siebkette
10 Oszillograph
11 Siemens Dämpfungskreisel
12 Ruderlagengeber
13 MG-Kamera

TL-Erprobung mit der He 219

Ab September 1943 untersuchte man bei Heinkel nach einer Besprechung am 28. August die eventuelle Leistungssteigerung des Nachtjägers He 219 mit Hilfe eines TL-Triebwerks. Ein BMW 003 wurde an einem kurzen verkleideten Träger unter dem Rumpf des Flugzeugs angebaut. Dafür stellte das RLM (Stabsing. Schelp) die drei für den Einbau in die He 280 vorgesehenen Triebwerke zur Ver-

fügung. Als Versuchsträger diente die He 219 A-010 (W.Nr. 190060), die innerhalb von drei Wochen umgebaut wurde. Die Ergebnisse der Flugerprobung entsprachen jedoch nicht den Erwartungen. Mit stillgelegtem TL-Triebwerk ergab sich anfangs ein Geschwindigkeitsverlust von etwa 40 km/h, während mit laufendem Zusatzantrieb lediglich 30 km/h Gewinn erzielt wurden. Daraufhin erfolgten bei der AVA in Göttingen Windkanalmessungen, wobei der Ab-

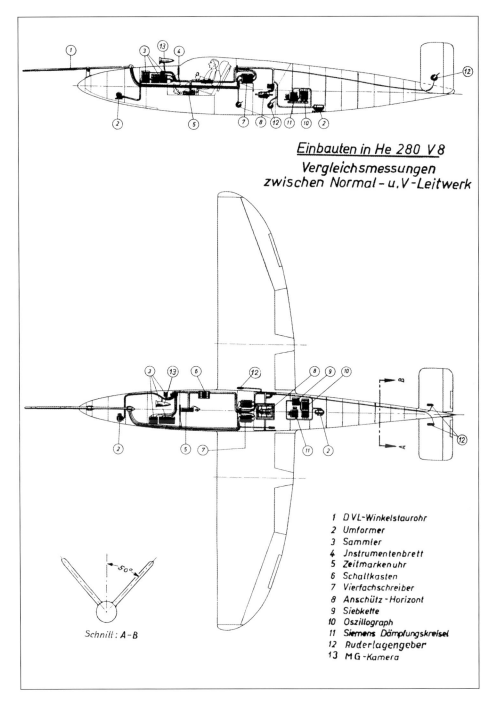

Einbauten in He 280 V8
Vergleichsmessungen
zwischen Normal - u.V-Leitwerk

1 DVL-Winkelstaurohr
2 Umformer
3 Sammler
4 Jnstrumentenbrett
5 Zeitmarkenuhr
6 Schaltkasten
7 Vierfachschreiber
8 Anschütz-Horizont
9 Siebkette
10 Oszillograph
11 Siemens Dämpfungskreisel
12 Ruderlagengeber
13 MG-Kamera

Schnitt: A-B

stand zwischen Rumpf und Triebwerks-
gondel variiert und das Triebwerk auch
längs des Rumpfes verschoben wurde.
Die Ergebnisse ließen eine Geschwindigkeitssteigerung von bis zu 60 km/h
erwarten. Der erste Flug der umgerüsteten Maschine erfolgte am 20.9.1943.
Vom 23. September bis 13. November
1943 erfolgten in dieser Versuchsreihe
insgesamt 15 weitere Flüge. An diesem
Tag musste die Maschine bei Aspern
bauchgelandet werden, nachdem die

Besatzung das Strahltriebwerk wegen
starker Flammenbildung abgestellt hatte und kurz danach beide Kolbenmotoren versagten. Der Schaden am Flugzeug betrug 40 %. Die höchste Geschwindigkeitssteigerung lag unter den
erwarteten 70 km/h. Es wurde beschlossen, eine weitere Maschine umzurüsten.
Am 20.1.1944 begann dieser Umbau, der
Anfang April noch nicht beendet war.
Die Übergabe an die E-Stelle Rechlin
erfolgte am 27.4.1944. Unterlagen über

Skizze der He 280 V-8 mit dem V-Leitwerk.

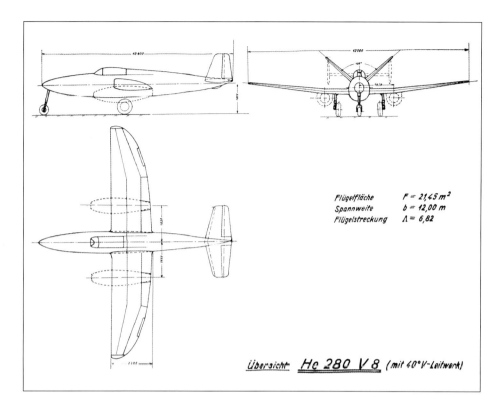

Flügelfläche $F = 21,45 \, m^2$
Spannweite $b = 12,00 \, m$
Flügelstreckung $\Lambda = 6,82$

Übersicht **He 280 V 8** *(mit 40° V-Leitwerk)*

Die erbeuteten Heinkel-Unterlagen über Schleudersitze fanden in der Sowjetunion reges Interesse und dienten als Grundlage der ersten Eigenentwicklungen.

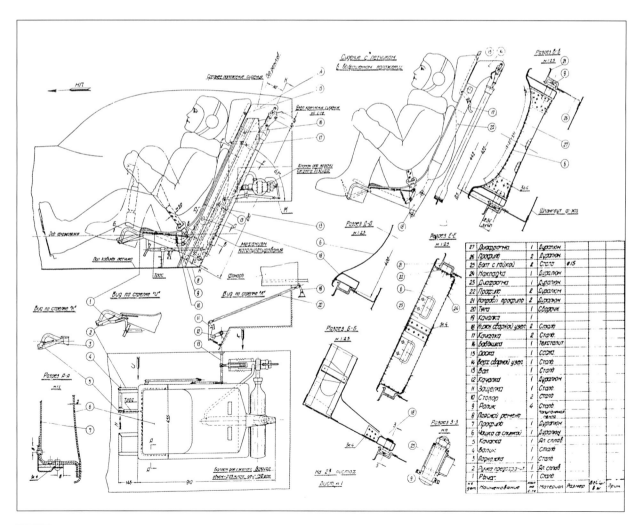

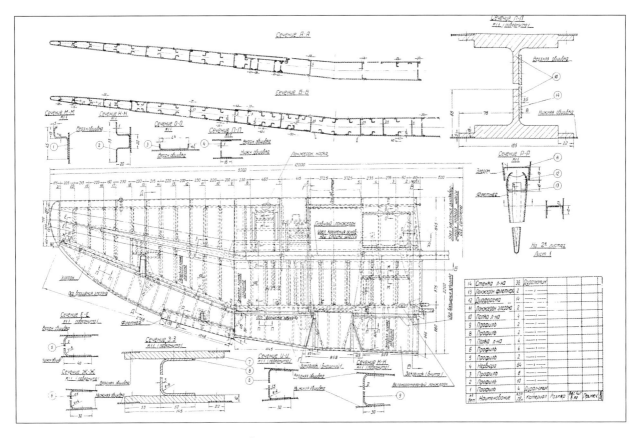

Über die He 280 fielen den sowjetischen Beutekommissionen detaillierte Unterlagen
in die Hände, wie diese Auswertungen der Rumpf- und Flügelbauweise zeigen.

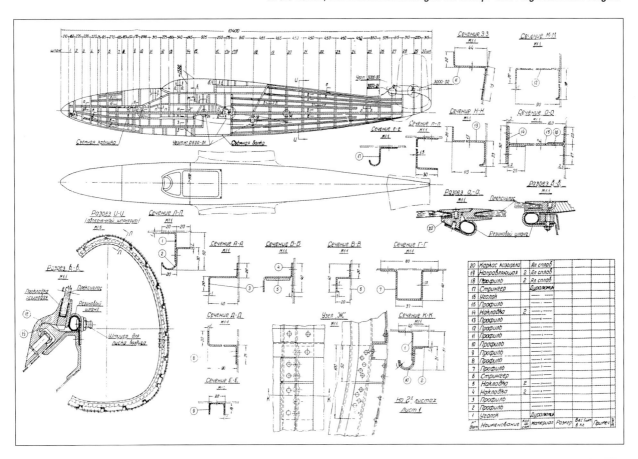

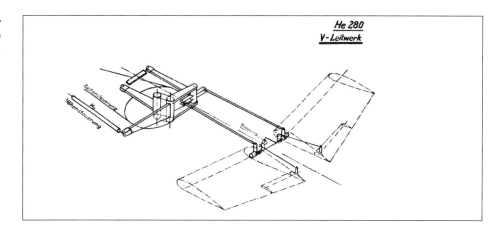

Steuerungsschema des für die He 280 V-8 geplanten Schmetterlingsleitwerks.

anschließend geplante Dauererprobung und weitere Leistungsmessungen mit dieser He 219 V-30 (W.Nr. 190101) in Rechlin liegen nicht vor. In einer nach dem Krieg von den Alliierten durchgeführten Befragung führender Heinkel-Mitarbeiter heißt es dazu: „Die Verlegenheitslösung 219 mit Zusatz-TL scheiterte daran, dass im Frühsommer 1944 das BMW TL in größerer Höhe nicht funktionierte. Eingehende allgemein gültige theoretische Rechnungen (des Heinkel-Entwurfs-Ingenieurs Hennings) haben ergeben, dass die Kombination Kolbenmotor – TL-Geräte auf keinen Fall Zweck hat."

Ein Originalfoto einer mit TL versehenen He 219 ist bisher leider nicht bekannt.

Noch lange nach Kriegsende konnte man in Wien-Schwechat Reste des Heinkel-Versuchsbetriebs, wie diese Kabine einer He 280, finden.

Strahlbomberentwicklung bei Heinkel, die He 343

Bereits ab Januar 1942 beschäftigte man sich bei Heinkel mit Strahlbomber-Projekten. Es gibt dazu Hinweise unter der Bezeichnung P 1063. Dabei soll es sich um einen einsitzigen Hochgeschwindigkeitsbomber mit zwei TL-Triebwerken gehandelt haben, über den aber bisher keine weiteren Angaben verfügbar scheinen. Dann wurden verschiedene Projektstudien unter der Nummer P 1068 für mehrstrahlige Bomber untersucht, aus denen dann die Heinkel He 343 hervorging. Ein weiteres Heinkel-Bomber-Projekt war P 1070, von dem aber nur bekannt ist, dass es ein Nurflügler mit zwei oder vier Strahltriebwerken war.

Am 8.6.1943 fand in Wien-Schwechat eine Besprechung mit Major Hoffmann und Fl.Stabsing. Friebel vom RLM GL/C-E 2 statt. Dabei stellte Heinkel einen zweimotorigen Entwurf der P 1068 mit zwei He S 11 oder Jumo 004 vor. Dabei wurde wegen des bevorstehenden Erstflugs der Arado 234 auch über eine viermotorige Variante der P 1068 diskutiert. Bei Heinkel hielt man die zweimotorige P 1068 wegen der durch die innenliegende Bombenlast höheren Geschwindigkeit für überlegen gegenüber der Ar 234. Genaue Projektvergleiche vier- und zweimotorig sollten dem RLM in Kürze vorgelegt werden.

Die Projektarbeiten an der P 1068 waren dann im Sommer 1943 so weit gediehen, dass man von folgenden Grunddaten ausging:

Bomber für Horizontal- und Gleitangriff bis zu 40° Bahnneigung mit einem maximalen Startgewicht von rund 23 Tonnen, einschließlich 7 Tonnen Kraftstoff- und 2 Tonnen Bombenzuladung. Größte Bombenlast 2,5 t bei verringerter Reichweite. Flügelfläche 55 m² bei einer Spannweite von 18 Metern. Als Triebwerke sollten 4 He S 011 mit je 1200 bis 1400 kp Startschub oder 4 Jumo 004 G mit je 1000 bis 1200 kp verwendet werden. Eine späteres Auswechseln gegen zwei BMW 018 mit je 3000 bis 3200 kp Startschub war geplant. Als Maximalgeschwindigkeit mit vier He S 011 waren 860 km/h am Boden und 900 km/h in 10 km Höhe berechnet worden. Verschiedene Anordnungen der Triebwerke, Pfeil- und Trapezflügel wurden im Windkanal

Der Entwurf P 1068.01-80 stellte einen sechsstrahligen Bomber mit Trapezflügeln dar.

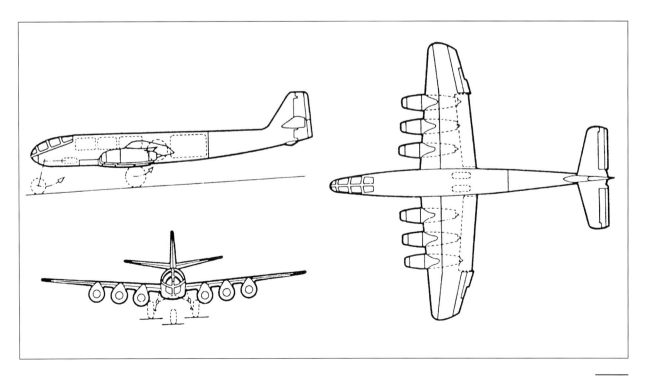

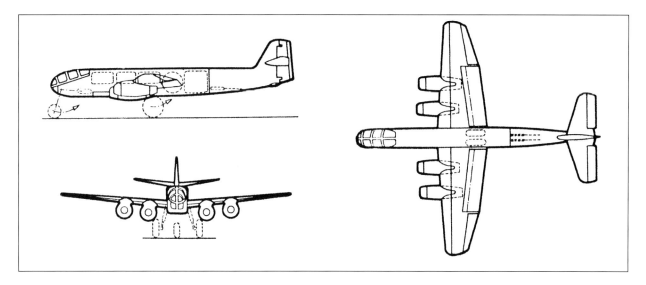

Der Entwurf P 1068.01-83 stellte einen vierstrahligen Bomber mit Trapezflügeln dar.

untersucht. Vier Hauptvarianten des Projekts P 1068 sind bis Januar 1944 ausführlicher durchgerechnet worden.

Die P 1068.01-78 war ein freitragender Mitteldecker mit vier einzeln unter der Flügelnase eingebauten Triebwerken. Die zweiköpfige Besatzung befand sich in einer Druckkabine im Bug, darunter lag das eingezogene Bugrad nach einer 900-Drehung. Im Rumpfmittelstück folgten oben drei 1980-Liter-Kraftstoffbehälter, darunter der Nutzlastraum, anschließend der Hauptfahrwerksschacht und ein großer Brennstofftank von 4850 l Inhalt. Der Trapezflügel hatte Fowlerklappen zur Verringerung der Landegeschwin}digkeit.

P 1068.01-80 entsprach der P 1068.01-78, hatte aber sechs Triebwerke.

Auch die P 1068.01-83 entsprach im Aufbau der P 1068.01-78, aber mit um jeweils drei Meter verringerte Spannweite und Rumpflänge. Damit waren bei nur wenig kleinerer Bombenlast beinahe die Leistungen der sechsstrahligen Variante erreichbar.

Die P 1068.01-84 unterschied sich bei gleichen Abmessungen durch die Verwendung von Pfeilflügeln und eine neuartige Triebwerksanordnung von der P 1068.01-83. Alle vier Triebwerke lagen am Rumpf, zwei unter der Flügelnase und die anderen beiden über der Flügelhinterkante. Diese Gondelanordnung unmittelbar am Rumpf hatte bei Widerstandsversuchen im Windkanal

der AVA Göttingen die günstigsten Werte geliefert, wie ein Bericht vom Dezember 1943 zeigt.

Bereits am 23.11.1943 waren die Projektunterlagen P 1068 dem RLM GL/C-E 2 übergeben worden. Da sich Heinkel mit seinem Strahlbomberprojekt im Wettbewerb zur Firma Junkers mit der Ju 287 befand, wurde firmenintern beschlossen, umgehend, also noch vor einem offiziellen Auftrag, mit der Konstruktion zu beginnen. Junkers soll zu diesem Zeitpunkt bereits einen Auftrag über 200 (?) Muster-Flugzeuge vom Reichsmarschall Göring erhalten haben. Als Flugklartermin der ersten Junkers-Mustermaschine war Juni 1944 genannt. An diesem Termin wollte man sich bei Heinkel ebenfalls orientieren, um konkurrenzfähig zu bleiben. Deshalb sollte das Projektbüro bis zum 15. Dezember 1943 sämtliche Unterlagen an das Konstruktionsbüro ausliefern und danach keine Änderungen mehr vornehmen. Als Konstruktionsdaten wurden am 30. November ein Startgewicht von 20,5 Tonnen bei einem ungepfeilten Flügel von 60 m² Fläche festgehalten. Wie die bereits genannten P 1068-Projektvorschläge vom Januar 1944 zeigen, sind die Vorgaben vom November 1943 jedoch nicht eingehalten worden.

Im Januar 1944 erhielten die Heinkel-Werke dann den Auftrag, einen Strahlbomber zu konstruieren, der in starker Anlehnung an die Arado Ar 234

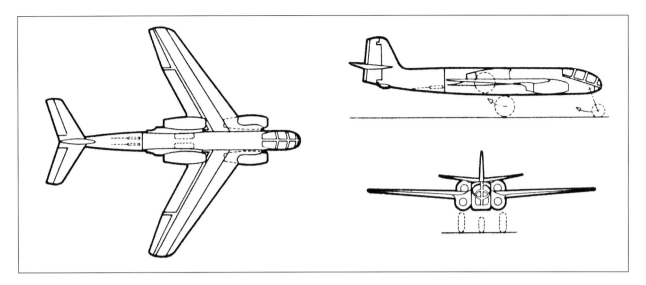

in 20 Versuchsmustern bei gleichzeitiger Vorbereitung des Großserienbaus entstehen sollte. Um möglichst schnell einen frontreifen Strahlbomber für die Luftwaffe zu bekommen, sollte die Maschine auf bereits bewährten Prinzipien aufbauen. Damit hoffte man, das Risiko des gleichzeitigen Serienanlaufs zu reduzieren. Dementsprechend waren auch bereits vorhandene Triebwerke zu verwenden. Bei der parallel bei Junkers entstehenden Ju 287 nahm man bewusst eine Reihe von Risiken in Kauf, z.B. die Verwendung des negativ gepfeilten Flügels.

Von Heinkel wurde daraufhin, aufbauend auf den Vorarbeiten am Projekt P 1068, der Entwurf eines sogenannten „Strabo 16 to" (Strahlbomber mit 16 Tonnen Abflugmasse) eingereicht. In der Angebotsbeschreibung vom Februar 1944 heißt es unter anderem: „Es besteht die Aufgabe, einen viermotorigen zweisitzigen Strahlbomber mit geringstem Zeitaufwand für Konstruktion und Bau, sowie mit geringstem Risiko bezüglich Flugeigenschaften und Betriebssicherheit zu erstellen.

Zu diesem Zweck wird ein in einigen V-Mustern schon vorhandenes einsitziges, zweimotoriges 10-to-Flugzeug (Arado 234) als Modell benutzt.

Es wird insbesondere der Tragflügel mit fast allen Einzelheiten in 1,55 fach vergrößerter Ausführung übernommen (lineare Vergrößerung 1,25 : 1).

Der Rumpf wird gegenüber dem Modell insofern verändert, als er eine zweisitzige Kanzel und einen Bombenraum erhält. Der Rumpf-Querschnitt mit 1,8 m Breite wird durch die Unterbringung der Fritz X und durch das vereinfachte Fahrwerk-System bestimmt.

Für die Jumo-Triebwerke wurde die Einzelanordnung unter dem Flügel gewählt. Die Einzelanordnung erhöht im Gegensatz zur Zwillingsanordnung die Betriebssicherheit bei Ausfall eines Einzeltriebwerks und die Austauschbarkeit. Außerdem ergibt die Zwillingsanordnung einen zu großen Widerstand und eine zu große Neutralpunktswanderung.

Hieraus ergibt sich ein Flugzeug mit 16 t Abfluggewicht und 42 qm Flügelfläche.

Dieses Flugzeug kann bei größter Anstrengung und als überindustrielle Aufgabe (Vollmachten für Materialbereitstellung, Kasernierung, Personalschutz und –Hilfe, höchste Dringlichkeits-Einstufung) im Januar 1945 in Großserie gehen, so dass bis Ende Juli 1945 insgesamt ca. 200 Flugzeuge ausgeliefert sind. Da weder eine Erprobung noch ein Kontrollbau rechtzeitig durchgeführt werden kann, wurde auf jegliches Risiko bewusst verzichtet, trotzdem muss mit der Möglichkeit gerechnet werden, dass bei Ablieferung der ersten Flugzeuge Fehler auftreten können, die in Kauf genommen werden

Das Projekt P 1068.01-84 hatte gepfeilte Tragflächen und Leitwerke und vier am Rumpf liegende Strahltriebwerke.

Die Heinkel-Angebots-baubeschreibung „Strabo 16 to" vom Februar 1944 enthielt fünf Modellfotos des vierstrahligen Bomberprojekts.

Am 17. Februar fiel beim RLM die Entscheidung zum Bau des Heinkel-Bombers. Es wurden vorerst 20 anstelle der bis dahin geplanten 10 V-Muster bestellt, während die Entscheidung zum Großserienbau in den nächsten Tagen erfolgen sollte. Heinkel versprach als Konstruktionszeit drei Monate. Die Konstruktionsunterlagen konnten am 15. April ausgeliefert werden.

Anfang Mai wurden die neuen Werte der Festigkeitsvorschriften des neuen nun „He 343 (fr. P 1068)" genannten Musters bestätigt, die am 21.4.1944 in Wien besprochen worden waren.

Die offizielle Unterstützung der He 343 blieb aber gering. Bei einer Besprechung in Berchtesgarden am 25.5.1944 „fand die Ju 287 anerkennende Erwähnung, während die He 343 von keiner Seite auch nur genannt wurde". Dies veranlasste die Heinkel-Werke zu einer „Denkschrift zu den Strahlbomber-Baumustern He 343 und Ju 287", in der man

müssen." Im beiliegenden Fristenplan ist der gleichzeitige Serienanlauf in Wien, Rostock und Polen parallel zum Bau von drei Prototypen vorgesehen. Hier war also bereits eine Vorgehensweise, entsprechend der später bei der He 162 angewandten, geplant gewesen.

darstellte, „dass die Leistungen der Ju 287 von dem Baumuster He 343 billiger (Arbeitsstunden, Brennstoff) und ohne mit einem so großen Risiko verbunden zu sein, erreicht werden." Als weiteren Vorteil strich man die mögliche Auslegung der He 343 als Zerstörer und Aufklärer heraus. Insbesondere der General der Kampfflieger war jedoch mehr an der Ju 287 interessiert.

Trotz der eher halbherzigen Unterstützung der He 343, die auch der immer schwieriger werdenden Kriegslage geschuldet war, gingen bei Heinkel Bauplanung und –vorbereitung weiter.

Am 22.6.1944 wurden in der Baumusterleitung die Ausführung und Verwendung der Versuchsmuster festgelegt:

V 1 (Werknummer 850061)
Muster für die Flugerprobung ohne Abwurfanlage und mit kleiner FT-Station. Gebaut nach den am 15.4.1944 gelieferten Konstruktionsunterlagen.

V 2 (W.Nr. 850062)
Muster für Flug- und Triebwerkserprobung, soll nach den ersten Flügen für Bahnneigungsflüge umgebaut werden. Ausführung wie V 1.

V 3 (W.Nr. 850063)
Muster für Waffen-, FT- und Navigationserprobung. Ausführung mit neuer Zerstörerkanzel mit Panzerung als Rüstsatz und gegen die einfache Verglasung austauschbarer Doppelverglasung, vereinfachtem Fahrwerk mit verkleinerter Spurweite. Konstruktionsunterlagen werden bis 30.6. geliefert.

V 4 (W.Nr. 850064)
Muster für Abwurfwaffe (Fritz-X-Anlage). Ausführung entsprechend V 3 mit Zerstörerkanzel, jedoch mit eingebautem Bomberrüstsatz und Sitz für dritten Mann. Konstruktionsunterlagen werden bis 15.8. geliefert.

V 5 (W.Nr. 850065)
Muster für Höhenflüge. Ausführung als Zerstörer mit dichtgenieteter Fläche für Reichweitenvergrößerung.

V 6 (W.Nr. 850066)
Muster für Werkstoffumstellung. Ausführung Zerstörer mit Holzfläche, Stahlholm, Leitwerk aus Kunststoff.

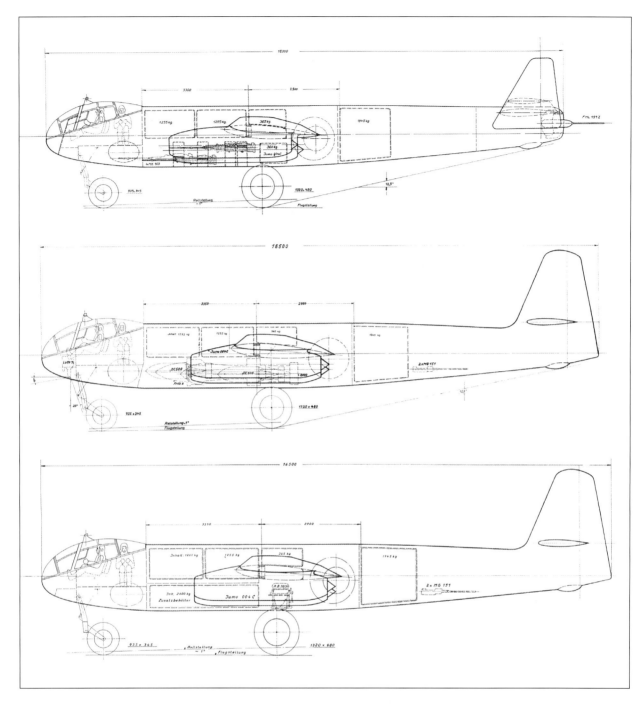

Werkszeichnungen der projektierten Hauptvarianten der He 343 als Zerstörer, Bomber und Aufklärer.

V 7 bis V 20 (W.Nr. 850067 bis 850080)

Ausführung als Zerstörer entsprechend V 3.

Dazu eine Bruchversuchszelle entsprechend den Konstruktionsunterlagen vom 15.4.1944.

Diese V-Muster-Planung wurde am 16. Juli vom Baumusterleiter Hart geändert. Es sollten nun nur noch zwei V-Muster und eine Bruchzelle gebaut werden. Einen Monat später betonte Hein-

kels Technischer Direktor Francke jedoch, dass wegen des noch nicht zurückgezogenen RLM-Auftrags auf 20 Mustermaschinen und des immer noch bestehenden großen Interesses an der He 343 unter allen Umständen das Material für die 20 V-Muster bereitgestellt werden müsste. Francke erwartete eine „Pleite" der Ju 287. Vom 20. August 1944 stammen die Flugzeug-Entwicklungs-Blätter von GL/C-E2 mit den Daten der He 343 in den Varianten als Aufklärer,

Schnellbomber und Zerstörer. Bald darauf erfolgte von Generalingenieur Lucht die Anordnung, die Arbeiten an der He 343 zu stoppen. Direktor Francke ordnete Mitte November 1944 an, die vorhandenen Teile und Vorrichtungen für die ersten beiden V-Muster auf Lager zu legen und alles, was für weitere Maschinen bereits vorhanden war, zu verschrotten.

Da bereits ab September bei Heinkel die Arbeiten an der He 162 liefen, wurde ab dann an der He 343 praktisch nicht weitergearbeitet. Am 27. Januar 1945 wurde über das Berliner Büro bei der Entwicklungshauptkommission angefragt, was mit den Vorrichtungen und den fertigen Einzelteilen der He 343 V 1 geschehen solle. Beim Betrieb in Wien wollte man die Vorrichtungen verschrotten, um Raum für die He 162 zu schaffen. Da gleichzeitig ein Führerbefehl zur Forcierung des Strahlbombers vorlag, fragte Heinkel erneut an, ob die Verschrottung erfolgen, oder der Fertigbau der He 343 V 1 und V 2 in Frage käme. Am 2. März gab Francke dann die Verschrottung der Einzelteile und Vorrichtungen der He 343 frei. Diese ist aber offensichtlich nicht mehr erfolgt, da die sowjetischen Beutekommissionen die fertiggestellte Tragfläche und Teile des Rumpfes der He 343 in Wien vorfanden.

Der Heinkel-Strahlbomber He 343 ist also im Gegensatz zu seinem Konkurrenten Ju 287 nicht geflogen und infolge des Jäger-Notprogramms auch nicht fertiggebaut worden.

Pfeilflügeluntersuchungen, das Projekt Heinkel P 1068

Interessant ist der Versuch, ein flugfähiges Modell der ursprünglichen Pfeilflügelvariante des Projekts P 1068 zu bauen und zu erproben. Dieses Modell der He P 1068 im Maßstab 1:2 sollte für Flugversuche mit Pfeilflügeln bei der Deutschen Forschungsanstalt für Segelflug in Ainring benutzt werden. Zuerst waren Stabilitäts- und Abkippmessungen im Segelflug und später Hochgeschwindigkeitsflüge mit Zusatzschub geplant. Das Flugmodell sollte mit 25 und 35 Grad rückgepfeilte Tragflächen haben. Als Mitte Februar 1944 die Entscheidung zum Bau der P 1068 in Form der später He 343 genannten Maschine fiel, beschloss man, das Pfeilflügelmodell in Ainring trotzdem fertigzustellen und zu erproben. Bei der Forschungsanstalt „Graf Zeppelin" in Stuttgart-Ruit wurden Mitte 1944 Sicherheitsbremsschir-

Siegfried Günter (1899-1969)

geboren am 8.12.1899 in Keula/Thüringen.
1920 Studium Maschinenbau an der TH Hannover.
1926 Diplomingenieur.
Danach bei der Firma Bäumer Aero in Hamburg als Konstrukteur.
1931 Im Januar Eintritt bei den Ernst Heinkel Flugzeugwerken Warnemünde. Sein erster Entwurf dort war die He 70.
1933 Die Zwillingsbrüder Walter und Siegfried Günter übernehmen die Leitung des Heinkel-Entwurfsbüros. Die späteren Entwürfe der He 280 und He 162 sind von Siegfried Günter.
1937 Mitglied der Lilienthalgesellschaft für Luftfahrtforschung.
1945 Juli bis Oktober Arbeit für die Amerikaner in Landsberg/Lech.
1946 In die UdSSR verbracht. Dort u. a. Entwurf des Raketeninterzeptor-Projekts „486".
1954 Leiter der Entwurfsabteilung bei Heinkel, später im EWR Süd.
1969 Am 20. Juni in Berlin verstorben.

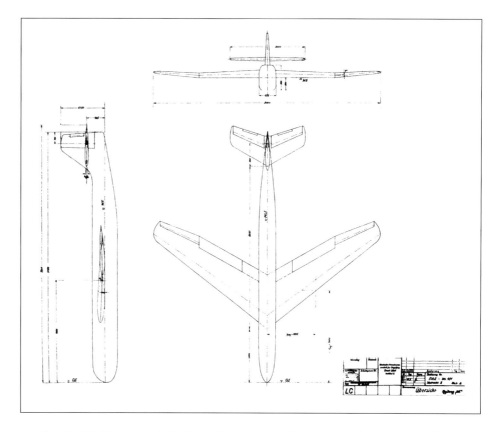

me für die P 1068 entwickelt. Zwei kleinere Schirme mit vier Meter Durchmesser für das Modell P 1068 waren bis zum
Ende Juli bereits ausgeliefert, an einem
weiteren mit 4,7 m Durchmesser für die
P 1068 wurde gearbeitet. Damals gab es
beim Bau der Maschinen einige Schwierigkeiten bei der Beschaffung von
Normteilen und kleineren Mengen Eng-
paßmaterial. Bei einer zentralen Entwicklungsbesprechung am 21./22. November 1944 wurde beschlossen, die
Arbeit an dem bemannten fliegenden
Modell 1068 mit Raketenantrieb, wie
geplant, fortzusetzen. In einem Lagebericht der für Flugzeugentwicklung
zuständigen Fachabteilung Fl-E 2 bei
TLR vom 21. Dezember 1944 findet sich
unter P 1068 die Eintragung: „Versuchsflugzeug, Hochgeschwindigkeitsstu-
dien, Flugklartermin verschiebt sich um
ca. 6 Wochen." Die Fertigung der oder
des V-Musters Heinkel P 1068 führte die
Firma Wrede in Freilassing durch. Im
Kriegstagebuch des Chefs TLR findet
sich eine Eintragung für die Woche vom
15. zum 21.1.1945 über die dort anlaufenden Fertigungen 1068. In der folgenden Berichtswoche ist unter Studien-
flugzeug 1068 vermerkt: „Forschungsführung teilt mit, dass der Bau der 350
gepfeilten Fläche mit Nasenklappe von
der DFS wahrscheinlich nicht gebaut
werden kann. Da auf Wunsch Heinkel
diese Fläche als Weiterentwicklung der
162 Fläche anzusehen ist, ist Bau unbedingt erforderlich. Firma Wrede kann
Bau nicht übernehmen." In einer Zusammenstellung über Flugversuche mit
Heinkel-Mustern in Zusammenarbeit
mit der DFS Ainring vom 1. Februar
1945 findet sich unter P 1068 der Ein-
trag, dass die „Flugzeuge bei Wrede in
Freilassing zum Teil fertig" sind. Die Firma Wrede ist bei einem Bombenangriff
am 25. April 1945 völlig zerstört worden.
Am 1. Februar 1945 entband Carl Francke den bisherigen Baumusterleiter P
1068 Benz von seinen Pflichten und
betraute Jost mit dieser Aufgabe. Er bat
diesen zu prüfen, ob er den Bau in Neuhaus selbst übernehmen könne, da man
in Ainring nicht weiterkam. Als Gründe
nannte Francke in diesem Schreiben,
dass „die DFS erstens immer andere
Aufgaben übernimmt und zweitens

durch Einschalten und Neugründungen verschiedener Holzfirmen und den damit verbundenen Streitigkeiten zum Bau der Flugzeuge überhaupt nicht kommt". Das sind die letzten dem Autor bekannten Erwähnungen der P 1068 in damaligen Dokumenten. Über eine eventuelle Fertigstellung und Flugerprobung kann bis jetzt nur spekuliert werden. In einer alliierten Aufstellung über die nach der Beuteauswertung bekannten deutschen Flugzeuge und Projekte vom August 1946 sind allein fünf Varianten der P 1068 aufgeführt. Diese werden der DFS zugerechnet und als Höhenaufklärer identifiziert. Die P 1068 wird als Versuchshöhenaufklärer mit Raketenmotor HWK 509 und einem um 25° rückwärts gepfeilten Flügel beschrieben. Weiter wird P 1068 A als entsprechendes Projekt mit 35 Grad Flügelpfeilung genannt, P 1068 B als Projekt ohne Pfeilung und einem Hilfsantrieb, P1068 C als Projekt mit 35° Pfeilwinkel und Hilfsantrieb und die P 1068D entsprach der C-Variante, hatte aber ein Laminarprofil.

He 162, der „Volksjäger"

Die Entwicklung

Nach der im März 1943 erfolgten Absetzung der He 280 zu Gunsten der Me 262 war der infolge des Jägernotprogramms

am 1. Juli 1944 ergangene Befehl Görings, die He 177 aus dem Bauprogramm zu nehmen, ein Desaster für Ernst Heinkel und sein Werk. Es gab praktisch keinen eigenen Flugzeugtyp mehr, der Aussicht auf einen gewinnträchtigen Serienbau hatte. Die Fertigung der He 111 in Marienehe lief aus und die der He 219 blieb stückzahlmäßig gering.

Durch den Entwurf eines neuen schnellen Strahljägers, der möglichst die Me 262 ablösen sollte, versuchte man wieder ins Geschäft zu kommen.

So schickte Ernst Heinkel am 11. Juli 1944 mit einem persönlichen Anschreiben die Projektunterlagen „Schneller Strahljäger P.1073" an den „hochverehrten Herrn Reichsmarschall" und versprach dabei: „Wenn das Projekt „Strahljäger" grundsätzlich Interesse findet, ist geplant, Konstruktion und Bau, den Erfordernissen der Zeit entsprechend, in Rekordarbeit durchzuziehen" und weiter: „Ich glaube, mit meinem Stabe erstklassiger Mitarbeiter und gestützt auf die gerade auf dem Gebiet schneller Flugzeuge bestehende Heinkel-Tradition für die Jägerfertigung wertvolle Arbeit leisten zu können".

Das Projekt „Schneller Strahljäger P 1073" sollte durch die Anwendung von gepfeilten Flächen und Anbringung der Triebwerke am Rumpf höhere kritische Geschwindigkeiten erreichen, als sie mit Me 262 und Ar 234 möglich waren, um auch beim erwarteten Einsatz feind-

Die im Sommer 1944 vorgelegten Entwürfe des Jägers Heinkel P 1073 gingen alle vom Einsatz des neuen Triebwerks He S 011 aus.

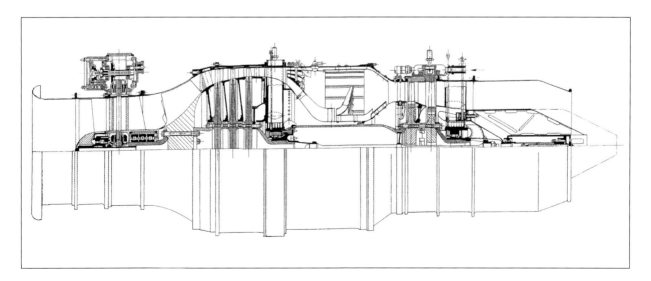

licher Strahljäger eine Überlegenheit zu bewahren. Als Varianten waren projektiert: P.1073.01-02 mit negativer Flächenpfeilung, einem gepfeilten Normalleitwerk und zwei He S 11-Triebwerken seitlich unter dem Vorderrumpf, P.1073.01-03 mit Pfeilflügel, ebenfalls gepfeiltem Leitwerk und zwei He S 11 auf dem Rumpf und P.1073.01-04 mit Pfeilflügel, V-Leitwerk und je einem He S 11 auf und unter dem Rumpf.

Wie dann der genaue weitere Verlauf bis zum Auftrag für einen kleinen, leichten, billig in Massen herzustellenden, einsitzigen Strahljäger war, ist noch nicht ganz klar. Auch von wem der Plan für diesen Auftrag eigentlich stammt, ist umstritten. Starker Widerstand gegen einen neuen Jäger kam von Willy Messerschmitt und Robert Lusser, aber auch von Adolf Galland. Diese scheinen aber erst später über das Vorhaben

Das Projekts Heinkel P 1073.01-02 hatte einen negativ gepfeilten Flügel und zwei He S 11-Strahlturbinen unter dem Vorderrumpf.

informiert worden zu sein. Gleich nach Kriegsende schoben sich die am Verfahren mehr oder weniger beteiligten Personen bei ihren Verhören durch die Sieger gegenseitig die Verantwortung zu. Dabei gibt es drei Hauptversionen, die jeweils auch von der damaligen Interessenlage der Aussagenden abhängen.

A) Die Idee stammt von Hauptdienstleiter Saur, dem Stabschef des Jägerstabs und später (ab 1.8.1944) des Rüstungsstabs im Reichsministerium für Rüstung und Kriegsproduktion, der mit starker Unterstützung durch die SS einen „eigenen" Typ in Masse produzieren wollte, um damit seine Fähigkeiten vor dem Führer zu unterstreichen. Er wurde dabei von einigen führenden Personen im RLM unterstützt, u.a. Gen.Ing. Lucht, Oberst Diesing und Obstlt. Knemeyer. Diese Version stammt von Oberst Edgar Petersen, dem Komman-

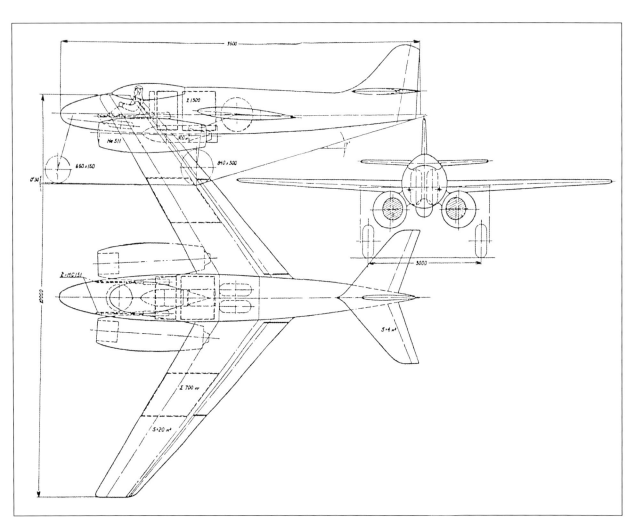

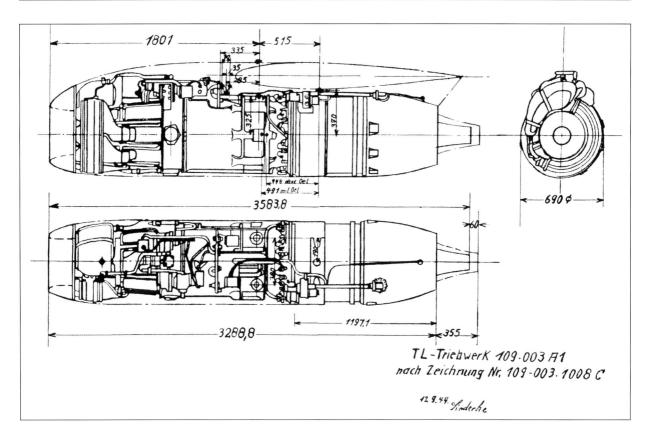

TL-Triebwerk 109.003 A1
nach Zeichnung Nr. 109-003.1008 C

12.9.44. Sinderle

deur der Erprobungsstellen der Luftwaffe (K.d.E.), Generalleutnant Adolf Galland, dem General der Jagdflieger (G.d.J.) und Karl Frydag, Generaldirektor der EHAG und Leiter des Hauptausschuss Flugzeuge im Rüstungsstab.

B) Saur selbst dagegen soll als Verantwortlichen Frydag genannt haben. Auch Generalfeldmarschall Erhard Milch, der im Juni 1944 seine Stellung als Generalluftzeugmeister verloren und Stellvertreter des Rüstungsministers Speer geworden war, vertrat die Meinung, dass die Idee für solch ein Flugzeug von Heinkel stammte. Dieser wollte damit seine Reputation und finanzielle Position nach dem Versagen der He 177 zurückerobern. Dann hätten Heinkel und Frydag diese Idee an Saur herangetragen, der als energische und starke Persönlichkeit diesen Vorschlag sofort an Göring und später Hitler weitergegeben und verkauft hatte, wobei ihn verschiedene Personen aus dem RLM unterstützten. Für diese Aussage Milchs spricht der Tenor des o. g. Schreibens Ernst Heinkels an Hermann Göring vom 11. Juli 1944.

C) Oberst Knemeyer, der Leiter der Abteilung für Flugzeugentwicklung beim OKL/TLR gibt taktische Gründe für die Entscheidung für einen neuen Jäger an. Danach waren die Bf 109 und Fw 190 im Sommer 1944 nicht mehr in der Lage, gegen die steigende Zahl von alliierten Tiefangriffen im westlichen Deutschland vorzugehen. Ihre Geschwindigkeit war zum rechtzeitigen Abfangen der von frontnahen Plätzen

Im August 1944 wurde vom RLM das Triebwerk BMW 003 für den neuen einstrahligen Jäger festgelegt, da das HeS 011 noch nicht einsatzbereit war und man die Jumo 004-Fertigung für die Me 262 nicht gefährden wollte.

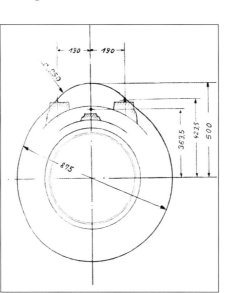

Später sollte das Heinkel-Hirth 109-011 höhere Leistungen der neuen Flugzeugmuster ermöglichen.

Фиг. I. Варианты схем одноместного реактивного истребителя Хейнкель.

Zusammenstellung aller Entwürfe des Projekts P 1073/He 162 mit Konfiguration und Grunddaten geordnet nach Zeichnungsdatum in einer sowjetischen Beuteauswertung.

startenden feindlichen Jagdbomber unzureichend. Ein Sperrfliegen kam wegen der zahlenmäßigen deutschen Unterlegenheit nicht in Frage. Ein einsitziger Hochgeschwindigkeitsjäger, der erst beim Sichten von Angreifern starten konnte und mit kurzen Landebahnen auskam, war nötig. Der neue Jäger sollte in Massen produziert werden, um die Feindjäger überall und ständig angreifen zu können. Wegen des höheren Werkstoffaufwands und der benötigten doppelten Anzahl von Triebwerken kam die Me 262 für die Abwehr dieser Tiefangriffe nicht in Frage. Dabei spielte auch der höhere Treibstoffverbrauch der zweistrahligen Me 262 eine wesentliche Rolle.

Auf jeden Fall hatte Heinkel mit seiner Initiative einen neuen Strahljäger zu entwickeln einen Vorsprung vor den anderen konkurrierenden Werken und kam damit auch bei den Rüstungsplanern zur rechten Zeit.

Am 1. März 1944 hatte der Reichsminister für Rüstung und Kriegsproduktion Albert Speer vorläufig auf die Dauer von 6 Monaten den sogenannten Jägerstab errichtet. Dessen Aufgabe bestand darin, unter Ausschaltung aller bürokratischen Hemmungen und unter Hintenanstellung anderer Aufgaben, wie Beseitigung von Bombenschäden in den Städten oder Luftschutzmaßnah-

men, die Instandsetzung oder Verlegung bestehender Werke zur Jagdflugzeugherstellung zu forcieren. Als Stabschef und praktischer Leiter fungierte Dipl.-Ing. Karl Otto Saur. Hitler befahl dann am 25. Juni 1944 Speer und Saur die Planung eines Jägernotprogramms, mit dem die monatliche Jägerfertigung auf 5000 erhöht werden sollte, dafür wurde u.a. der Bau der He 177 eingestellt. Im Reichsluftfahrtministerium entfielen das bisherige Technische Amt und damit die Position des Generalluftzeugmeisters. Die Luftrüstung ging in die Verantwortung des Rüstungsministeriums über. Das bisherige Technische Amt (LC) des RLM wurde in „Technische Luftrüstung" (TLR) umbenannt und von Oberst i. G. Ulrich Diesing geleitet. Die Verantwortung für die Entwicklung neuer Flugzeugtypen ging an Oberstleutnant Siegfried Knemeyer über. Mit der Schaffung des Rüstungsstabs am 1. August, ging der Jägerstab in diesen über. In diesem übertrug Saur die Leitung des Hauptauschusses Flugzeuge an Dipl.-Ing. Karl Frydag, der vorher Technischer Direktor der Henschel-Flugzeugwerke gewesen war und seit der Gründung der Ernst Heinkel AG 1943 deren Generaldirektor.

Im Kreise dieser Männer entstand nun die Idee zu einem Leichtjäger, der mit nur einem Triebwerk und etwa halber Größe der Me 262 in etwa deren Leistung erreichen sollte.

Bei der Entwicklung des neuen Leichtjägers war man gewillt, ein hohes Risiko einzugehen und parallel zu Bau und Erprobung der Versuchsmuster den Serienbau anlaufen zu lassen, um möglichst schnell einen Massenausstoß zu erreichen, der in der ersten Euphorie mit 1000 Maschinen im Monat vorgesehen wurde.

Aus den taktischen Forderungen ergaben sich die technischen:

1) Hohe Geschwindigkeiten in niedrigen und mittleren Flughöhen (mindestens 750 km/h in Bodennähe).

2) Startlänge ohne Zusatzschub weniger als 600 Meter.

3) Minimaler Bauaufwand zum Erreichen der notwendigen Massenfertigung.

4) Hoher Einsatz von Holz als Baustoff.

5) Der Bau der anderen schnellen Flugzeuge (insbesondere der Me 262) durfte durch die Fertigung des neuen Typs nicht unterbrochen oder behindert werden.

6) Einbeziehung der durch Streichung der Ta 154/254- und Ju 352-Programme frei gewordenen Holzbaukapazitäten (frühere Möbelwerke).

Anfang August wurde die EHAG vom RLM dahingehend informiert, dass man einen „1-TL-Jäger" wollte, um Fertigungsengpässe in der Triebwerksproduktion zu vermeiden. Da die Jumo 004 für die stark ansteigende Me 262-Herstellung benötigt wurden, blieb nur das BM 003, da das He S 11 noch nicht zur Verfügung stand. Unklar bleibt hier, ob gleichzeitig entsprechende Informationen für Konkurrenzentwürfe an andere Firmen gingen. Die bisher veröffentlichten Daten des zeitlichen Ablaufs der Konkurrenzentwürfe Arado E 580 und BV P 211 erwecken den Anschein, als seien die anderen Firmen erst um den 10. September 1944 zur Einreichung entsprechender Entwürfe, für die auch die

Das Projekt P 1073.01-11 vom 5.8.1944 sah einen einstrahligen Jäger mit Pfeilflügeln und V-Leitwerk vor.

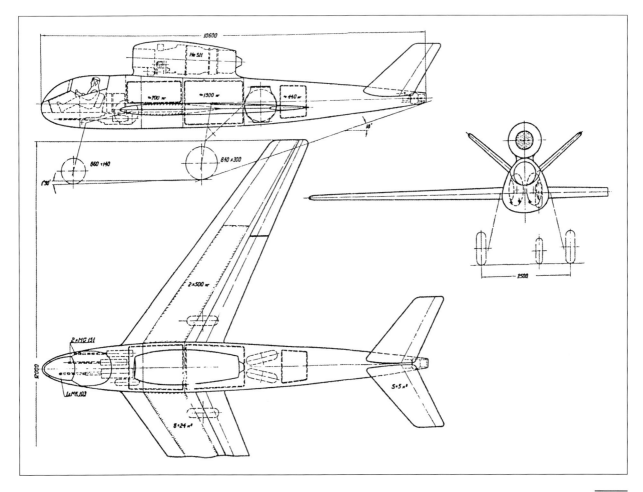

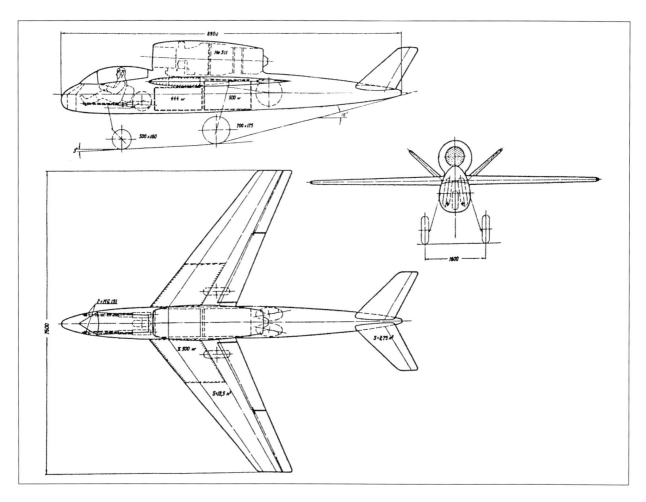

Die 14. Variante des Projekts P 1073 vom 19.8.1944 war aus dem elften von vor zwei Wochen abgeleitet.

Propagandabezeichnung „Volksjäger" benutzt wurde, aufgefordert worden. Dabei hatte Dr. Vogt, der Chefkonstrukteur von Blohm & Voß, den Eindruck, dass bereits eine Vorentscheidung zu Gunsten der Firma Heinkel gefallen und das gesamte weitere Ausschreibungsverfahren eine Formsache mit Alibifunktion war. Es entsteht auch hier der Eindruck, als seien persönliche Befindlichkeiten höher bewertet worden, als die oft betonte Orientierung an der Sache.

Zweifel an dieser Darstellung des zeitlichen Ablaufs lässt eine handschriftliche Aktennotiz des Heinkel-Direktors Hermann von Pfistermeister aufkommen, der am 1. September 1944 unter dem Stichpunkt „Entwicklungsaufträge, TL-Jäger" folgendes notierte: „In der Besprechung bei Knemeyer am 24.8. bestand Einigkeit darüber, dass Heinkel den Auftrag auf den „1-TL-Jäger" erhalten soll. Francke sollte die

Auftragerteilung über Scheibe und Malz klar machen und noch eine Abgleichung der Entwürfe Heinkel-Mess.-Bl.&V.-Fo.W. herbeiführen. In der für letztere Zwecke stattfindenden Besprechung am 31.8. stellte es sich heraus, dass Bl.&V. und Me ihre Entwürfe für einen TL-Jäger noch nicht weit genug bearbeitet hatten. Es wurde daher verabredet, dass in 8 Tg. in Oberammergau eine neue Sitzung stattfindet, bei der endgültig die Leistungsfrage geklärt werden soll. Weitere 8 Tg. später soll dann eine Schlussbesprechung im RLM stattfinden." Weiter heißt es dann abschließend: „Übereinstimmend stellte man fest, dass der 1-TL-Jäger durchaus seine Berechtigung hat. Zwei 1-TL-Jäger sind taktisch besser als ein 2-TL-Jäger, wobei selbstverständlich die Bewaffnung des 1-TL-Jägers ausreichen muss, um den Feind herunter zu holen. Das Abwehrfeuer des Feindes verteilt sich auf 2 Flugzeuge. Das Aufsuchen des Feindbombers ist mit der doppelten Anzahl von Jägern erleichtert. Geschwindigkeit und Reichweite sind beim 1-TL-Jäger mindestens ebenso, wie beim 2-TL-Jäger."

Diese hier wiedergegebene Zusammenfassung der genannten Besprechungen macht deutlich, dass auch die Firmen Blohm & Voß, Messerschmitt und Focke-Wulf bereits länger, vor der erneut präzisierten, d.h. den äußeren Zwängen angepassten, Volksjäger-Ausschreibung vom 10. September an Projekten für einstrahlige Jäger arbeiteten. Dabei sahen all diese Entwürfe, ebenso wie die ersten einmotorigen Projektvarianten der Heinkel P 1073 das in Entwicklung stehende He S 11 als Triebwerk vor.

Eine auf der Basis von in Österreich erbeuteten Originalunterlagen zusammengestellte russische Übersicht über die Varianten des einsitzigen Heinkel-Strahljägers, die chronologisch nach der Numerierung der Projektzeichnungen geordnet ist, zeigt den Ablauf. Die ersten drei Entwürfe P 1073.01-01 bis 03 sind vom 6.7.1944, die P 1073.01-04 stammt vom 10.7.1944 und stellt eine Variation des ersten Entwurfs dar. Vom 22. Juli bis 19. August entstanden zehn weitere Entwürfe in ein- oder zweistrahliger Ausführung. Vom 8. September 1944 stammt der erste stark entfeinerte Entwurf des späteren Volksjägers mit ungepfeilten Tragflächen und einem BMW 003. Deutlich sind also drei Perioden erkennbar. Während die ersten vier Projekte von Anfang Juli eventuell bei Heinkel in Eigeninitiative entstanden sind, muss für die ab Ende des Monats bearbeiteten Entwürfe eine Ausschreibung des Jägernotprogramms für einen „1-TL-Jäger" vorgelegen haben. Diesem folgten Anfang September die Anforderungen für eine Einfachvariante unter Vorgabe des BMW 003 als Antrieb.

Als Ergebnis der am 10. September 1944 in Oberammergau stattgefundenen Arbeitstagung der Projektingenieure der Firmen Blohm & Voß, Focke-Wulf, Heinkel und Messerschmitt zur Abstim-mung ihrer Entwurfsdaten und Leistungsberechnungen des 1-TL-Jägers forderte das RLM diese und weitere Firmen zur Einreichung von Entwürfen von Jägern mit einem BMW 003 auf, die in nur 3-5 Tagen vorliegen sollten. Dies ist für die daraufhin entstandenen Volksjäger-Entwürfe Arado E-580 und BV P 211 belegt. Da nun in der o.g. Aktennotiz von Hermann v. Pfistermeister zu lesen ist, dass in der Besprechung bei Knemeyer am 24.8.1944 Einigkeit darüber bestand, dass Heinkel den Auftrag auf den 1-TL-Jäger erhalten soll und die erste Heinkel-Entwurfszeichnung des Projekts P 1073 (Variante 15) in der vereinfachten Form mit BMW 003 vom 8. September stammt, spricht dies für die von Dr. Vogt beklagte gewollte Bevorzugung des Heinkel-Entwurfs bzw. einen zeitlichen Vorsprung von etwa einer Woche für das Heinkel-Projektbüro. Am 14.9.1944 fand in Berlin die Besprechung der verschiedenen Entwürfe der Einfachjäger statt, wobei sich die Anwesenden am Ende für die BV P 211 aussprachen. Am 16.9. trat die Kommission für die Volksjäger-Entwürfe unter Generaling. Lucht erneut zusammen, um die von Arado (E 580), Blohm & Voß (P 211.01), Focke-Wulf, Fieseler, Heinkel, Junkers und Siebel vorgelegten Entwürfe zu diskutieren, wobei erneut keine Einigkeit erzielt wurde. Bereits einen Tag vorher (15.9.1944) hatte man bei EHAG die Konstruktion begonnen.

Als Fazit einer Rüstungsbesprechung beim Führer vom 21. bis 23. September hielt HDL Saur dann am 24.9.1944 fest:

„Der nach eingehender Prüfung von der Entwicklungshauptkommission Flugzeuge zum Bau vorgeschlagene einsitzige Einstrahltriebkleinstjäger, Entwurf Heinkel, wird zum Sofortanlauf der Serienfertigung freigegeben und mit einer vorläufigen Stückzahl von 1000 monatlich befohlen. Entwicklungsabschluss, Durchkonstruktion, Erprobung und Fertigung werden in einer Gewaltaktion als Gemeinschaftsarbeit der beteiligten Dienststellen und Industrie-

Mitte September 1944 lag die Grundkonfiguration des entfeinerten Projekts Heinkel P 1073 als Schulterdecker mit Doppelleitwerk und aufgesetzter Turbine fest, die spätere He 162. Vorderansicht einer der bei Kriegsende erbeuteten Maschinen.

werke unter schärfster Konzentration durchgeführt. Es besteht Übereinstimmung, dass bei der Härte der Verhältnisse eine kompromisslose Erfüllung der Aufgabe nur ermöglicht ist, wenn auf jede zusätzliche Ausrüstung und nachträgliche Änderung verzichtet wird. Es besteht ferner Klarheit, dass bei der Methode, aus dem ersten Entwurf heraus bereits die Serienfertigung zu beschließen, das bis jetzt noch nicht zu übersehende Risiko hinsichtlich eines eventuellen Fehlschlagens in Kauf genommen werden muss. Der Führer ist damit einverstanden, dass die Federführung der Gewaltaktion im Rahmen der zu beteiligenden Dienststellen bei Herrn Generaldirektor Keßler liegt."

Hier ist deutlich die „Handschrift" Saurs erkennbar. Der weitere Anlauf der „Gewaltaktion" erfolgte nun Schlag auf Schlag. Bereits am 22.9. fand in Wien bei der Technischen Direktion der EHAG eine Besprechung zur Organisation des Programmablaufs statt, wo Personal- und Raumfragen besprochen wurden. Der erste Rumpf sollte im Musterbau bereits am 22. Oktober fertig werden. Direktor Francke teilte mit, dass vom

RLM statt zwei jetzt vier V-Muster verlangt würden. Erwähnt wird dabei der Tarnname „Lisa". Dort sollten Baracken errichtet werden, eine davon für Häftlinge. Es entstand ein Nebenlager des KZ Mauthausen, das in der Nähe des Hauptschachts der unterirdischen Seengrotte in Hinterbrühl bei Mödling lag. Hier wurde als unterirdisches Fertigungswerk der Betrieb „Languste" aufgebaut.

Dass man bei Heinkel schon vor dem eigentlichen Bauauftrag vorgearbeitet hatte, zeigt sich beispielsweise darin, dass schon am 22. oder 23. September die erste Attrappenbesichtigung des nun He 500 (P 1073) genannten Musters stattfand. Ebenfalls das Datum 23. September trägt die Projektbeschreibung „Strahljäger P 1073", die bereits eine Weiterentwicklung des Entwurfs zum „Kleinstjäger P 1073 mit BMW 003" vom 11.9. darstellt. Am 26.9. fand in Wien eine Besprechung zur Festlegung der vorläufigen Festigkeitsvorschriften für die He 500 statt. Am nächsten Tag wurde die Baumusterbezeichnung der P 1073 von He 500 auf He 162 geändert. Diese Typennummer hatte 1937 die nur in wenigen Versuchsmustern gebaute

Die Draufsicht zeigt die Form des kleinen Einsitzers mit durchgehendem hölzernen Trapezflügel. Diese He 162 A-2 (W.Nr. 120077) wird heute auf dem Chino Airport bei Los Angeles, USA, ausgestellt.

Schnellbombervariante Bf 162 „Jaguar" der Bf 110 getragen. Die Typennummer sollte jetzt wohl auch andeuten, dass es sich um einen 1-TL-Jäger im Gegensatz zur zweistrahligen Me 262 handelte. Bei einer am gleichen Tag in Wien stattfindenden Aerodynamik-Besprechung, an der auch Vertreter der Firmen Junkers und Arado teilnahmen, wurde als vorrangiges Ziel die Erreichung größtmöglicher Geschwindigkeit und Machzahlen im Bahnneigungsflug genannt. Profilgestaltung und Flügelformgebung waren unter dieser Zielvorgabe bei bewusster Umgehung der Pfeilform gewählt, um

Schwierigkeiten zu vermeiden. Windkanalmessungen sollten ab Oktober in Göttingen und Braunschweig beginnen. Die Konstruktionsarbeiten liefen in vollen Touren und nachdem am 3. Oktober 1944 die Gewichtsübersicht und der Ladeplan vorlagen, stammt die erste Baubeschreibung vom 15. Oktober. Die ersten detaillierten Bauzeichnungen datieren vom 26. Oktober und am 29. wurden sämtliche Konstruktionsunterlagen an den Betrieb ausgeliefert, einen Tag vor dem Termin. Der Bau der ersten Teile des Prototyps hatte am 25. Oktober begonnen. Am 4.11.1944 legte das

Das Typenblatt 1073.01-20 vom 18.9.1944 zeigt praktisch bereits die Variante des Projekts, die als He 162 in den Bau ging.

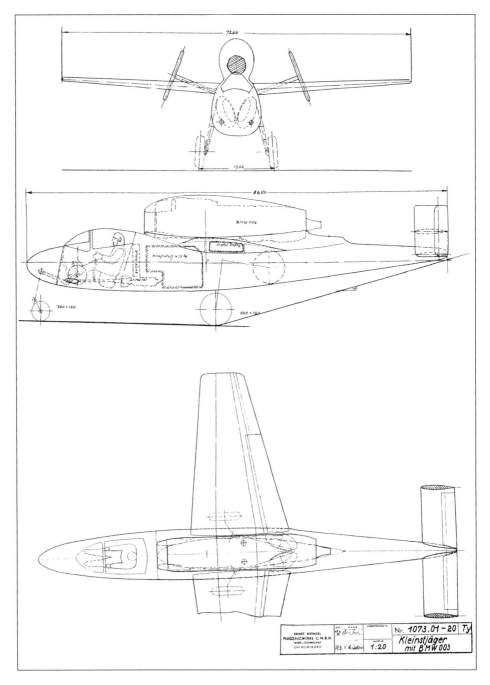

Heinkel-Projektbüro einen Bericht mit Zeichnungen und Datenblatt für die mit der damals in Fertigung gehenden Zelle bei Verwendung des He S 11 Triebwerks zu erreichenden Flugleistungen vor. Man erwartete, dass dieses neue Triebwerk ab Jahresbeginn in geringerer Stückzahl mit zunächst 1100 kp Schub zur Verfügung stehen würde. Damit errechnete man vor allem eine in Bodennähe von 21,5 auf 30 m/s erhöhte Steiggeschwindigkeit und einen Anstieg der Höchstgeschwindigkeit von 840 auf 890 km/h. Bei weiter steigendem Schub des Triebwerks auf 1300 kp wäre wegen des ansteigenden Flügelwiderstands allerdings eine gepfeilte Fläche notwendig. Ernst Heinkel hatte am 30. Oktober dringend in Zuffenhausen angefragt, wann mit dem ersten HeS 11 zum Einbau in der He 162 gerechnet werden könne. Ebenfalls Anfang November liefen die Entwicklungs- und Konstruktionsarbeiten an einer zweisitzigen Segelvariante, die in den Werkstätten des NSFK gebaut werden und eine Schulung im Windenschlepp erlauben sollte. Die Typenzeichnung aus dem Entwurfsbüro stammt vom 8.11.1944. Zur Konstruktionsbetreuung trafen am 13.11. NSFK-Obersturmführer Fiedler und Sturmführer Rab in Wien ein. Die Zeichnungen für Rumpf, Flügel und Leitwerk sowie die Werkstoffliste waren am 25. bzw. 20. November auszuliefern. Später am 18. Dezember meldete das Berliner Heinkel-Büro, dass EHAG den Auftrag zur Konstruktion der He 162 S als Segelschulflugzeug mit großer Tragfläche von 14,7 m² erhalten solle. Dies wurde im Lagebericht der Fachabteilung Fl-E 2 bei TLR am 21. 12.1944 bestätigt. Am 27. Januar 1945 erging dann auch für eine kleinere Fläche von nur sechs Meter Spannweite ein Konstruktionsauftrag an die Heinkel-Außenstelle in Neuhaus. Die erste Versuchswinde für das Programm 8-162 S wurde Mitte Januar 1945 fertig.

Eine zweisitzige Schulmaschine mit Antrieb wurde ebenfalls projektiert. Da die Kabine des Fluglehrers hierbei im Behälterraum, halb unter dem Triebwerkseinlauf, lag, wurde für dessen Notausstieg eine Klappe nach unten vorgesehen. Diese Bauart, die ohne Rumpfverlängerung auskam und deshalb keine wesentlichen Änderungen der Flugeigenschaften erwarten ließ, war im November mit dem General der Fliegerausbildung abgestimmt worden. Die Zeichnung des Projekts ist mit 15.11.44 datiert. Unmittelbar darauf lief die Konstruktion an. Weitere in der Technischen Direktion der EHAG laufende Konstruktionsarbeiten betrafen die Ausrüstung der He 162 mit Jumo 004 und He S 11, die Ausarbeitung eines Schalenflügels für das Muster und die Neukonstruktion eines V-Leitwerks. Am 1. Dezember bat der Technische Direktor Francke um Vorschläge, in welcher Form ein neuer He 162-Flügel gebaut werden solle. In Diskussion befanden sich zu dieser Zeit drei Varianten: in Schalenbauweise, mit von 11 auf 13 m² vergrößerter Fläche und ein Pfeilflügel für die Ausrüstung mit He S 11-Triebwerk.

Vom 6. Dezember 1944 datiert ein Entwurf für einen „Segelzweisitzer Re 5 zur Windenschleppschulung für Heinkel 162" von der Segelflug GmbH Reichenberg. Diese Maschine mit einer Spannweite von 7,20 m sollte unter weitgehender Verwendung von Bauteilen der Fieseler Fi 103 (V-1) gebaut werden. Als Termine sind angegeben: Fertigstellung der Attrappe 30.12.44, Auslieferung der Konstruktionsunterlagen für die Mustermaschine 25.1.45, Fertigstellung der ersten Mustermaschine 31.1.45 und Serienauslieferung ab 20.3.1945. Über die Fertigstellung dieses Segelzweisitzers mit Kufe und Störklappe auf der Flügeloberseite ist bisher nichts bekannt geworden. Im Lagebericht der Fachabteilung Fl-E 2 bei TLR vom 21. Dezember 1944 werden ein erteilter Vorbescheid auf 10 V-Flugzeuge und ein durch TLR/B veranlasster Auftrag auf 250 Re 5 genannt. Die 10 Re 5 sollten bei den Henschel Flugzeugwerken durch Umbau aus 8-103 (V-1) entstehen, der weitere Serienbau wurde abhängig von den Flugergebnissen gemacht.

Die Zeichnungen für die zwei geplanten Musterflugzeuge He 162 V-11 und V-12 mit Jumo 004-Triebwerk sollten bis Ende Dezember ausgeliefert werden. Die Flugklartermine wurden Anfang Dezember mit 15. Januar und 1. Februar festgelegt. Schon am 19. Dezember stellte der Leiter des Musterbaus Ulrich Raue fest, dass der Flugklartermin der ersten Jumo-Maschinen nicht zu halten war, da die Vorrichtungs-Zeichnungen nicht rechtzeitig geliefert wurden. Die Planungen am 9.12.1944 sahen als Musterflugzeuge mit He S 11 die V-14 und V-15 vor, die Mitte bzw. Ende Februar 1945 fertig sein sollten. Als Musterflugzeuge des zweisitzigen Schulflugzeugs wurden die V-16 und V-17 mit Flugklartermin 1. bzw. 15. Februar geplant. Als Sondermaßnahmen auf Grund des Absturzes der He 162 V-1 bei ihrem zweiten Flug am 10. Dezember wurde am gleichen Tag festgelegt, dass EHAG die Entwicklung einer Metall-Tragfläche prüfen sollte. Gleichzei-

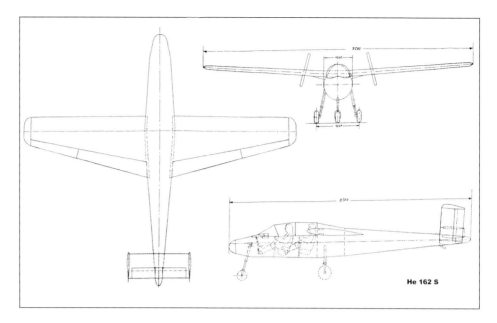

Dreiseitenansicht des Schulgleiters He 162 S nach der Original-Typenzeichnung 162.01-27 vom November 1944.

He 162 S

tig war die beabsichtigte Entwicklung einer 162-Fläche in Holzschalenbauweise unter Berücksichtigung der Erfahrungen der Firma Gotha mit allen Mitteln zu forcieren. Am 19. Dezember meldete die Technische Direktion, dass bei Gotha ein Holzschalenflügel für die He 162 gebaut wurde. Generalkommissar Kessler ordnete daraufhin an, dass EHAG an GWF einen Zusatzauftrag auf 20 He 162-Flügel dieser Art als Ausweichlösung geben sollte, falls die Dichtleimung des Heinkel-Flügels nicht klargeht. Im Kriegstagebuch TLR für die zweite Januarwoche 1945 ist dann ein Auftrag auf 25 Flächen 8-162 in Sperrholz-Lattenrost-Bauweise an GWF erwähnt.

Die Prototypen der He 162 wurden etwa ab 20. Dezember nicht mehr als Versuchsmuster (V-Muster), sondern als Muster-Maschinen bezeichnet, so dass jetzt von der He 162 M-2 usw. gesprochen wurde. Am 22.12. kamen die ersten Ergebnisse der Messungen im Hochgeschwindigkeitskanal der DVL bei EHAG an. Danach begann bei Mach 0,72 die kritische Grenze und bei Mach 0,8 betrug der Widerstandsanstieg bereits 100 %. Das bedeutete, dass die berechneten Höchstgeschwindigkeiten in der damaligen Konfiguration des Musters nicht erreichbar waren. Die Bruchversuche mit dem Rumpf der He 162 M-5 begannen am 24. Dezember.

Typisch für die chaotischen Verhältnisse, unter denen die He 162 in diesen letzten Kriegsmonaten gebaut wurde, sind die wenigen erhaltenen Schriftstücke zum Bau der zweisitzigen Trainervariante. Nachdem erst am 9. Dezember als Musterflugzeuge für diese Version die V-Muster M-16 und M-17 festgelegt wurden, die aus Serienflugzeugen der Wiener Fertigung im dortigen Musterbau entstehen und Anfang und Mitte Februar 1945 flugklar sein sollten, erfolgte etwa gleichzeitig die Festlegung, die Serienfertigung bei HWO aufzunehmen. Die fertiggestellten Zeichnungen gingen laufend von Wien nach Oranienburg und bis 5. Januar sollten sämtliche Bau-Unterlagen vorliegen. Am 27. Dezember fragte nun Direktor Kleinemeyer aus der neu von EHAG übernommenen Firma Bruns in Gandersheim/Harz nach den entsprechenden Unterlagen, was den Technischen Direktor Francke zur erstaunten Anfrage veranlasste, was Kleinemeyer damit zu tun habe. Offensichtlich hatte es bereits andere Festlegungen gegeben, von denen nicht einmal Francke etwas wusste. Die vielen parallel wirkenden „Sonderstäbe", „Sonderausschüsse", Luftwaffe, SS, RLM, „Generalkommissar", Spezialorganisationen usw. waren wohl nicht mehr zu kontrollieren. In seinen „Jahresschlussgedanken" stellt Francke dann Ende 1944 zum zweisitzigen Motorschulflugzeug fest: „Serie baut Kleinemeyer". An gleicher Stelle wird erwähnt, dass Projektarbeiten für einen einmotorigen Strahljäger mit höheren Leistungen laufen und man bei EHAG eine Weiterentwicklung der He 162 mit Pfeilflügel für sehr aussichtsreich hält, obwohl das RLM einen ganz neuen Entwurf haben wolle. Die erste Attrappenbesichtigung des nun als He 162 A-3 bezeichneten Schulflugzeugs fand am 10. und 11. Januar 1945 in Wien statt. Die Auslieferung der letzten Bau-Unterlagen für das Schulflugzeug erfolgte dann am 18. Januar.

Neben der Arbeit an neuen Mustervarianten mussten das Projektbüro und die Entwicklungsabteilung fortlaufend auf die Ergebnisse der Flugerprobung reagieren und Änderungen für die Musterflugzeuge vorschlagen, die sofort in die Windkanal- und Flugerprobung einflossen. So fand am 22. Januar 1945 eine Entwicklungsbesprechung unter Leitung Ernst Heinkel statt, in der folgende Festlegungen getroffen wurden:

1) Zeichnungen für eine nach beiden Seiten um 120 mm verbreiterte Höhenflosse sollten in zwei Tagen an den Betrieb geliefert werden.

2) Zeichnungen für eine Rumpfverlängerung um 450 mm waren bis zum 26.1. auszuliefern.

3) Ebenfalls bis dahin war eine aerodynamisch verbesserte Flügel-Rumpf-Aus-

kleidung durch das Projektbüro an den Rumpfbau zu liefern.

4) Durch eine vergrößerte V-Form des Höhenleitwerks wollte man Stabilität und Bodenfreiheit verbessern.

5) Eine Störleiste an der Vorderkante des Innenflügels sollte die Abkippeigenschaften der Maschine verbessern.

6) Ebenfalls als Maßnahme gegen das Abkippen war eine Fläche mit vergrößertem Nasenradius zu konstruieren und zu erproben.

7) Flächen mit V-Stellung von 1° bzw. 3°2°´ wurden als Versuch gefordert, ebenso wie Strömungsbilder mit Fädchen auf dem Flügel.

Am 25. Januar 1945 wurden die Junkers-Werke telefonisch ermächtigt, für alle Klappen aus Holz Metallkonstruktionen durchzuführen. Am folgenden Tag forderte Francke zu untersuchen, ob drei bis vier He 162 bereits im Februar als Behelfs-Aufklärer ausgerüstet werden könnten. Am 1. Februar erinnerte der Technische Direktor Carl Francke noch einmal an die von ihm bereits mehrfach geforderte Strahlbremse und verlangte, deren Konstruktion mit der Zeichnungsauslieferung spätestens zum 10. d. M. zu beenden. Der Flugklartermin eines umgebauten Versuchsmusters sollte nicht nach dem 20. Februar liegen. Die Strahlbremsvorrichtung sollte auf dem Rumpf oder bei vergleichbarem Aufwand auch versenkt montiert werden.

Da der zweite Sitz in der Schulversion He 162 A-3 ohne Verlängerung des Rumpfes eingebaut werden sollte, konnte der Fluglehrer nicht mit dem Schleudersitz aussteigen und musste das Flugzeug durch eine Klappe nach unten verlassen.

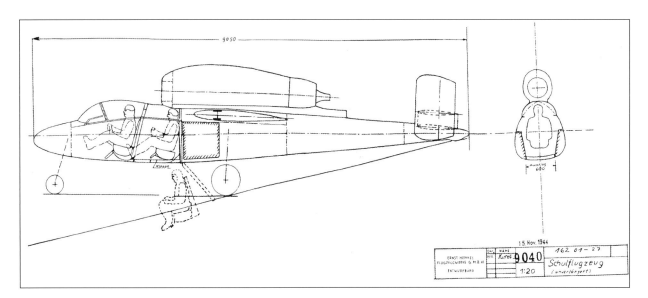

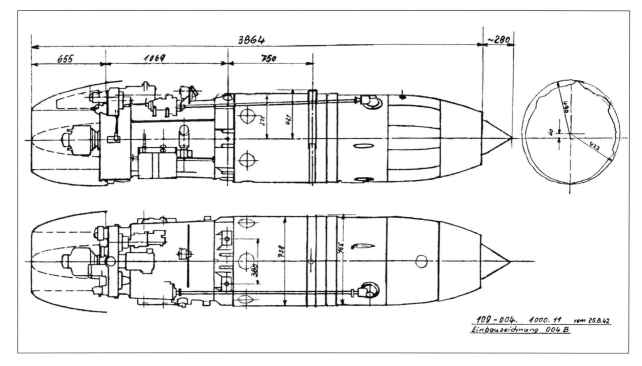

Für den Fall, dass es bei der Fertigung des BMW 003 Schwierigkeiten geben sollte, war vorgesehen, auch zwei Versuchsmuster mit dem Jumo 004 zu erproben.

Ob es sich bei dieser damals als aufzustellender Schirm bezeichneten Vorrichtung um einen Vorläufer der heute bekannten Triebwerksstrahlumlenkung handelte, geht aus dem Schreiben nicht klar hervor.

Am 1. Februar 1945 waren eine Reihe von Windkanalmessungen an Modellen der He 162 bei der AVA Göttingen, der LFA Braunschweig und bei der DVL in Berlin beendet oder befanden sich teilweise noch in der Auswertung. Das traf auch auf Schleppversuche mit einem Originalflügel und einen 1:1-Rumpfmodell im Wasserkanal der Schiffbau-Versuchsanstalt Hamburg zu. Geplant waren Windkanalmessungen an einem V-Leitwerk und an Modellen mit um 25° rückwärts und vorwärts gepfeilten Flächen, für welche die Modelle im Bau bzw. in der Konstruktion waren. Der Messbeginn in der LVA Braunschweig am Pfeilflügelmodell war für den 10. März geplant.

Ebenfalls Anfang Februar beauftragte TLR Blohm & Voß mit Untersuchungen zum Umbau der He 162 auf einen Metallflügel und forderte dafür Unterlagen bei EHAG an.

Da im Februar 1945 die Probleme mit der Querstabilität der He 162 noch

nicht behoben waren, sollten im Hochgeschwindigkeitswindkanal der DVL in Berlin dringend Modellmessungen mit einem Stabilitätsausschnitt an der Innenseite der Flügelhinterkante, wie bei der He 111, gemacht werden. Weiterhin versuchte man, die Abkippeigenschaften durch das Anbringen einer Abreiß-kante auf der Flügelvorderseite am Rumpf zu verbessern. Dadurch wurde die Flügelumströmung gestört und riss beim Überziehen schneller ab, was sich in der Steuerung bemerkbar machte, bevor es zum vollständigen Strömungs-abriss kam. Eine solche Störkante wurde am 31.1.1945 an der He 162 M-4 und am 12. Februar an der M-18 montiert.

Am 9.2.1945 wurde von der Abteilung Entwicklungsstudien bei BMW ein Bericht über die berechneten Flugleistungen der He 162 mit einem kombinierten TL-Raketen-Triebwerk (TLR) vorgelegt. Dabei schlug man die Verwendung des Zusatz-Raketenschubs insbesondere für die Verkürzung des Starts und die Verbesserung der Steiggeschwindigkeit vor. Noch zu klären war, ob die Erhöhung der Startmasse von 2750 kg auf 3475 kg ein stärkeres Fahrwerk erfordern würde. Ebenso war wegen des durch die bisherige Anbrin-

gung der R-Kammer über dem TL-Triebwerk entstehenden Drehmoments noch eine Verlegung der Brennkammer zu untersuchen.

Der erste Bericht über die Hochgeschwindigkeitsmessungen am Modell der He 162 bei der DVL zeigte, dass im Bereich von M 0,65 bis M 0,75 bei der bisherigen Schwerpunktslage im Bereich von 25 bis 30% Instabilitäten auftraten. Diese erforderten ein Höherlegen des Leitwerks oder eine tiefergelegte Tragfläche bei gleicher Lage des Leitwerks zum Rumpf und eine Verbesserung des Flügel-Rumpf-Übergangs. Da sich größere Umkonstruktionen wegen des bereits angelaufenen Serienbaus verbaten, suchte man intensiv nach weniger aufwändigen Änderungsmöglichkeiten. So wurde durch Ballast und Verkleinerung der ohnehin schon geringen Tankkapazität die Schwerpunktlage geändert. Trotzdem kam es am 8. Februar 1945 zu einer Außenlandung der He 162 M-4 mit 40 % Schaden. Bei einem Hochachsen-Messflug in 8000 m Höhe wurde die von Flugbaumeister Full geflogene Maschine bei einer Geschwindigkeit von 800 km/h (M 0,65) um die Querachse stark instabil und konnte nur durch sofortiges Gasweg-

nehmen beherrscht werden. Da dabei das Triebwerk ausging und nicht wieder ansprang, musste Full notlanden.

Am 12. Februar 1945 erhielt die Technische Direktion der EHAG in Wien aus dem Berliner Büro die Vorinformation, dass in den nächsten Tagen ein Entwicklungs-Notprogramm erscheinen würde, das die He 162 in drei Varianten enthalte:

1) als Jäger mit zwei Kanonen MK 108,
2) als Gefechtsaufklärer mit dem kleinen Bildgerät Rb 50/18 und
3) als Schlachtflugzeuge mit Panzerblitz-Einbau.

Damit ergab sich für die Entwicklungsabteilung die Notwendigkeit die beiden letzten Ausführungen der 8-162 projektmäßig durchzuarbeiten.

Als weitere Bewaffnungsvariante untersuchte man im Frühjahr 1945 den Einbau von Rohrbatterien. So wurden bei einer Besprechung in Unterlüss folgende Varianten zum Einbau in den Waffenräumen auf jeder Seite der He 162 besprochen:

1) Drei Rohrblöcke mit je sieben Schuss, die nach Abfeuern je eines Blocks pro Seite manuell über Federkraft um 60° gedreht werden mussten, um die nächsten 14 Schuss abzufeuern.

Im Februar 1945 wurden bei BMW Rechnungen über die Ausrüstung der He 162 mit dem TLR-Triebwerk BMW 003R, einer Kombination aus dem TL BMW 003 und dem Raketentriebwerk BMW 718, ausgeführt.

Dadurch konnte die Abschussöffnung klein gehalten werden und bei drei Anflügen je 14 Schuss abgefeuert werden (Schrotschuss).

2) Vier Rohrblöcke auf jeder Rumpfseite gebündelt zu einer schwenkbar und gepuffert gelagerten Batterie. Dabei sollten auf jeder Seite zwei Blöcke, also pro Anflug 28 Schuss, abgefeuert werden. Zum zweiten Anflug war die Batterie von Hand um 180 Grad zu drehen.

Eine weitere projektierte Bewaffnungsvariante bestand aus den o. g. je drei Rohrblocktrommeln links und rechts im Rumpf und je einem Rohrblock SG 118 unter jeder Tragfläche. Die unter den Flügeln hängenden Rohrblöcke waren aerodynamisch gut verkleidet. Diese Verkleidungen sollten kurz vor dem Abfeuern durch Entzünden von Abbrennbändern abgeworfen werden. Das Abfeuern der Schussserie erfolgte normal über einen Abfeuerknopf am Steuerknüppel und einen Wahlschalter für beide Rohrblocktrommeln allein oder nur die äußeren Rohrblocks oder Rohrblocktrommeln und Flächen-Rohrblocks gemeinsam. Auch die Ausrüstung mit Luftkampfraketen R4M „Orkan" war projektiert. Dabei gab es zwei Varianten. Einmal die Anbringung von je einem Abschussbehälter für 30 Raketen unter jeder Fläche und zweitens die Aufteilung in je zwei Abschussvorrichtungen für 15 Raketen unter den Flächen.

Die R4M sollten eng gebündelt in sechseckigen Waben untergebracht werden. Da die Raketen einer Wabe nur mit je 70 ms Verzögerung abgeschossen werden konnten, ergab sich für die erste Anordnung mit je zwei gleichzeitig abgefeuerten Raketen eine theoretische Schussfolge von 1700 Schuss/Minute. Diese erhöhte sich bei den kleineren Waben auf 3400. Die Raketenwaben sollten mit einer vor dem Schießen abzuwerfenden aerodynamischen Verkleidung versehen werden. Die Gesamtmasse der Bewaffnungsanlage betrug mit Munition etwa 250 kg, nach dem Abfeuern verblieben rund 40 kg, die notfalls auch noch abgeworfen werden konnten. Die konstruktiven Untersuchungen zum Anbau der Wabengondeln für R4M-Raketen unter der He 162-Fläche erfolgten im Dezember 1944 auf der E-Stelle in Tarnewitz.

Bei einem Besuch des neuen Generals der Jagdflieger (GdJ), Oberst Gollob und des Kommandeurs der Erprobungsstellen (KdE), Oberst Petersen, am 10. und 11. Februar 1945, bei dem Gollob auch die He 162 M-3 flog, legten diese fest, auch die Einbaumöglichkeit für Luftkampfraketen R 4 M in der He 162 zu prüfen. Die Ergebnisse sollten dem GdJ bis zum 20.2. vorgelegt werden.

Ob diese Sonderwaffeneinbauten zumindest noch attrappenmäßig untersucht wurden, ist bisher nicht nachgewiesen.

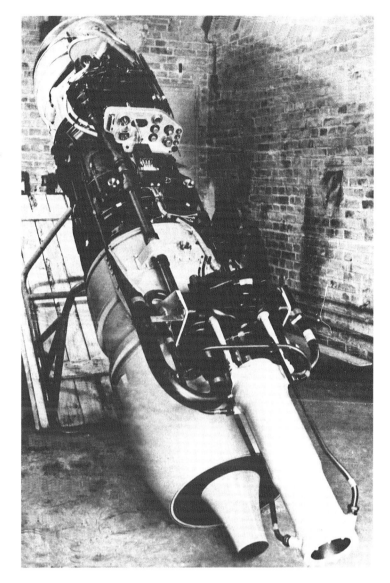

Wegen der mangelnden Flugstabilität der He 162 machte auch Prof. Dr. Alexander Lippisch von der LFA Wien Verbesserungsvorschläge. Er war der Ansicht, dass in die Hohlkehle zwischen aufgesetztem Triebwerk und Flügel mehr Luft einströmen müsse und schlug vor, das Flügelprofil im Innenteil herunter zu ziehen. Dafür bot er den Entwurf eines neuen Flügelstraks an.

Mitte Februar 1945 hatten die DVL-Messungen im Schnellkanal ergeben, dass der Stabilitätsausschnitt an der Landeklappe bei Machschen Zahlen zwischen 0,65 und 0,75 und Lastvielfachen unter 3 g wirksam war, bei höheren Belastungen jedoch zu wesentlichen Stabilitätsverlusten führte. Weitere DVL-Messungen versprachen eine 100%-ige Stabilität mit einer Flügelausrundung zum Rumpf hin und einer um 2° vergrößerten Flügelanstellung. Der Wochenbericht der Technischen Direktion vom 19.2.1945 meldet den Beginn der Flugerprobung von zwei größeren Änderungen, die ebenfalls eine Verbesserung der Flugeigenschaften versprachen. Das war einmal ein verlängerter Rumpf, der an der He 162 M-25 erprobt wurde und im Flug bessere Eigenschaften um Hoch- und Querachse als die bisherige Form aufwies. Dann konnte besseres Verhalten um die Hochachse mit einem Höhenleitwerk mit 20° V-Winkel anstelle der normalen 14° auf der M-19 nachgewiesen werden. Die Flügel-Rumpf-Auskleidungen sollten nach zwei Entwürfe von Heinkel-Aerodynamiker Dr. Motzfeld und von Dr. Knappe von der DVL im Musterbau an zwei Versuchsträgern angebaut werden, deren Flugklartermine am 20. Februar auf den 25. Februar bzw. 1. März festgelegt wurden. Ein Nachtrag zu dieser Festlegung vom selben Tag stellt fest, dass eine wesentliche Verbesserung der Stabilität bereits allein durch eine Flügeldrehung auf 6,5° ohne neue Flügel-Rumpf-Verkleidung möglich sei, weshalb eine Maschine (He 162 M-19, W.Nr. 220002) sofort auf diesen neuen Flügelwinkel umgebaut werden sollte, um am 24. des

Monats flugbereit zu sein. Einen Tag später wurden in der Baumusterleitung 162 die entsprechenden Versuchsmuster festgelegt, wobei der Flugklartermin für die M-23 noch kürzer auf den 27.2.1945 angesetzt wurde. Als Versuchsträger für die Verkleidung Dr. Motzfeld sollte die He 162 M-22 (W.Nr. 220005) und für die Knappe-Verkleidung mit 2° höherer Flügelanstellung die M-23 (W.Nr. 220006) dienen. Der Umbau dieser Maschinen erfolgte in Wien-Heidfeld. Für alle drei Varianten wurden jeweils zweite Versuchsträger festgelegt, deren Umbau in Languste stattfinden sollte. Dies waren die M-35 (W.Nr. 220023) für die M-19, die M-36 (W.Nr. 220024) für die M-22 und die M-37 (W.Nr. 220025) für die M-23. Schon im

Die Versuchs- und Vorserienmuster der He 162 wurden in der unterirdischen Seegrotte in Mödling bei Wien, Tarnbezeichnung „Languste", gebaut.

nächsten TD-Wochenbericht vom 26. Februar wird allerdings festgestellt, dass die von der DVL am Windkanalmodell um den Staupunkt der Flügelnase vorgenommene Flügeldrehung konstruktiv nicht möglich war und mit dem von EHAG vorgeschlagenen Drehpunkt in 50% der Flügeltiefe die Ergebnisse negativ blieben. Als Abhilfe schlug die DVL nun nach den Strömungsmessungen ein Leitblech zum Herunterziehen der Flächenhinterkante an der Flügelwurzel vor. Die Flugversuche hierzu sollten in den nächsten Tagen erfolgen. Am 2.3.1945 stellte Carl Francke fest, dass die aus der Nullserie entnommenen Versuchsmuster M-35 bis M-37 umgehend (zum 3. und 4. März) nach Heidfeld zu überführen waren. Sie sollten dort für Versuche mit den neuen heruntergezogenen Landeklappen benutzt werden, unabhängig von der Flügelanstellung, die nach den neueren Windkanalmessungen nicht weiter von Interesse war.

Anfang März 1945 ist auch das Problem der Tragflächenabdichtung der He 162 nahezu gelöst gewesen, wie ein Zwischenbericht Flügeltankraum 162 vom 9.3.1945 zeigt. Da bei der 162 erstmals bei einem Flugzeug auf einen Behältereinbau im Tragflügel verzichtet und der Kraftstoff direkt in den hölzernen Flügel eingefüllt wurde, hatte es einer Reihe von Versuchen und Untersuchungen bedurft, um eine ausreichende Dichtheit der Tragflächen zu erreichen. Diese ungewöhnliche Konstruktion war von Heinkel gewählt worden, da die Aufgabe, größtmögliche Leistung bei kleinstem Fertigungs- und Gewichtsaufwand zu erreichen, außenliegende Abwurfbehälter und innenliegende Tanks verbat. Die gewählte Bauweise hatte eine Reihe von Vorteilen:
1) kein zusätzlicher Flugwiderstand,
2) Einsparung besonderer Behälter,
3) bestmögliche Raumausnutzung und damit größtmögliche Unterbringung von Kraftstoff im Flügel,

4) Einsparung von Deckeln und damit glatte Oberflächen,

5) Gewichtseinsparung durch geringe Störung der tragenden Konstruktion.

Nachteilig waren die nötige hohe Fertigungsqualität und die nötige hohe Kraftstoffresistenz der verwendeten Dichtlacke. Beides Forderungen, die Anfang 1945 nicht mehr umfassend zu garantieren waren. Weiter war die Tatsache bedenklich, dass bei den gegen Kriegsende nur noch zur Verfügung stehenden schlechten Kraftstoffen mit einem hohem Stockpunkt zu rechnen war, d.h. bei geringen Temperaturen verdickten sie sich. Die fehlende Wärmeisolierung der Flächentanks ließ damit Probleme erwarten.

Die erste Bauform des Flügelbehälters hatte einen Inhalt von 320 Litern. Zur Berichtszeit liefen die ersten Flügel mit auf 700 Liter vergrößertem Fassungsvermögen in der Fertigung an. Eine weitere Vergrößerung auf 900 Liter Inhalt, d.h. kompletter Nutzung des Flügelinnenraums, war geplant. Während die erste Tankvergrößerung eine Reichweitenverbesserung bringen sollte, war

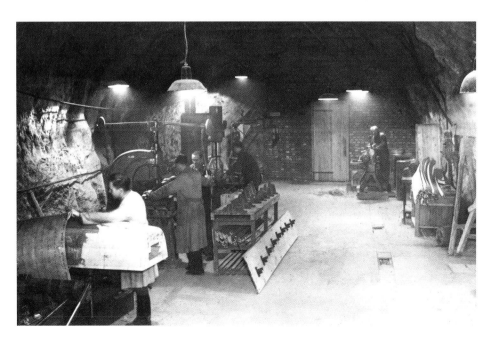

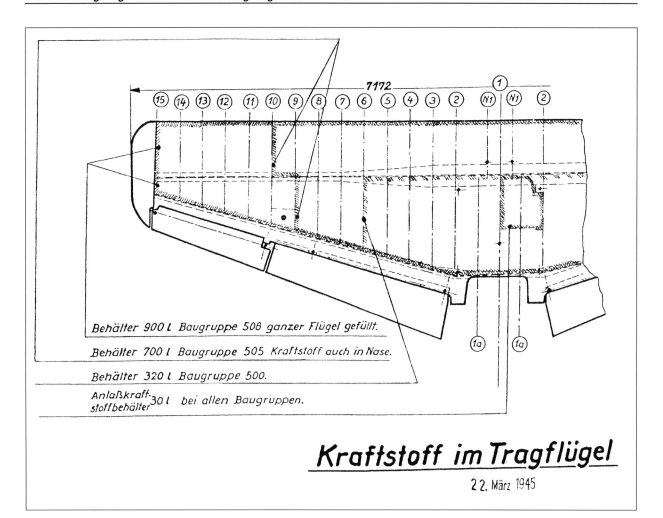

Behälter 900 L Baugruppe 508 ganzer Flügel gefüllt.

Behälter 700 L Baugruppe 505 Kraftstoff auch in Nase.

Behälter 320 L Baugruppe 500.

Anlaßkraft-stoffbehälter 30 L bei allen Baugruppen.

Kraftstoff im Tragflügel

22. März 1945

Werksdarstellung der drei in der He 162 verwendeten Tragflügelarten mit unterschiedlichem Tankvolumen.

die letzte geplant, um den Rumpfbehälter zur Vermeidung einer nachteiligen Schwerpunktswanderung beim Leerfliegen verkleinern zu können.

Etwas mehr als einen Monat nach der ersten Studie von BMW für eine He 162 mit TLR-Triebwerk erschien als Bericht 125/45 am 13. März eine entsprechende Betrachtung aus dem Heinkel-Projektbüro. Wegen des zu weit über dem Schwerpunkt liegenden Raketenschubstrahls des normalen BMW 003 R war vorgesehen, die Schubdüse unten im Rumpf einzubauen. Die nötigen Pumpen und der Ventilkasten blieben oberhalb des auf dem Rumpf montierten TL-Triebwerks. Als Abflugmasse waren 3840 kg ermittelt. Als nötige Umbauten wurden genannt:

1) Ein Tragfläche zur gemeinsamen Unterbringung des R-Stoffes und des TL-Kraftstoffs.

2) Der Flügel musste aus Schwerpunkt-gründen um 200 mm zurückversetzt werden.

3) Ein Entnahmebehälter für R-Stoff war hinter dem Fahrwerksraum zur Berichtigung der Schwerpunktlage und sicheren Entleerung des Flügelbehälters anzuordnen.

Das im vorherigen BMW-Bericht erwähnte eventuell zu verstärkende Fahrwerk wird nicht genannt. Versuche zur Konservierung (Dichtung) des Tragflügels für den R-Stoff liefen bereits.

Vom 15. März 1945 stammt auch ein Datenblatt für die berechneten Leistungen einer He 162, deren Triebwerk mit Zusatzeinspritzung für jeweils 30 Sekunden einen erhöhten Schub abgeben konnte. Damit wäre in Bodennähe eine um 100 km/h höhere Geschwindigkeit erreichbar gewesen.

Als weitere Entwicklungsaufgabe wurde im März 1945 von EHAG verlangt, Einbauuntersuchungen und Mustereinbau von zwei 30-mm-Kanonen Mauser MG 213/30 in der He 162 durchzuführen.

Als Behelfsantrieb für die He 162 wurden auch Pulsostrahltriebwerke wegen ihrer geringeren Fertigungskosten im Vergleich zum TL-Triebwerk untersucht. Ein Heinkel-Bericht vom 30. März 1945 vergleicht die Leistungen der He 162 ausgerüstet mit zwei Argus-PST 014 mit je 335 kp statischem Schub mit einer mit einem As 044 mit 500 kp. Nachteilig war die Notwendigkeit einer Starthilfe mit Raketen oder einem Katapult. Weiter fiel die Leistung der Argus-Rohre mit der Höhe stark ab, so dass die höchsten Geschwindigkeiten in Bodennähe erreicht wurden.

Obwohl der Einsatz der He 162 als Jäger noch bevorstand, dachte man schon an die Entwicklung von schnellen Mistelkombinationen. Dies bestanden aus He 162 als Führungsmaschinen und ebenfalls TL-getriebenen Verbrauchsgeräten als fliegenden Bomben. Zwei solcher Kombinationen sind bekannt. Die „Mistel 5" mit dem unbemannten zweistrahligen (2 x BMW 003) Sprengflugzeug 8-268 von Junkers und eine Mistelanordnung aus He 162 und dem Arado-Projekt E 377a mit zwei BMW 003 A-1-Triebwerken.

Da sich die Verhältnisse in Wien durch andauernde Bombardierungen, Stromausfälle, Zusammenbrechen des Telefonnetzes und des Verkehrs immer

schwieriger gestalteten und auch die Front näher rückte, plante man die Verlagerung der Technischen Direktion nach Gandersheim im Harz. Als Begründung wurde dafür angeführt, dass die technische Betreuung in die Nähe der Serienfertigung (Heinkel Rostock und Junkers Bernburg) verlegt werden müsse. Nachdem bereits vorher ein Teil der Ausstattung nach Rostock gebracht worden war, ging es nun nur noch um die Genehmigung das nötige Personal aus der unmittelbaren Gefährdungszone zu verlagern. Am 26. März schickte Francke an Generalkommissar Kessler eine Liste mit 350 Namen der Personen, die für die Weiterführung der Entwicklung und die Betreuung 162 unbedingt erforderlich waren. Da gleichzeitig bereits an Straßensperren Männer des Jahrgangs 1912 und jünger für den Kampfeinsatz ausgekämmt wurden, bat Francke um eine entsprechende Anweisung des Reichsministers Speer an die Wiener NSDAP-Gauleitung. Diese Anweisung wurde am 30. März noch einmal telefonisch über das Büro des Rüstungsstabes (Saur) erbeten und scheint auch erteilt worden zu sein, da Obering. Otto Butter am 31. März als Transportführer der „Verlagerung für die Entwicklung der Gewaltaktion 162" Vollmacht erhielt. Die Entwicklungsarbeit an der He 162 kam mit der Verlagerung wahrscheinlich zum Erliegen. Die Fertigung bei Heinkel-Nord und bei Junkers

Eine der beiden mit Argus-Pulsostrahltriebwerken projektierten Varianten der He 162 sollte mit einem As 044 mit 500 kp Schub ausgerüstet werden. Rekonstruktion nach der Originalzeichnung.

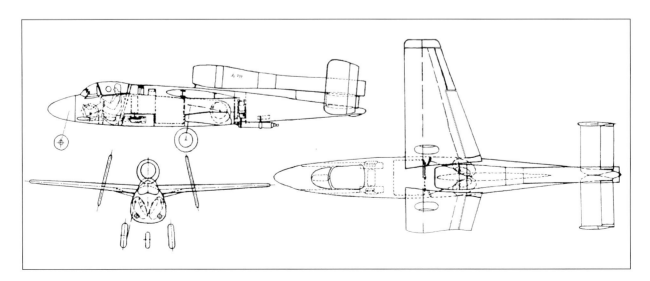

in Bernburg lief weiter, ebenso die begonnene Auslieferung an die Luftwaffe, wobei die erhaltenen Unterlagen über die letzten Kriegswochen sehr bruchstückhaft sind.

Werkserprobung der He 162

Parallel zur Detailkonstruktion begannen der Bau von Einzelteilen und die Teilmontage der ersten Versuchsmuster der He 162 in Wien. Sämtliche Konstruktionsunterlagen wurden einen Tag vorfristig bis 29. Oktober 1944 an den Betrieb ausgeliefert. Bis zum 3. November war der erste Flügel zu 50 % fertiggestellt und die ersten Spanten für das Rumpfvorderteil der He 162 V-1 in die Helling gesetzt. Im Rahmen der Vorbereitung auf das Einfliegen der He 162 besuchte Heinkel-Chefpilot Gotthold Peter am 24. Oktober die Messerschmitt-Werke in Lechfeld, wo er einen zwanzigminütigen Flug auf der Me 262 (303) absolvierte. Am 3. und 4. November flog er dann in Sagan zweimal auf der Ar 234 V-11. Im Ergebnis forderte er die Ausrüstung einiger He 162 mit dem Jumo 004 B-1 zur Zellenerprobung, da s. E. die bisherige Betriebssicherheit des BMW 003 A-1 noch zu gering war. Weiterhin empfahl er die Verwendung eines Bänderschirms zur Auslaufbremsung, wie er ihn an der Ar 234 gesehen

hatte. Am 14.11.1944 kam der Rumpf der ersten He 162 aus der Helling. Am 6. Dezember 1944 flog dann Flugkapitän Peter fünf Tage vor dem Termin erstmals die He 162 (Werknummer 200001) für 12 Minuten. Er schätzte den Verlauf als zufriedenstellend ein. Daraufhin setzte die Technische Direktion für den 10.12. ein offizielles Fliegen vor geladenen Gästen an. Dabei stürzte die Maschine im Tiefflug bei etwa 700 km/h nach mehreren schnellen Rollen ab, wobei zuerst die rechte Flügelnase, anschließend Querruder und Flügelendkappe, abmontierten. Gotthold Peter kam ums Leben. Noch am gleichen Tag beschloss man mehrere Sofortmaßnahmen. Dazu gehörte ein verstärkter Flügel mit von vier auf fünf mm verdickter Beplankung, Verdopplung der Rippenzahl, Verstärkung der Nasenrippen vor dem Holm und der Querruderlager. Die noch nicht erfolgten Bruchversuche an Tragflächen sollten sofort in Wien begonnen werden, ebenso im Schleppkanal der Hamburger Schiffbauversuchsanstalt. Die am 14. Dezember tagende Expertenrunde konnte auch nach Auswertung des Films vom Absturz keine endgültige Erklärung der Ursache geben. Am 15. wurde darum für die Flugerprobung der He 162 V-2 festgelegt, diese vorerst nur mit einer angezeigten Geschwindigkeit von 500 km/h

---

Gotthold Peter (1912-1944)

geboren am 23.6.1912 in Dresden.

1932 Studium an der TH Dresden.

1934 Fortsetzung des Studiums an der TH Berlin-Charlottenburg.

1938 Dipl.-Ing. für Flugzeugbau. Während des Studiums Mitglied der Akademischen Fliegergruppen in Dresden und Berlin. Konstrukteur der Segelflugzeuge B5, B6 und B8 der FFG Berlin.

1938 Am 12. September erhielt Peter das Gold-C-Abzeichen für Segelflieger.

1938 Tätigkeit bei der Prüfstelle für Luftfahrzeuge in Berlin-Adlershof.

1939 Ausbildung zum Flugbauführer bei der DVL.

1940 Ab 12. August bei den Ernst Heinkel Flugzeugwerken als Einflieger, später Chefpilot der Entwicklungsabteilung, insbesondere He 177 und He 219.

1945 Am 6. Dezember Erstflug mit der He 162, beim zweiten Flug damit am 10. Dezember tödlich verunglückt.

und maximal halben Quer- und Seitenruderausschlägen zu fliegen. Den Erstflug der He 162 V-2 (W.Nr. 200002) führte der Technische Direktor Carl Francke am 22. Dezember persönlich durch, am gleichen Tag flog auch Fl. Stabsingenieur Bader das Flugzeug. Die Seiten- und Querruderkräfte waren dabei viel zu niedrig und sollten durch konstruktive und werkstattmäßige Änderungen erhöht werden. Als Programm für die Versuchsflugzeuge wurde festgelegt:

V-2 Durchführung mehrere Starts und Landungen, Stundenfliegen, dabei Überprüfung der Ruderkräfte und -wirkungen und der Stabilitäten (die Messeinbauten dafür sollten über Weihnachten erfolgen.

V-3 Erhält verkürzte Knickstrebe am Fahrwerk, um das Hintenüberkippen der unbeladenen Maschine bei hinterster Schwerpunktlage zu verhindern. Flugzeug zwischen Weihnachten und Neujahr abgestellt für Zielflugempfänger-Erprobung durch Firma Lorenz.

V-4 Soll Ende des Jahre als erste Maschine mit der neuen verstärkten Fläche eingeflogen werden, die am 24.12. bei der Firma Albrecht fertig wurde.

V-5 Bruchversuche ab 24.12.1945.

Die Hamburger Schleppkanal-Versuche an einer unverstärkten Fläche hatten wie bei der V-1 bei hoher Rollge-

schwindigkeit und etwa 750 km/h zum Bruch der Fläche geführt.

Am Ende des Jahres 1944 war die Ursache für die hohen Rollgeschwindigkeiten der He 162 noch ungeklärt. Weitere Probleme machten die Heranschaffung und Steuerung der Auswärtsteile, da die Verkehrsbeschränkungen durch alliierte Luftüberlegenheit und Treibstoff- und Transportmittelmangel zunahmen. Die Sicherstellung der einwandfreien Fertigung aller Holzbauteile war noch unzureichend und die Abdichtung der Tragflächentanks bisher nicht garantiert. Beim BMW 003 bestanden Reglerschwierigkeiten. Das Gas musste langsam zurückgenommen werden, da der Motor sonst ausging. In die He 162 M-2 wurde ein DVL-Mehrfachschreiber zur Ermittlung der Stabilitätsverhältnisse um Hoch- und Querachse und der Quer- und Seitenruderwirkungen relativ zum Ausschlag eingebaut. In die M-3 kamen Querruder mit verändertem Massenausgleich zur Erhöhung der Ruderkräfte. Bei den Holzfirmen waren weitere Ruder mit anderen Nasenausgleichen im Bau.

Zur Verstärkung der Einflugabteilung für die He 162 suchte Carl Francke weitere gute Einflieger. Die Entsendung von Junkers-Flugkapitän Holzbauer lehnte Prof. Hertel wegen des damit ver-

bundenen Risikos ab. Bei Heinkel musste man sich um andere Piloten mit Erfahrung bemühen. Als Typenbegleiter He 162 war Fl.Stabsing. Bader eingesetzt worden. Nach der Absage Holzbauer bemühte sich Heinkel um Fl.Stabsing. Rauchensteiner als Leiter des Flugbetriebs 162.

Durch Schlechtwetter mit starken Schneefällen konnte die Flugerprobung bis auf zwei Einweisungsflüge auf der M-2 (Flugzeugführer Schuck und Kemnitz) nicht fortgeführt werden. Beim zweiten Flug fiel das Triebwerk beim Start in 20 m Höhe aus. Bei der anschließenden glatten Notlandung kam es zu leichten Beschädigungen an Klappen und anderen Bauteilen. Noch vor erneuten Flügen in Wien flog Flugkapitän Kurt Heinrich in Rostock-Marienehe die erste Maschine aus der dortigen Serienfertigung (W.Nr. 120001) am 14. Januar ein. Als neuer Flugzeugführer für die He 162 bewarb sich Mitte Januar Oberleutnant Gleuwitz von den Fieseler-Werken, der am 1. Februar bei Heinkel eintrat. Ab 16. Januar flog Flugzeugführer Kemnitz die He 162 M-3 zur Beurteilung der Start- und Landeeigenschaften mit verkürzter Knickstrebe am Fahrwerk. Zwei Tage später folgte die M-4, die der Flugeigenschaftserprobung diente. Mit der

M-6 begannen am 18.1. Standschwingungsversuche. Die M-2 sollte für die Schießerprobung mit 30-mm-Kanonen MK 108 bereitgestellt werden. Bei der Flugerprobung der um 45 Grad herabgezogenen Flügelendkappen („Ohren") an der He 162 M-4 beim 4. Flug am 20. Januar zeigte sich, dass die Schieberollmomente zwar verringert, dafür aber die Längsstabilität verschlechtert waren. Bei der Landung sackte die Maschine durch, wobei der Bugreifen platzte. An der M-3 wurden Querruder mit verkürzter Nase erprobt, was eine ausreichende Erhöhung der Steuerkräfte ergab. Mit der A-01 wurden Beschussversuche mit den beiden MG 151/20 durchgeführt, die ergaben, dass die hölzerne Bugspitze für diese Waffe mit geringen Änderungen verwendbar war. Bei der M-2 mit 30-mm-Kanonen MK 108 war der Bau einer neuen verstärkten Bugspitze nötig gewesen. Da die M-3 bei einer zu hoch abgefangenen Landung eine Bugfahrwerksbruch erlitten hatte, sollte bei der nötigen Reparatur eine Abreißkante am Flügelvorderkanteninnenteil angebaut werden, um die Abkippeigenschaften zu verbessern. Zur Umschulung weiterer Flugzeugführer waren die A-01 und M-6 vorgesehen. Da am 22. Januar noch 6 Triebwerke, 6 Leit-

werke und 5 Bugspitzen für die Fertigstellung der geplanten Januarlieferung
von 20 Maschinen fehlten, wurde angestrebt, bis zum Monatsende 6 Maschinen flugklar zu bekommen. Sie sollten
die sich bisher aus der Flugerprobung
ergebenen Änderungen, also verkürzte
Knickstrebe, „Ohren" an den Flächen
und Federn im Seitenruder haben. Die
restlichen 14 Flugzeuge wollte man als
Umbau-Flugzeuge übernehmen, ohne
dass sie flugfertig waren. So konnten in
diesen sofort die neuesten Änderungen
eingebaut werden und das Januar-Pro-
gramm wäre zahlenmäßig erfüllt. Alle
Flugzeuge wurden als Mustermaschinen für die Flugerprobung angefordert.
Zur Stabilitätsverbesserung sollte ver-
suchsweise eine Maschine (He 162 M-
25, W.Nr. 220008) einen um 45 cm ver-

Heinkels Technischer Direktor Carl Francke führte nach Peters Tod am 22. Dezember 1944 selbst den ersten Flug mit dem zweiten Versuchsmuster durch.

längerten Rumpf bekommen und eine weitere ein Höhenleitwerk mit um 24 cm vergrößerter Spannweite (M-3, 200003).

Am 23. Januar meldete das Berliner Büro, dass die Forschungsführung den Versuchspiloten Full bis zum 1. Mai an EHAG abgeben wolle. An diesem Tag konnte die He 162 M-6 (W.Nr. 200006) ihren ersten Flug ausführen, einen Tag später folgte die M-18 (W.Nr. 220001). Diese wurde anfangs auch als He 162 A-01 bezeichnet, da sie die erste Maschine aus der Wiener Serienfertigung war.

Im Wochenbericht 23.-28.1.1945 wird gemeldet, dass 25 Starts mit 3 Stunden und 54 Minuten Flugzeit erfolgten, was die Gesamtbilanz auf 54 Starts mit 9 Stunden Flugzeit erhöhte. Die Flugfrequenz konnte offensichtlich erhöht werden. Bis dahin waren insgesamt 15 Flugzeugführer auf der 162 geflogen, davon sechs mit geringen Erfahrungen. Da die M-7 für Flugschwingungsversuche einen Sicherheitsbremsfallschirm in Heck bekommen hatte, musste sie erneut einen Standschwingungsversuch absolvieren. Die bisherige Flugerprobung hatte als ein Hauptproblem ergeben, dass die He 162 mit und ohne Landeklappen über den Flügel abkippte. Wegen der notwendigen Umbauten flog am 27. und 28.1. außer den He 162 A-01

und A-02 nur die M-6 einmal. Die Rumpfverlängerung der M-25 (W.Nr. 220008) musste in Languste erfolgen, da in Heidfeld auf Grund der Bombenschäden Strom und Pressluft nicht verfügbar waren. Endmontageort sollte dann nach dem Zusammenbau der Rumpfröhre wieder Heidfeld sein. Am 30. Januar flogen nur die He 162 A-01 und die M-6 insgesamt sechsmal. Die A-03 (W.Nr. 220003) als nächste fertige Maschine absolvierte die Motorprobe am Boden, sie erhielt Seitenruder mit auf die Hälfte reduziertem Ausschlag. Die Flugeigenschaften des Musters ließen immer noch zu wünschen übrig. Die Probleme betrafen besonders die Stabilität um die Hochachse. Neben Einbau und Erprobung verschieden starker Federn mit unterschiedlicher Vorspannung für die Seitenruder wurden diese mit unterschiedlichen Randkappen erprobt. Weiter war eine Höhenflosse mit auf 20° erhöhter V-Stellung im Bau, die man an der M 6 erproben wollte. Die Abkippversuche sollte der von der DVL kommende Flugzeugführer Full ohne und später mit Abreißkante (an der M-4) fortsetzen. Für die M-3 war außerdem ein Flügel mit 1° V-Stellung und im Außenbereich heruntergezogener Nase in Vorbereitung. Die M-19 (He 162 A-02) sollte mit hinten um 10 mm verkürzten Höhenrudern ausgerüstet werden, um die Querstabilität zu verbessern. Am 2. Februar flog die M-6 zweimal, die A-02 einmal. Dabei fuhr bei der M-6 nach einer Landerollstrecke von 100 m das Bugrad ein, deshalb wurden beim Weiterrollen Bugradklappe und Bugspitze beschädigt. Am 4.2. flogen M-3, M-4, M-6 und M-18 insgesamt 17 mal. M-3 und M-19 dienten Messungen zur Stabilität um die Querachse, M-4 für die Längsachse sowie Start- und Landemessungen. Die Abkippeigenschaften der M-4 mit Störleiste waren wesentlich besser geworden, befriedigten aber noch nicht vollkommen. Deshalb waren weitere Flugversuche mit einer zweiten Störleiste in Dreiecksform vorgesehen, die auch die M-18 erhielt. Die Woche endete am 4. Februar mit dem tödlichen Absturz von Oblt. Wedemeyer in der He 162 M-6. Die Maschine schlug im starken Messerflug nach rechts auf. Als Ursache vermutete man eine Ruderblockierung. Als weiteres Versuchsflugzeug fiel am 8. Februar die M-4 durch einen 40-prozentigen Bruch bei einer Außenlandung aus. Flugbaumeister Full führte in 8000 m Höhe bei einer wirklichen Geschwindigkeit von 800 km/h Messungen zur Stabilität um die Hochachse aus, als starke Schwingungen um die Querachse auftraten. Beim Gaswegnehmen blieb das Triebwerk stehen und konnte nicht wieder angelassen werden. Als weitere Maßnahme gegen die gefährlichen Abkippeigenschaften der 162 sollte ein Stabilitätsausschnitt an der Innenseite der Landeklappen angebracht und auf verschiedenen Mustermaschinen erprobt werden. Da eine hintere Schwerpunktlage von 21 % für die Querachsenstabilität nötig war, musste Ballast im Bug der Maschinen montiert werden und der Rumpftank konnte nicht voll ausgeflogen werden, beides Maßnahmen, die sich negativ auf die ohnehin schon geringe Reichweite auswirkten. Deshalb suchte man nach anderen Auswegen, wie dem Stabilitätsausschnitt, Leitwerksvergrößerung und Rumpfverlängerung.

Am 11. Februar 1945 fand in Wien-Schwechat eine Besprechung des Technischen Direktors Francke mit dem General der Jagdflieger und dem Kommandeur der Erprobungsstellen statt. Dabei ging es vor allem um die bisher erreichten Verbesserungen der Stabilitäten und der Schieberollmomente der He 162. Im Verlaufe der nächsten 10 Tage sollte im Flugversuch geklärt werden, ob auf Grund der Instabilität um die Querachse der Rumpf verlängert werden müsse. Die Aufnahme der Funktions- und Truppenerprobung war erst möglich, wenn die erforderlichen Änderungen untersucht und durchgeführt waren, die eine Zulassung des Flugzeugs für volle Geschwindigkeit erlaubten. Entgegen den ursprünglichen Vor-

Retuschiertes Werkfoto eines frühen Versuchsmusters des „Volksjägers" He 162 noch ohne die späteren „Ohren" an der Tragfläche.

Zwei Standbilder aus einem Film vom Start der He 162 M-6 mit dem Kennzeichen VI+IF, in der Flugzeugführer Wedemeyer am 4.2.1945 den Tod fand.

Jumo 004 C verwendet werden. Am 14. 2. flog Francke erstmals die M-19 mit dem Stabilitätsausschnitt an der Landeklappe, konnte aber noch keine endgültige Beurteilung der Querachsenstabilität abgeben. Zu den immer wieder in der Erprobung auftauchenden Mängeln gehörten auch schwergängige und klemmende Steuerungen und Fahrwerke. Meist lag die Ursache in schlechter und ungenauer Verarbeitung. Die Schnellkanalmessungen bei der DVL sprachen dafür, dass eine wesentliche Stabilitätsverbesserung der He 162 durch Tieferlegen des Leitwerks und gleichzeitige Zurücknahme der Flügeleinstellung möglich sein könnte. Da diese Änderungen nicht ohne größeren Einbruch in die Serienfertigung übernehmbar waren, wollte Dir. Francke sie vermeiden und hoffte auf den Stabilitätsausschnitt, dessen Windkanalvermessung am 15.2. noch ausstand. Am 17. Februar sackte die He 162 M-25 beim ersten Versuch eines Werkflugs noch vor dem Start durch einen Fahrwerksfehler zusammen und wurde verhältnismäßig stark beschädigt. Damit verzögerte sich die Erprobung des verlängerten Rumpfs erneut. Der Wochenbericht vom 19. Februar konnte nach jetzt insgesamt 134 Starts mit einer Gesamtflugdauer von 32 Stunden und 19 Minuten melden, dass die Abkippeigenschaften mit der neuen Störleiste befriedigend waren. Weiter war durch eine Spreizung der Seitenruder nach außen eine wesentliche Verbesserung der Stabilität um die Hochachse eingetreten. Der verlängerte Rumpf (M-25) war mit zunächst geringen Geschwindigkeiten geflogen und zeigte verbesserte Eigenschaften um Hoch- und Querachse. Auch das vergrößerte Leitwerk mit auf 20° erhöhter V-Stellung, das an der M-19 versucht worden war, erwies sich als stabiler um die Hochachse. Fbm. Full hatte auf der M-3 mit vergrößertem Leitwerk und Landeklappenausschnitt eine größere Stabilität als ohne festgestellt. Das Flugzeug wurde bis M 0,72 geflogen und mit 2 g abgefangen. Gleichzeitige Messungen im DVL-

gaben stellte sich heraus, dass die He 162 im Endzustand auf ein Fluggewicht von 3,1 Tonnen kommen und dann ebenso lange Start- und Landestrecken wie die Me 262 benötigen würde. Deshalb war die Maschine ab Anfang April für Startraketeneinsatz auszurüsten. Als ein weiteres zu klärendes Problem ergab sich die Abkühlung des für den Einsatz vorgesehenen Kraftstoffs J 2 in den Flächentanks. Da dessen Qualität kriegsbedingt weiter absinken würde (Erhöhung des Stockpunkts) war mit Fließschwierigkeiten zu rechnen. Am 14. Februar beklagte Direktor Francke, dass die beiden Jumo 004-Triebwerke für die Musterflugzeuge M-11 und M-12 (W.Nr. 220017 und 220018) immer noch nicht in Wien waren und bat um Beschleunigung. Er hatte abgelehnt, dafür die neueste Ausführung der Motoren einzusetzen, da dann Änderungen erforderlich waren. Stattdessen sollten zwei

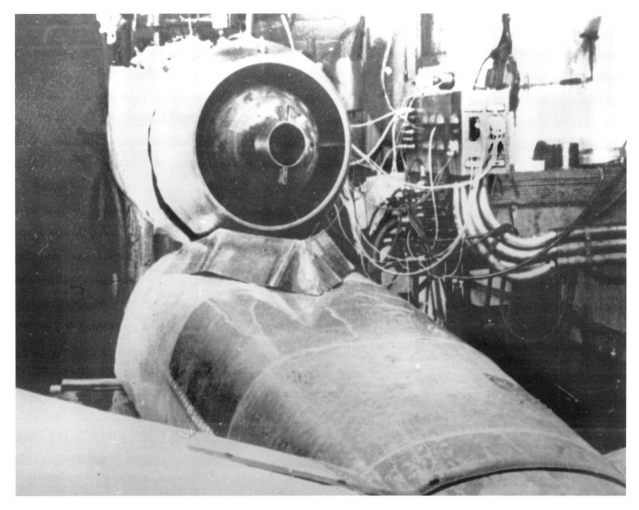

Schnellkanal hatten diese Verbesserungen bestätigt, ließen allerdings bei Lastvielfachen über 3 g eine wesentliche Verschlechterung erwarten. Nach diesen Messungen war die Stabilität 100-prozentig in Ordnung mit einer ausgerundeten Flügel-Rumpf-Verkleidung und einer um 2° größeren Flügelanstellung. Dafür liefen die Konstruktionsarbeiten bereits, Flugversuche waren aber frühestens in 8 Tagen möglich. Am 21.2.1945 wurden folgende Musterflugzeuge für die neuen Maßnahmen bestimmt:

1) Flügelanstellung um 2° ohne Änderung der Flügel-Rumpf-Verkleidung.
1. Versuchsträger: M-19 (W.Nr. 220002), Flugklartermin: 24.2.45, 2. Versuchsträger: M-35 (W.Nr. 220023)

2) Flügel-Rumpf-Auskleidung nach Dr. Motzfeld
1. Versuchsträger: M-22 (W.Nr. 220005), Flugklartermin: 25.2.45, 2. Versuchsträger: M-36 (W.Nr. 220024)

3) 2° Flügelanstellung und Flügel-Rumpf-Auskleidung nach Knappe-DVL
1. Versuchsträger: M-23 (W.Nr. 220006), flugklar: 27.2.45, 2. Versuchsträger: M-37 (W.Nr. 220025).

Der Umbau der Versuchsträger M-19, M-22 und M-23 sollte in Heidfeld, der von M-35, M-36 und M-37 in Languste erfolgen.

Ende Februar gab es Probleme zwischen der Technischen Direktion und dem Wiener Betriebsdirektor Huffziger, der die gesamte Umrüstarbeiten an der He 162 an die Firma Amme Lutter Sack vergeben hatte. Dir. Francke war gegen diese Entscheidung, da dadurch Verzögerungen zu erwarten waren. Gen.Dir. Frydag ordnete daraufhin die Durchführung der Schleusenarbeiten in Heidfeld an. Die ALS-Einfliegerei sollte auf Anraten Franckes unter EHAG-Verantwortung stattfinden. Dafür stellte er Ob.Lt. Gleuwitz als Pilot ab.

Ein Teil der beim russischen Angriff auf Wien evakuierten Versuchsmuster der He 162 gelangte nach Bayern. In einem zerbombten Hangar auf dem Flugplatz München-Riem wurde die He 162 M-23 (W.Nr. 220006, VI+IP) gefunden. Auf dem Foto ist die auf dieser Maschine erprobte verbesserte Flügel-Rumpf-Auskleidung erkennbar.

Am 25. Februar 1945 kam es zu einem weiteren tödlichen Unfall mit der He 162. Flugbaumeister Full stürzte mit der M-3 wahrscheinlich nach Triebwerksversagen ab. Beim Versuch des Neuanlassens mit der falschen Düsenstellung kam es zu einem Brand, der die Steuerung beschädigte. Ein weitere Beweis für die Notwendigkeit der Düsenautomatik beim BMW 003. Bei der M-20 fuhr bei einer Landung das rechte Federbein ein, so dass die Maschine ausbrach und beschädigt wurde.

Die von der DVL zur Verbesserung der Querstabilität vorgeschlagene Flügelmehranstellung um 2 Grad um den Staupunkt an der Flügelnase war aus technologischen Gründen nicht realisierbar. Mit einem möglichen Drehpunkt in etwa 50% der Flügeltiefe ergaben sich schlechte Windkanalergebnisse. Neue DVL-Messungen (Dr. Göthert) führten zu einer Verbesserung der Querstabilität in allen Flugzuständen durch ein Leitblech, das an der Flügelwurzel die Flächenhinterkante herabzog. Dies sollte in den nächsten Tagen im Flug überprüft werden. Damit waren die ge-

rade eingeleiteten Umbaumaßnahmen an M-19, M-35, M-23 und M-37 natürlich hinfällig. An den Mustermaschinen wurden so täglich sich ändernde Um- und Anbauten durchgeführt.

Am 28. Februar befanden sich M-19, M-21 und M-25 im Flugbetrieb, M-20 in der Reparatur, M-22 und M-23 in der Fertigstellung. Noch immer mangelhaft war die Anlieferung der Funkgeräte. Teilweise mussten die Versuchsmaschinen ohne FuG 24-Empfänger fliegen, so dass keine Verbindung zu den Piloten bestand.

Am 2. März erlitt das bis dahin einzige V-Muster mit verlängertem Rumpf (He 162 M-25) bei einer Bruchlandung einen 60%-Schaden. Während einer Triebwerksdauererprobung fiel der Motor durch Brennstoffmangel aus, obwohl die Tankanzeige noch 300 Liter anzeigte. Die Notlandung erfolgte zu kurz. Der Flugzeugführer blieb unverletzt. Wegen dieses Verlustes forderte Dir. Francke den Umbau einer dritten Maschine auf den verlängerten Rumpf. Die Maschine sollte die Musterbezeichnung M-41 bekommen und der 0-Serie aus Languste entnommen werden. Welches Musterflugzeug als zweites einen verlängerten Rumpf bekommen sollte, ist bisher unklar. Die drei Musterflugzeuge M-35, M-36 und M-37 wurden bis zum 4.3. in Heidfeld erwartet und sollten dort nach den Änderungsanweisungen 1 bis 3 umgerüstet werden und Landeklappenversuchen dienen, da die vorgesehenen Änderungen der Flügel-Anstellung und –Verkleidung wegfallen konnten. In der Zwischenzeit war am 1. März in der Reichssegelflugschule Trebbin auch der erste Gleiter 8-162 S eingeflogen worden. Das vorläufige Ergebnis lautete: „Wahrscheinlich mangelhafte Längs- und Richtungsstabilität".

Die M-22 mit allen bis dahin geforderten flugeigenschaftsmäßigen Änderungen (also auch die Stabilitätsleitbleche an den Landeklappen) wurde am 2.3.1945 von Flugzeugführer Kemnitz eingeflogen. Am 3. März erreichte er eine wirkliche Geschwindigkeit von 960 km/h, entsprechend Mach 0,83, in 3800 m Höhe. Die Maschine zeigte dabei stabiles Flugverhalten. Die Stabilitätskläppchen wurden in der Änderungsanweisung 4 als wichtigster Punkt gefordert, die zusammen mit der fünften am 7. März mit den Konstruktionsunterlagen an die Umbaubetriebe gingen. Die Anweisung

5 betraf die Triebwerke, die neben den Barmagpumpen auch die Düsenverstellhalbautomatik bekommen sollten. In der Praxis konnte dann BMW diese nicht termingerecht liefern, so dass weiterhin die Düsenverstellung von Hand nötig war. Beim Einsatz des Kraftstoffs J 2 anstelle des bisher verwendeten B 4 waren die Barmag-Pumpen notwendig. Am 9. März bat Dir. Francke um beschleunigte Zuteilung von B 4-Kraftstoff für die Flugerprobung in Wien, die bereits unter Mangel litt. Die Flugeigenschafts-Versuchsträger wollte man nicht auf den neuen Kraftstoff umrüsten, um Schwierigkeiten mit den Motoren zu vermeiden.

Die Flugerprobung in Wien bis 11. März 1945 umfasste 211 Flüge mit insgesamt 51 Stunden und 13 Minuten Flugdauer. Die M-22 war bereits 955 km/h in 5000 m Höhe geflogen und mit 3,9 g angefangen worden. Damit wurden für die jetzt mögliche Fronterprobung folgende Beschränkungen für die angezeigte Fluggeschwindigkeit Va festgelegt:

In einer Höhe von

0 bis 5000 m	750 km/h
bis 7000 m	600 km/h
bis 9000 m	500 km/h
bis 11000 m	400 km/h.

Auch die He 162 M-20 (W.Nr. 220003) wurde im Mai 1945 in Riem gefunden.

Das bedeutete ein wirkliche Geschwindigkeit von 900 km/h in 5000 m Höher. Als maximale Beschleunigung waren 4 g festgelegt.

Die M-21 wurde am 7. 3. bei einer zu kurzen Landung durch vorzeitige Bodenberührung zu 20 % beschädigt. Einen Tag später erlitt die M-22 bei einer Landung mit stehendem Triebwerk Reifenschäden und leichte Stauchungen am Rumpf. Die Treibstoffpumpen hatten bei negativen Beschleunigungen Luft angesaugt, so dass nachträglich Entlüftungen gebaut werden mussten. Das Abwerfen der Kabinenhaube war im Hamburger Wasserschleppkanal und in Wien durch Anblasen durch eine vorgestellte He 219 und dann im Triebwerksstrahl einer He 162 erprobt worden und funktionierte. Die M-32 sollte weitere Stabilitätsflüge durchführen, da sich im Windkanal Schwierigkeiten mit dem größeren Leitwerk gezeigt hatten. Am 12.3.1945 ging ein weiteres Versuchsmuster verloren, als sich die M-8 nach Triebwerksversagen bei der Landung überschlug und verbrannte. Der Flugzeugführer Fw. Wanke konnte mit leichten Verletzungen geborgen werden. Zum Totalverlust der M-19 kam es am 14. März bei der Auffangstaffel der II./JG 1

in Schwechat. Am 16.3.1945 flog Carl Francke die He 162 M-32 ein und beklagte sich über die schlechte optische Qualität der Führerraumverglasung. Der letzte Wochenbericht über die Flugerprobung in Wien stammt vom 27. März. Danach waren bis zum 25. d. M. insgesamt 259 Starts mit 65 Sunden und 21 Minuten Flugdauer absolviert worden. Da bei einer Maschine beim Anlassen des Triebwerks der Flügelbehälter explodiert war, ergab sich als notwendige Änderung die Trennung von Flügel-Entlüftungs- und Leckleitung. Dies sollte ab Aprillieferung beachtet werden, während für die im März frontklaren Maschinen die Düsen-Halbautomatik noch wegfallen konnte.

Da Ende des Monats der Kern der Entwicklungsmannschaft vor den vorrückenden sowjetischen Truppen aus dem Wiener Raum evakuiert werden musste, fehlen bisher belegte Aufzeichnungen über die weiteren Erprobungs- und Entwicklungsarbeiten. Ob und in welchem Umfang noch in Gandersheim oder in Rostock weitergearbeitet wurde, ist schwer zu überprüfen. Es gibt Erinnerungsberichte, dass in Rostock Versuche mit Starthilfsraketen erfolgten, auch Maschinen mit vergrößerten

Ein Einflieger bereitet sich zum Start in einer He 162 vor.

Robert Irrgang (1908-1992)

geboren am 2.4.1908 in Pleß/Oberschlesien.

1927 bis 1932 Studium der Mathematik und Physik an den Universitäten Breslau und Greifswald sowie an der TH Breslau.

1932 bis 1936 Studienassessor in Sagan, Breslau und Trebnitz.

1937 Wissenschaftlicher Mitarbeiter für Strömungslehre TH Breslau.

1938 Mathematiker und Aerodynamiker bei den Ernst Heinkel Flugzeugwerken. Hauptarbeitsgebiete Schleudersitz und Windkanaluntersuchungen.

1949 bis 1953 Dozent an der Arbeiter- und Bauern-Fakultät und Fakultät für Luftfahrt der Universität Rostock.

1954 Dozent an der Fakultät Maschinenwesen und Luftfahrtwesen der TH Dresden.

1957 bis 1973 Dozent an der Hochschule für Schwermaschinenbau und TH Magdeburg.

1992 Am 2. April in Dresden verstorben.

Flächentanks sind noch ausgeliefert worden. In der letzten Variante nutzte man den gesamten Flügel als Behälter mit 900 Liter Inhalt. Bisher nicht nachprüfbar ist die Angabe in einem in den sechziger Jahren zusammengestellten Typenblatt für die „He 162 A-10" mit 2 Argus As 014 Pulsostrahlrohren. Darin heißt es: „Das erste Musterflugzeug He 162 M-42 machte am 29. März 1945 in der Nähe von Bad Gandersheim den Erstflug." Da aber die Serienbezeichnung offensichtlich fiktiv ist, ebenso wie die manchmal in der Literatur zu findenden Varianten He 162 B, C, D usw., scheinen Zweifel geboten. Auch die Tatsache, dass in den bis Ende März relativ umfassend erhaltenen Akten der Technischen Direktion die Ausrüstung der He 162 mit den Argus-Rohren nicht genannt wird, lässt zweifeln. Weiterhin ist bekannt, dass in Gandersheim der Umbau zur zweisitzigen Schulversion He 162 A-3 erfolgen sollte. In seinem am 6.7.1945 für die Amerikaner verfassten Bericht „Geschichte und Erfahrungen der 162" erwähnt Siegfried Günter zwar, dass Ende März 1945 die beiden mit Jumo 004 ausgerüsteten He 162-Mustermaschinen in Wien gesprengt wurden, ohne geflogen zu sein, auf die Ausrüstung mit Argus-Rohren geht er aber nicht ein. Ebenso beschreibt er die Planungen,

mit der Einführung des He S 11-Triebwerks eine neue pfeilförmige Tragfläche und wahrscheinlich auch ein gepfeiltes V-Leitwerk zu verwenden. Dafür war ein Modell mit 4,8 m Spannweite für den großen Braunschweiger Windkanal in Arbeit, für das zwei Tragflächen mit 25° Pfeilung nach vorn und 35° nach hinten gebaut wurden. Serienbezeichnungen für diese Varianten nennt er nicht. Das sind die später in der Literatur zu findenden Varianten mit den fiktiven Versionsbuchstaben B, C und D.

Von einer konzentrierten und zielgerichteten zentralen Entwicklung im April 1945 kann sicher nicht mehr ausgegangen werden. Otto Butter berichtet über die Evakuierung der wichtigsten Mitarbeiter der Entwicklungsabteilung aus Wien, die zuerst per Zug nach Gandersheim/Harz erfolgte. Dann wurde die Fahrt wegen des Vorrückens der Alliierten in das Heinkel-Werk in Jenbach/Tirol umgeleitet, was etwa eine Woche beanspruchte. Von dort wich eine Gruppe von etwa 35 Personen, u. a. Projektleiter Siegfried Günter, nach Landsberg am Lech in Bayern aus. In einer Jugendherberge arbeitet man dort bis zur Einnahme des Ortes an weiterführenden Projekten. Nach Kriegsende haben dann Siegfried Günter und wenige seiner Mitarbeiter im Auftrag und auf Kosten von

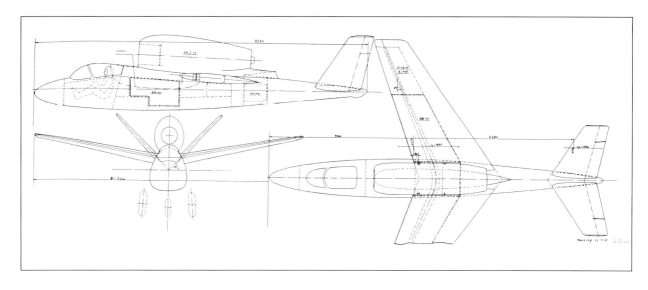

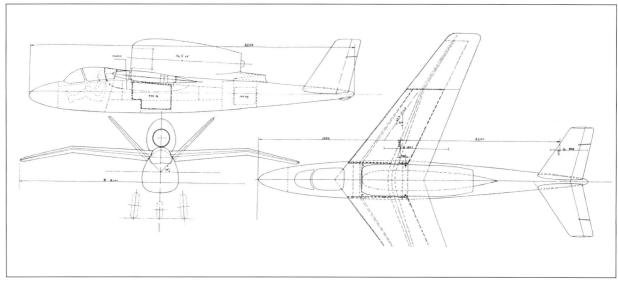

Es lagen bei Kriegsende leistungsgesteigerte Entwürfe der He 162 mit negativer und positiver Flügelpfeilung vor, wofür Windkanalmodelle in Arbeit waren. Die Literaturbezeichnungen He 162 B und C dafür sind aber unbelegt.

Ernst Heinkel drei Monate lang Ihre Ideen für die Amerikaner zusammengefasst. Die vom Firmenchef erhoffte Übernahme und Weiterarbeit für die Sieger erfolgte allerdings nicht, so dass Siegfried Günter im April 1946 zu seinen Schwiegereltern nach Berlin zog, wo er bald vom sowjetischen NKWD mehr oder weniger freiwillig zur Mitarbeit abgeholt wurde.

Als die He 162 ab April 1945 an die Luftwaffe ausgeliefert wurde, hatte die unter widrigen Umständen und starkem Zeitdruck erfolgte Flugerprobung dafür gesorgt, dass der größte Teil der ursprünglichen Flugeigenschaftsbeeinträchtigungen beseitigt waren. Die He 162 war einsatzklar, aber nicht „narrensicher". In seiner Einschätzung des

Jägers fasste Flugkapitän Kurt Heinrich nach Kriegsende die Mängel und die Änderungen zu deren Beseitigung zusammen:

Nach den ersten Versuchsflügen stellten sich folgende Mängel am Flugzeug heraus:

a) Die Stabilität um die Hochachse war zu gering, die Dämpfung zu schwach.

b) Die Seitenruder-Fußkräfte waren viel zu gering bei zu großer Wirkung des Seitenruders.

c) Die Stabilität um die Querachse nahm mit zunehmender Geschwindigkeit ab. Bei Geschwindigkeiten über 700 km/h war Instabilität vorhanden.

d) Die Querruder-Handkräfte waren zu gering.

e) Die Schieberollmomente waren zu

Diese 1945 sehr ausführlich fotografierte He 162 A-2 (W.Nr. 120222) befindet sich heute in der Sammlung des amerikanischen National Air and Space Museums in Silver Hill, Maryland.

groß, also Kopplung zwischen Hoch- und Längsachse zu stark.

f) Die Federung im Hauptfahrwerk war zu hart.

g) Das Klappdach des Führersitzes ließ sich im Gefahrenfall nicht schnell genug öffnen.

h) Das Flugzeug kippte im überzogenen Zustand über die Fläche ab.

Folgende Konstruktionsänderungen wurden daraufhin durchgeführt:

a) Der Tragflügel wurde in der Beplankung von 4 auf 5 mm verstärkt.

b) Um die Dämpfung und die Stabilität um die Hochachse zu erhöhen, wurde das Seitenleitwerk mit Hilfe größerer Endkappen vergrößert.

c) Ein Federkörper, der das Seitenruder in der Null-Lage mit 5 kg vorspannte, brachte die notwendige Erhöhung der Fußkräfte.

d) Um die Stabilität um die Querachse vor allen Dingen im Zustand des Abfallens zu erhöhen, wurde einmal das Höhenleitwerk um 210 mm verbreitert, zum andern die Landeklappe in Rumpfnähe hinten nach unten gewölbt, damit die Abwindströmung des Flügels in keinem Flugzustand das Leitwerk beaufschlagen konnte.

e) Eine Erhöhung der Querruderkräfte war durch Vertiefen des Ruders um den Betrag der Bügelkante zu erreichen.

f) Um die Schieberollmomente zu verkleinern, wurde der Tragflügel mit sogenannten „Ohren" versehen, die mit 45° nach unten geneigt angebracht wurden.

g) Zur besseren Durchfederung wurde der Fülldruck des Hauptfederbeines von 35 atü auf 10 atü vermindert.

h) Um das Dach des Führersitzes im Gefahrenfall besser öffnen zu können, wurde am Dachverschluss ein Seilzug mit Knopf in Griffnähe angebracht.

i) Eine Störleiste an der Flügelvorderkante machte das Flugzeug vollkommen abkippsicher.

Als weitere Verbesserung erhielt die Landeklappenpumpe eine Manschette, da vorher das Öl entweichen konnte.

Ein weiterhin vorhandenes Sicherheitsrisiko, insbesondere für unerfahrene Piloten, war die Eigenschaft der He 162 bei Schiebewinkeln von über 20° ins stationäre Trudeln zu kommen, also ein Zustand, aus dem die Maschine nicht mehr in die normale Fluglage zu bringen war. Nach einigen Unfällen bei der Umschulung wurde in Rostock eine Maschine für einen Versuch geopfert.

Das Flugzeug wurde mit Gas im Normalflug ohne Schieben überzogen. Bei 170 km/h sackte es durch. Bei 10°, 15° und 20° Grad ist das Verhalten noch einwandfrei. Etwas über 20° rutschte die Maschine ab. Das Flugzeug machte Schwankungen, die nach der einen Seite geringer, nach der anderen stärker waren. Beim Schieben wurde der Turbinenstrahl hinausgedrückt und ein Seitenleitwerk saugte sich in diesen Strahl. Das Flugzeug pendelte, ging ins Trudeln über und kam aus diesem Zustand nicht mehr heraus. Die dagegen erforderlichen Maßnahmen, Verlängerung des Rumpfes und Erhöhung des Seitenleitwerks, kamen vor Kriegsschluss nicht mehr in den Serienbau.

*Die He 162 A-2 „weiße 23"
wurde in Leck/Schleswig-
Holstein erbeutet und ging
zur Erprobung in die USA,
wo 1945 diese Aufnahmen
entstanden. Sie ist die
damals am häufigsten
fotografierte He 162.*

Lieferpläne und Fertigung der He 162

Die Bauplanungen

Als mit Hitlers Zustimmung zum Konzentrationsprogramm der Luftrüstung im September 1944 der Bau der He 162 beschlossen wurde, war eine wesentliche Voraussetzung der Planung das gleichzeitige Anlaufen von Konstruktion, Versuchsbau und Serienfertigung, um die vorgesehene Stückzahl von 1000 Maschinen monatlich, so schnell wie möglich zu erreichen. Der Einsatz sollte bereits ab Frühjahr 1945 möglich sein. Prof. Willy Messerschmitt hat im Oktober 1944 diesen Plan abgelehnt und „die Entwicklung mit derartig unvorstellbaren Terminzielen als den Ausfluss einer Panikstimmung" bezeichnet. Der spätere Verlauf der Arbeiten an der He 162 sollten ihm recht geben. Doch mit Vernunft war im letzten Kriegsjahr in den Entscheidungsgremien nicht mehr zu rechnen. Zum Generalkommissar

dieser sogenannten „Gewaltaktion" wurde der Generaldirektor der Bergmann-Elektrizitätsgesellschaft und Vorsitzende des Rüstungsbeirates Philipp Keßler ernannt.

Die Endmontage der He 162 sollte nach der ursprünglichen Planung bei Heinkel und in etwa doppeltem Umfang bei Junkers erfolgen. Dabei wurden die Metallrümpfe dort hergestellt und durch zugelieferte Teile ergänzt. Dies waren die in sogenannten Fertigungskreisen hergestellten Holzbauteile, wie die Flächen, Seitenleitwerke, Rumpfspitzen und verschiedene Klappen, wozu die Triebwerke, die Fahrwerke, Bewaffnung und Ausrüstung kamen.

Der erste, die He 162 enthaltende, Lieferplan 226 vom 30.9.1944 sah den Bau von 12 000 He 162 in der Zeit vom Januar 1945 bis März 1946 vor. Nach einer Anlaufphase mit 50 Stück im Januar, 100 im Februar, 300 im März und 550 im April 1945 sollten ab Mai 1945 monatlich 1000 He 162 gemeinschaftlich von den beiden Fertigungsringen F 1 (Junkers) und F 3 (Heinkel) gebaut werden, wobei die Aufteilung etwa im Verhältnis 2:1 vorgesehen war.

Das nächste Lieferprogramm 227 vom 15.12.1944 rechnete für den gleichen Zeitraum mit einer weiter erhöhten Stückzahl, nämlich 13 897. Davon sollten 10 577 als A-1-Version mit 2 MK 108 und 3 320 als A-2 mit 2 x MG 151/20 gebaut werden. Der Bau der ersten 25 He 162 A-1 war im Februar 1945 bei Junkers vorgesehen, ab Oktober plante man eine monatliche Fertigung von 1220 Maschinen dieser Version, wobei ab März auch die Lieferungen aus dem Mittelwerk (Organisation Kunze) einsetzen sollten. Die Produktion der He 162 A-2 sollte mit 50 Maschinen im Januar 1945 (20 von EHW und 30 aus Rostock) beginnen, die geplante monatliche Fertigung stieg dann bis auf 350 im September und sollte mit je 280 Maschinen ab Oktober weiterlaufen. Als Ausbildungsflugzeuge waren im gleichen Programm 500 zweisitzige He 162 A-3 und 760 zweisitzige Schulsegler 8-162 S

vorgesehen. Die Fertigung der He 162 A-3 sollte mit 5 Stück bei HWO im April 1945 beginnen und über 15 im Mai und 30 im Juni auf monatlich 50 ab Juli 1945 steigen. Die Schulseglerfertigung plante man mit 5 Stück im Januar, 35 im Februar, 80 im März, 100 im April und Mai, dann sank die Stückzahl über 80 im Juni auf monatlich 40 ab Juli 1945. Die Herstellung der He 162 S übernahm das NSFK Dresden. Zum Beispiel sind in der Möbelfabrik Otto Weinhold in Olbernhau in Sachsen die hölzernen Rümpfe gebaut und vom NSFK montiert worden. Bei Kriegsende waren etwa 25 davon fast fertig und wurden im Werk zerschlagen und vor dem Eintreffen der russischen Kontrollkommission verbrannt.

Damit war für die Zeit von Januar 1945 bis März 1946 insgesamt der Bau von 14 397 He 162 in den Varianten A-1, A-2 und A-3 vorgesehen. Dabei rechnete man aber nicht mit der tatsächlichen Erfüllung, da die „Planziffern absichtlich erhöht (waren), um (den) wirklichen Hochlauf schnell zu erreichen", wie bei der Programmbesprechung bei

Da die unbetankte He 162 schwanzlastig war, wurde sie für die Aufnahme am Heck abgestützt (Foto S. 210). Das zweite Foto (unten) zeigt die nachträglichen Änderungen durch den Grafiker Gert Heumann, der nach dem Krieg auch viele Montagen von Flugzeugbildern schuf.

Die Fertigung der He 162 erfolgte größtenteils in unterirdischen Fabriken und Waldwerken durch ausländische Arbeiter und Häftlinge aus den Konzentrationslagern der SS. Die Bilder zeigen Fertigungsabschnitte im Untertagebetrieb „Languste", hier die Kleinteilvormontage.

Reichsmarschall Göring am 12. Dezember 1944 festgehalten wurde.

Vom 15. März 1945 stammen zwei Entwürfe für einen neuen Lieferplan 228, der zwar eine Reduzierung der Lieferzahlen vorsah, aber in Bezug auf die tatsächlichen Verhältnisse und die bis dahin aufgetretenen Schwierigkeiten, immer noch nur mit einem totalen Wahrnehmungsverlust erklärbar ist. Statt der bisher im März 1945 vorgesehenen 202 He 162 sollten nun noch 150 Stück gebaut werden. Die tatsächliche Meldung industriefertiger Maschinen betrug allerdings nur 34. In den nächsten Monaten bis Juli lagen die neuen Planungen (1. Entwurf LP 228) dann sogar über denen des Plans 227, ab August mit 880 Stück erstmals unter dem vorherigen LP 227, um sich danach mit weiter sinkenden Zahlen unter der bisherigen Planung einzupegeln. Der zweite und endgültige Entwurf des LP 228 begann mit 150 Maschinen im März 1945, gefolgt von 315 im April, 460 im Mai und sah ab Juni 1945 mit je 530 He 162 eine konstante Monatsrate vor, die weit unter der des vorherigen LP 227

lag. Dieser muss in der Zwischenzeit auch bereits eine Reduzierung erfahren haben, da in den Unterlagen vom März 1945 die Bauzahlen aller Versionen der He 162 ab August 1945 nur noch bei 1150 lagen.

Die Planung der Fertigungsstätten änderte sich ebenfalls und stellte im wesentlichen nur eine Anpassung an die sich durch den alliierten Vormarsch ständig verschlechternde Lage dar.

Beispielsweise ist die durch die Literatur geisternde Fertigung in den unterirdischen Mittelwerken im Kohnstein nie angelaufen. Die Planung für dieses sogenannte Programm „Schildkröte" vom 19. Oktober 1944 ging von einer angestrebten Fertigung von monatlich 2000 Triebwerken BMW 003 und 1000 He 162 aus. Dabei sollten die Arbeiten an der ersten Maschine Ende Dezember 1944 beginnen und die Fertigungsplanung sah zwei He 162 im Januar 1945, fünf im Februar, 15 im März, 25 im April, 50 im Mai, 300 im Juni, 600 im Juli und ab August 1945 dann 1000 fertige Flugzeuge monatlich vor. Am 2.11.1944 erhielten Vertreter des Mittel-

werks bei einer Besprechung bei EHW einen Satz Zeichnungspausen der He 162. Im Wochenbericht der Technischen Direktion EHW vom 12. November ist vermerkt, dass auf Anordnung des Generalkommissars Keßler die Mittelwerke als Lizenznehmer in das He 162 Programm eingeschaltet werden. Vom 20. bis 22.11.1944 fanden im Harz Besprechungen über den geplanten Anlauf der He 162 bei der nun sogenannten „Organisation Direktor Kunze" statt. Dabei wurden Fragen, wie die Lieferung der Betriebsmittel, die benötigten Holzteillieferanten u.ä. besprochen. Gegenüber dem ursprünglichen Programm „Schildkröte" war die gesamte Bauplanung bereits um zwei Monate verschoben, d.h. die ersten beiden Maschinen sollten im März fertig und der volle Monatsausstoß von 1000 Stück im Oktober 1945 erreicht sein. Bereits bei der nächsten Anlaufbesprechung am 4. Dezember in Wernigerode war eine erneute Planverschiebung nötig, da die nötigen Betriebsmittel nicht rechtzeitig beschaffbar waren. Die für den Zeitraum März bis Mai vorgesehenen 22

Maschinen sollten nun alle erst im Mai gebaut werden.

Am 23. Januar 1945 erhielten die Wiener Neustädter Flugzeugwerke (WNF) auf Anordnung von Generaldirektor Frydag die Unterlagen He 162. WNF hatte um diese gebeten. Eine Entscheidung, ob die He 162 dort gebaut werden sollte stand noch aus. Diese erfolgte Ende des Monats, da im Protokoll der Nachbaubesprechung 162 am 2. Februar die Einschaltung von WNF als Nachbaufirma festgehalten ist. Dadurch änderte sich die Aufteilung des Bauprogramms für Planung, Beschaffung und Lieferung. Junkers sollte nun 800, EHAG 500 und WNF 200 He 162 (monatlich) bauen. Zu diesem Zeitpunkt war offensichtlich der Bau der He 162 in den Mittelwerken schon gestrichen, da Junkers und WNF die Verwendung bereits dafür gelieferten Materials und die Einschaltung der an diesem Programm beteiligten Firmen überprüfen sollten. Nach Abschluss dieser Prüfung hatte EHAG die Rückführung der Kontingente zu übernehmen. Wahrscheinlich liegt der Grund für das Ausscheiden der

Die Rumpfbehäutungs-
bleche werden nach
Schablonen geformt.

Montagearbeiten an der elektrischen Ausrüstung der He 162.

Der Zusammenbau der Ganzmetallrümpfe aus Spanten, Stringern und Behäutung erfolgte in speziellen Hellingen.

Mittelwerke aus der He 162-Fertigungsplanung darin, dass sie ab November 1944 als Generalauftragnehmer des Gesamtprogramms 8-103, also der V-1-Produktion, fungierten.

Der Bau der He 162 bei WNF im Gebiet Klagenfurt/Kärnten war bei Kriegsende in Vorbereitung, die Flugzeugauslieferung dort sollte im Juli/August 1945 beginnen.

Für die Endmontage bei Heinkel in Wien und Rostock und bei Junkers wurden die Triebwerke, Fahrwerke, Ausrüstung, Waffen usw. zugeliefert. Die Endmontagewerke fertigten die Rümp-

fe, Triebwerksverkleidungen und Höhenleitwerke in Metallbauweise selbst an. Dazu kamen die Holzbauteile, d.h. die Tragflächen (ohne die abgewinkelten Endkappen aus Metall), die Seitenflossen und Seitenruder, Flächenruder, die Bugkappe und die Rumpfklappen. Diese wurden von lokal organisierten Zusammenschlüssen von mittleren und kleineren Holzbaubetrieben, Möbelwerken u. ä. gefertigt. Dazu gehörten die Organisationen „Wächter" in Thüringen, „Heyn" in Sachsen, „Heinke" in Schlesien, „Schaffer" in Oberösterreich, „Dr. May" in Württemberg und die „Mittel-

deutsche Holzbaugesellschaft" in Halle/Saale. Im Verlauf der Fertigungsorganisation gab es Verschiebungen und Veränderungen der Zuordnungen einzelner Firmen zu diesen Holzbaukreisen und Endmontagewerken. In den letzten Kriegsmonaten erforderten die zunehmend schlechteren Verkehrsverhältnisse eine Verlagerung bzw. Konzentration der Holzteilfertigung näher an die Endmontageplätze. Deshalb befanden sich Holzbaukreise in Mecklenburg, Franken und Mähren (Müller-Strobl) im Aufbau. Da die Idee des „Gewaltprogramms 162" stark von der SS popagiert wurde, sollte der Tragflügel „als Gemeinschaftsarbeit der Schutzstaffel (SS), des NS-Fliegerkorps, des Handwerks und der Industrie unter Führung des SS-Hauptsturmführers Dr. Kurt May (SS-Führungshauptamt Amt X)" erfolgen. Anfangs waren die eingeschalteten Holzfirmen in drei Baukreise gegliedert, die alle dem Arbeitsstab Dr. May in Berlin untergeordnet waren. Da es bei dieser Organisation Schwierigkeiten und Organisationsmängel gab, beschloss man Mitte Januar 1945, die Verantwortung für die Holzbauteile auf die Zellenfirmen zu verlagern. Heinkel wurden die Baukreise Kalkert Mitteldeutsche Metallwerke, Erfurt und May in Esslingen/Neckar zugeteilt. Junkers arbeitete mit den Organisationen Wächter in Neustadt/Orla, Heyn in Dresden und Müller-Strobl in Butschowitz bei Brünn zusammen. Der Arbeitsstab Dr. May fiel weg. In einem weiteren Protokoll vom 29. Januar ist die Aufteilung der Fertigungskreise erneut etwas geändert und präzisiert. Danach lag die Verantwortung für die Flächenausbringung der Kreise Wächter, Heyn, Strobl und Schaffer bei Junkers, zu EHW gehörte die Fertigungsgruppe May und zu EHF die von Kalkert und Brand. Dabei ist der Standort des letzteren, hier erstmals erwähnten, nicht angegeben. Auch die Schreibweise der Holzbauorganisationen variiert in den verschiedenen Dokumenten.

Einbauarbeiten an fertiggestellten Rümpfen.

Der erste, der beim NSFK gebauten, Schulgleiter He 162 S wurde am 1. März 1945 in der Reichssegelflugschule Trebbin eingeflogen.

*Generaloberst Alfred Keller, der seit dem ersten Weltkrieg den Spitznamen „Bomben-Keller" trug, wollte die Halbwüchsigen ganzer Flieger-HJ-Jahrgänge direkt aus der Segelflugschulung in den „Volksjäger"-Einsatz schicken.
Foto: Luftwaffenmuseum der Bw*

Beispielsweise ist von Strobl oder Strobel, ebenso von Hainke oder Heinke die Rede. Die Bezeichnungen Fertigungskreis Süd, FK Esslingen oder Dr. May wurden beispielsweise für die im Raum Esslingen konzentrierte Gruppe benutzt. Durch die bevorstehende Besetzung Schlesiens war der Ausfall der Fertigung bei der Firma Hainke in Langenoels/Schlesien (Seitenleitwerke, Klappen und Tanktraggerüste) zu erwarten.

Diese sollte von den Fertigungskreisen Kalkert und Mecklenburg übernommen werden. Die bisher zum Fertigungskreis Heyn, Dresden, gehörende Firma Schwade in Erfurt, ordnete man aus Transportgründen im Februar 1945 dem Kreis Kalkert oder Wächter zu. Um die weiter Schwierigkeiten bereitende Innenraumkonservierung der Holztragflächen zu verbessern, wurde bei Junkers eine Taumelvorrichtung entwickelt, die von allen Flächenfertigungskreisen übernommen werden sollte. Die bei Heinkel und bei der Gothaer Waggonfabrik in Entwicklung stehenden Schalenkonstruktionen der Tragfläche sollten nur verwendet werden, wenn die Abdichtung der Tankräume im Flügel nicht gelingen sollte. Da als neues Endmontagewerk die Wiener Neustädter Flugzeugwerke (WNF) in Aussicht genommen wurden, erhielten diese den Fertigungskreis Schaffer in Linz zugeordnet, während die am Kunze-Programm (geplante Fertigung im Mittelwerk) beteiligten Holzbaubetriebe in den Fertigungskreis Wächter integriert wurden.

Der Bau des Schulseglers 8-162 S erfolgte in Werkstätten des NSFK, hauptsächlich im Raum Dresden bei der „NSFK-Arbeitsgruppe Mitte". Wieviel dieser Segler bis Kriegsende fertig wur-

Ulrich Raue (1913-1976)

geboren am 11.1.1913 in Kiel.

1932 Examen an der Höheren Technischen Lehranstalt für Maschinenwesen und Schiffbau in Kiel.
Konstrukteur und Versuchsingenieur bei der Deutschen Werft in Kiel.

1938 Leiter des Musterbaus bei den Ernst Heinkel Flugzeugwerken, wo auch die ersten Versuchsmuster der He 176 und He 178 und später der He 280 und He 162 gebaut werden.

1945 Wiederaufbau und Leitung der Gasversorgung bei den Stadtwerken Kiel.

1948 Betriebsdirektor bei der MaK-Maschinenbau GmbH Kiel.

1966 Vorstandsmitglied der Daimler-Benz AG, Leiter Nutzfahrzeugwerke.

1976 verstirbt Ulrich Raue.

den, ist bisher unklar. In einem Sammelbericht des Rüstungsstabs beim Reichsminister für Rüstung und Kriegsproduktion vom 21. Oktober 1944 ist die Planung zusammengefasst. Darin heißt es u.a.: „Generaloberst Keller stellt sich mit allen Männern und Werkstätten des NSFK für die Aufgabe 162 zur Verfügung und stimmt den Ausführungen von HDL Saur zu, wonach die Schulflugzeuge weitestgehend vom NSFK selbst gebaut werden und in einer triebwerkslosen Ausführung zur Kurzausbildung eines geschlossenen HJ-Jahrganges dienen sollen. Es ist beabsichtigt, von der Segelflugschulung möglichst unmittelbar auf die einsatzmäßige 162 überzugehen, ohne Zwischenschaltung eines Otto-Flugzeugs." Der Erstflug einer 8-162 S erfolgte am 1. März 1945 in Trebbin. Im März begann dort die Schulung des Lehrgangs „Jagdfliegernachwuchs für Sonderzwecke". Nach Tagebuchaufzeichnungen aus diesen Tagen erfolgten Ende des Monats mehrere Schleppstarts mit der 162 und am 8. April kam Hanna Reitsch nach Trebbin und flog die 162. Ab 20. April wurden die Hitlerjungen dieses Lehrgangs dann bei der Verteidigung Berlins im infanteristischen Einsatz „verheizt".

Die tatsächlichen Bau- und Lieferzahlen

Die Erfassung der tatsächlich fertiggestellten und noch ausgelieferten He 162 ist schwierig, da die dazu nötigen Unterlagen unvollständig sind. Dies betrifft insbesondere die Zahlen für den Monat April 1945. Bei Kriegsende gab es drei Endmontagelinien. Während der Bau bei Heinkel in Wien (EHW) mit dem Angriff sowjetischer Truppen am 1. April endete, lief die Fertigung bei Junkers in Bernburg (JFM-FZB) bis Mitte April und bei Heinkel-Nord (EHF) in Rostock und Barth bis zum 1. Mai 1945.

Zur Fertigung in Wien gehörten der Musterbau in Heidfeld bei Schwechat und die Serienfertigung im unterirdischen Werk „Languste" in Hinterbrühl. Dabei war diese Aufteilung nicht vollkommen. In „Languste" wurden die Baulehren und Rümpfe hergestellt und die Rumpfeinbauten ausgeführt. Zur verbesserten Einarbeitung der Beschäftigten wurde der Zusammenbau der Rümpfe für Muster- und Serienprogramm werkstattmäßig anfangs gemeinsam durchgeführt. In Heidfeld erfolgten Triebwerks- und Endmontage und die Einfliegerei. Am 15. November 1944 gehörten 558 Personen zum Musterbau, davon arbeiteten 373 im Betrieb Languste (116 deutsche und ausländische Arbeiter und 257 KZ-Häftlinge), weitere 185 in Heidfeld (153 Mann eigenes Personal und 52 Häftlinge). Für den Reihenbau arbeiteten insgesamt 757 Personen in den Betrieben „Julius" (Wien), Heidfeld und „Languste", davon waren 590 Häftlinge. Einen Monat später war die Zahl der Beschäftigten im Musterbau auf 479 gesunken, wovon 51,5 % Häftlinge waren. Im Reihenbau war die Gesamtzahl der Beschäftigten auf 873 gestiegen, bei einem Häftlingsanteil von 68,2%.

Die Versuchsmuster He 162 M-1 bis M-10 mit den Werknummern 200001 bis 200010 wurden bald durch die aus dem parallel anlaufenden Reihenbau stammenden Maschinen der Werknummernfolge 220... ergänzt. Diese rüstete der Musterbau anfangs ebenfalls alle für Versuchsaufgaben um. Die bekannt gewordenen Musterflugzeuge sind in der Tabelle zusammengefasst. Wieviel Serienmaschinen in Wien insgesamt fertiggestellt wurden, ist nicht zweifelsfrei zu klären. Kurz vor dem Eintreffen der sowjetischen Truppen wurden die vorhandenen fertigen Maschinen verlegt, wieviel eventuell bereits vorher aus der Serienfertigung ausgeliefert wurden, ist unklar. Im letzten Wochenbericht der Technischen Direktion Wien vom 27. März 1945 werden 58 Maschinen als anzustrebende März-Lieferung frontklarer Flugzeuge genannt. Davon sollten 18 aus Bernburg, 10 aus Rostock, 5 aus Oranienburg, 10 aus Ludwigslust und 15 aus Wien kommen. Von den Wiener Maschinen waren sieben für die Luftwaffe vorgesehen. Zusammen mit den 10 Versuchsmustern und den rund 15

weiteren Mustermaschinen kann man die Fertigung in Wien so auf etwa 40 Maschinen schätzen. Ernst Heinkel und Karl Frydag gaben in der Befragung durch die Alliierten im Juli 1945 an, dass etwa 12 He 162 von Wien nach Hörseburg bei Linz und Lechfeld ausgeflogen wurden. Weitere 10 bis 12 Maschinen, die sich im Endstadium der Montage bei der Umrüstfirma Amme Lutter Sack befanden, wurden zuerst nach Ainring transportiert und dann in eine kleine Fabrik nach Lent bei Schwarzach (Salzburg).

Der Junkers-Zweigbetrieb in Bernburg (FZB) stellte bis Mitte April 1945 insgesamt 29 He 162 A-1 fertig, wovon 4 beim Einfliegen beschädigt bzw. zerstört wurden. Zur Auslieferung kamen davon noch 15, während der Rest bei Kriegsende am Boden zerstört wurde. Die Rümpfe für diese Maschinen entstanden in einer unterirdischen Fabrik in der Salzmine der Schachtanlage IV/VI Westeregeln bei Tarthun an der Landstraße nach Egeln, Tarnname „Maulwurf". Die Werkzeugmaschinen stammten aus dem Junkers-Zweigwerk Schönebeck (FZS). Nach der Montage der Rümpfe wurden sie in senkrechter Position durch den Schacht nach oben befördert. Die Fertigung hatte dort im Dezember 1944 begonnen. Nachdem

In der Seegrotte in Hinterbrühl bei Wien war der Musterbau der He 162 untergebracht.

das Gebiet am 12. April 1945 von den Amerikanern besetzt worden war, entdeckten sie am 15. das unterirdische Werk. Nach den daraufhin von den Amerikanern angefertigten Berichten war ein monatlicher Ausstoß von 200 He 162-Rümpfen geplant. Insgesamt sind etwa 70 fertig geworden, weitere 56 wurden nicht mehr ganz komplettiert bzw. ausgeliefert. Insgesamt waren in diesem Werk etwa 2400 männliche und rund 150 weibliche Arbeitskräfte beschäftigt, die in zwei 12-Stunden-Schichten arbeiteten. Die Belegschaft bestand aus 1 % Kriegsgefangenen, 20 % KZ-Häftlingen, 70 % Ausländern und 9 % deutschen Arbeitern. Eine amerikanische Zeitung berichtete am 17. April 1945 über das Werk und einen amerikanischen Arbeiter der dort tätig war, nachdem er 1940 in Belgien interniert wurde. Der Lohn betrug 4 Mark am Tag. Das Mittagessen, das in ebenfalls unterirdisch angelegten großen Essensälen eingenommen wurde, kostete 1,50 Mark in der Woche. Das Junkers-Zweigwerk Aschersleben (FZA) befand sich bei Kriegsende in der Fertigungsumstellung von Ju 188 auf Ju 388 und He 162. Die Alliierten fanden dort acht He 162-Rümpfe vor. Die fertigen Rümpfe sollten nach Bernburg und Langensalza geliefert werden. Weitere unterirdische Verlagerungsbetriebe von Junkers befanden sich in der Nähe von Halberstadt. Den Decknamen „Makrele I" trugen Höhlen in den Klusbergen, südlich von Halberstadt, „Makrele II" stand für Höhlen in den Spiegelsbergen. In den Thekenbergen nahe Halberstadt lag ein 17 km langes Stollensystem (Deckname „Malachit"). In mindestens einem dieser Verlagerungsbetriebe wurden Rumpf-Endstücken der He 162 gefertigt. In Vorbereitung befand sich der Bau von Mittelrumpf und Rumpfvorderteil.

Die Endmontage der He 162 bei Junkers erfolgte in den Hallen 4 und 6 des Fliegerhorstes Bernburg-Stenzfeld. Die Maschinen gehörten zum Werknummernblock 310..., nicht, wie in der Literatur häufig behauptet, 300.... Die erste

Maschine 310001 flog der Junkers-Pilot Steckhan am 15.2.1945 in Bernburg ein, am 27. März stürzte er in derselben Maschine ab und wurde schwer verletzt. Durch Flugbucheintragungen und Fotos sind bisher mindestens 22 Maschinen aus der Junkers-Fertigung nachweisbar (W.Nr. 310001-008, 310010-015, 310018, 021, 023, 027 und 310078-81). Aus welchen Gründen der Sprung in der Werknummernfolge auftritt ist bisher ungeklärt. Das in der Literatur genannte Datum für den Erstflug einer Junkers-Serienmaschine am 23. März 1945 und an den nachfolgenden beiden Tagen jeweils in Oranienburg und Rostock beruht auf einem Irrtum. An diesen Tagen wurden dem Technischen Direktor von Heinkel, Carl Francke, und Ing. Otto Butter anläßlich einer Inspektionsreise zwar jeweils Flüge mit dort montierten bzw. umgerüsteten Maschinen vorgeführt, doch handelte es sich nicht um die ersten Flüge von He 162 an den jeweiligen Orten.

Neben Junkers sollte ein Hauptstandort der Serienfertigung bei Heinkel Nord (EHF) liegen. In einer Besprechung in Rostock am 15. November 1944 umriss Generalkommissar Keßler die Aufgabe „Gewaltaktion 162" und betonte vor den anwesenden Heinkel-Direktoren, Abteilungsleitern, Vorstandsmitgliedern und Partei- und Staatsvertretern „die Schwierigkeiten, aber auch die Größe der neuen Aufgabe".

Das Programm lief unter der höchsten Dringlichkeit 4900 W und hatte

Das aus Wien evakuierte Musterflugzeug He 162 M-20 wurde von amerikanischen Truppen in einem bombardierten Hangar auf dem Flugplatz München-Riem entdeckt und zum Fotografieren ins Freie geholt.

Am 15. April 1945 entdeckten amerikanische Einheiten die unterirdische Rumpffertigung der He 162 durch die Junkers-Werke im Kalibergwerk Westeregeln bei Tarthun.

Totalschutz ab 14.11.1944. In dieser Besprechung wurden auch die verschiedenen zu dieser Zeit vorgesehenen Fertigungsstätten im Mecklenburger Raum erwähnt, wobei einige davon bis heute nicht genau identifiziert sind. Es war der Bau von Waldwerken geplant, eines davon trug den Tarnnamen „Robert" und sollte als Bauvorhaben des Werkes schnellstens errichtet werden. Ein zweites Projekt „Hyazinth" war weiter zu verfolgen. Ebenfalls erwähnt sind die Nutzung der Reichsgetreidelagerhalle Waren, das Verlagerungsobjekt Fürstenberg, der Betrieb „Bertha" und die Notwendigkeit, als Verlagerungsobjekt für den Vorrichtungsbau die Garagen der Flakkaserne in Barth-Vogelsang nutzen zu können. Am 1.12.1944 waren in Rostock die Vorrichtungen für die Einzelteile der He 162 fertig, ebenso die Einzelteile und Untergruppen für den ersten Rumpf. Vom Ende des Monats stammt der nächste Bericht über den Rostocker Fertigungsstand. Als proble-

matisch wird darin die Lieferung der Auswärtsteile bezeichnet. So waren bis zum 20. d. M. die Lieferung von Teilen für 15 Maschinen vorgesehen, am 29.12. waren davon erst vier unverstärkte Tragflächen, davon eine unbrauchbar, ein unbrauchbarer Satz Seitenleitwerke und überhaupt noch kein Bugfahrwerk in Rostock angekommen. Das Verlagerungswerk „Robert", dessen Bau am 22.11.1944 begonnen worden war, lag termingemäß. Die erste dortige Fertigungslinie (als „Schlauch" bezeichnet), sollte am 10.1. rohbau- und am 5.2.1945 bezugsfertig sein. Beim Waldwerk „Robert" handelt es sich um den damals in der Rostocker Heide von KZ-Häftlingen errichteten Betrieb. Das lässt sich aus dem hier dargestellten zeitlichen Ablauf schlussfolgern. Die Häftlinge kamen zum Teil aus dem seit Ende 1943 existierenden Nebenlager Barth des KZ Ravensbrück, das auf dem Gelände des Fliegerhorstes für die Heinkel-Werke arbeitete. Dafür wurde damals der Tarnname „Bertha" benutzt. Im nächsten Rostocker Bericht (6.1.45) wird die Fertigstellung der ersten zwölf Rümpfe gemeldet, der Bau des Verlagerungswerks „Robert" lag weiter termingemäß und die Planungen für ein weiteres Verlagerungswerk „Karl" lagen vor. Eine Woche später hatte die erste Rostocker Maschine bereits ihre Triebwerksprobe und die ersten Rollversuche unternommen. Die zweite Maschine, ebenfalls noch mit unverstärkter Fläche, sollte drei Tage später (am 16.1.1945) die Endmontage verlassen. Es fehlten weiterhin zahlreiche Auswärtsteile. Am 14. Januar 1945 flog Flugkapitän Kurt Heinrich die erste He 162 der Rostocker Serienfertigung (Werknummer 120001) in Marienehe ein. Am 20.1.1945 waren bei EHF 34 Rümpfe fertiggestellt und die dritte Maschine (W.Nr. 120003 mit verstärkter Fläche, jedoch mit undichten Flächentanks) befand sich in der Endmontage. Wegen der schlechten Verkehrslage wollte man nun die Holzbauteile bei Firmen in der Nähe Rostocks bestellen. Die Zeichnungen dafür waren im Anmarsch. Die bisherige Vor- und Endmontage in Marienehe und in der Rostocker Werftstraße sollte ab 22. Januar durch eine

zweite Montagelinie im KZ-Betrieb Barth verstärkt werden. Für Ende Januar war eine weitere Absicherung der Rumpffertigung im Werk „Frieda" vorgesehen. Die Verlagerungsstätten Reichsgetreidehalle in Röbel und Flakschule Vogelsang in Barth konnten noch nicht genutzt werden, da sie noch nicht frei waren. Die Zustimmung zum Bau „Karl" war erteilt und die Planung sollte in der Folgewoche mit dem Gauleiter durchgesprochen werden. Worum es sich bei den Objekten „Karl" und „Frieda" handelte, ist bisher ungeklärt. Die Übereinstimmung der ersten Buchstaben der Tarnnamen „Bertha" (Barth) und „Robert" (Rövershagen) mit denen der Ortsnamen lässt vermuten, dies könne auch auf die anderen Fertigungsstätten zutreffen. Sollte dies so sein, könnten „Karl" und „Frieda" für Krakow am See und Fürstenberg stehen, was aber bisher unbewiesen ist. Der nächste Wochenbericht meldet, dass nach Verbesserung der Fremdteillieferung ab 27. Januar die Endmontage zweischichtig lief. Die bis zum 28.1. fertiggestellten sechs He 162 wurden von der Bauaufsichtsleitung noch nicht abgenommen, da die ersten beiden noch unverstärkte

In etwa 300 Meter Tiefe fanden die Sieger bei Tarthun rund 100 Rümpfe der He 162 in verschiedenen Fertigungsstadien vor.

Dieses Bild soll den ersten „Volksjäger" aus der Bernburger Junkers-Fertigung zeigen, wahrscheinlich bei der Vorbereitung zum Erstflug am 15. Februar 1945.

Die He 162 A-2 (W.Nr. 120067) „gelbe 7" der 3. Staffel des JG 1 wurde nach dem Krieg als US-Beute in Wright Field, Ohio, ausgestellt, ist später aber verschrottet worden.

Flächen hatten und auch bei den anderen die Flügeltanks noch nicht dicht waren. Im Waldwerk „Robert" sollte der erste Bauabschnitt in 10 bis 12 Tagen bezugsfertig sein und im Werk Barth war die Rumpffertigung in vollem Gange. Probleme bereiteten neben den Anlieferungsverzögerungen durch die schlechte Verkehrslage die zunehmenden Stromabschaltungen. Statt der geforderten 30 Maschinen konnten deshalb in Rostock nur 10 He 162 im Januar industriefertig abgeliefert werden. Davon war auch nur die erste geflogen, da die Flugbeschränkungen auf Grund der Erprobungsergebnisse in Wien galten und Kraftstoff gespart werden musste. Erst am 9. Februar flogen die beiden Einflieger Heinrich und Sulzbacher als zweite Maschine die Werknummer 120009 ein. Am 5.2. 1945 waren in Rostock 12 Flugzeuge fertig, davon zwei

geflogen, 71 Rümpfe waren gebaut und bei 58 davon die Vormontage beendet. Die Maschinen sollten nun demontiert und per Bahn zur Lufthansa-Werft in Oranienburg und zur Schleuse im Fliegerhorst Ludwigslust transportiert und dort auf den neuesten Änderungsstand gebracht werden. Bis dahin waren aber noch keine Maschinen aus Rostock überführt. Zur weiteren Absicherung wurden EHF die Flugplätze mit Montagekopf Parchim, Neubrandenburg und Neustadt-Glewe zugewiesen, die Verhandlungen dafür hatten begonnen. Zur eigenen Einarbeitung und Verstärkung der Rostocker Belegschaft war geplant,

Führungspersonal von den Wiener Neustädtischen Flugzeugwerken (WNF) nach Rostock zu verlegen. Das Verlagerungswerk „Robert" lag Anfang Februar termingemäß, für „Karl" wurden die Unterkünfte erstellt. Immer kritischer wurde die Versorgung mit Kohle und Strom. Weitere Fertigungsberichte aus Rostock sind bisher unbekannt. Aus einer im Rostocker Werk nach Kriegsende für die sowjetische Besatzungsmacht angefertigten Grafik zur Ausbringung der He 162 geht neben den Planzahlen auch die tatsächliche Fertigung hervor. Danach sind dort von den für Januar bis April geplanten 280 Maschi-

Fast alle nach dem Krieg zur Untersuchung und Erprobung von den Westalliierten übernommenen He 162 stammen aus Leck und sind in Rostock gebaut worden.

Diese He 162 A-1 (W.Nr. 310027) fanden die Amerikaner auf dem Fliegerhorst Bernburg-Stenzfeld vor. Durch Beschuss und Zündung einer Handgranate im Führrerraum ist das Flugzeug wahrscheinlich von den Deutschen unbrauchbar gemacht worden.

nen noch etwa 114 fertig geworden. Ein anderer Bericht von Flugkapitän Kurt Heinrich nennt leicht abweichende Zahlen. Danach kamen die ersten 48 Maschinen der Rostocker Fertigung zum Umbau in die Lufthansa-Werft in Oranienburg und den Umrüstbetrieb Heinkel nach Ludwigslust. Ende März lieferte Heinkel-Rostock mit dem 49. Flugzeug die erste Maschine im endgültigen Serienzustand frontreif aus. Im April wurden weitere 56 Flugzeuge an die Truppe abgegeben. Damit waren in Marienehe insgesamt 105 He 162 gebaut und davon 68 geflogen worden. Es wurden einschließlich Schulflügen ungefähr 400 Flüge ausgeführt. Im Entwicklungsbetrieb Wien konnten mit 20 Flugzeugen ungefähr 300 Flüge durchgeführt werden.

Somit ergeben sich die ungefähren Bau- und Lieferzahlen der He 162:

Nach Unterlagen OKL, Genst. 6. Abt., vom April 1945:

	Produktion (industriefertig gemeldet)	durch Ge.Qu.verfügt
Jan. 45	-	-
Feb. 45	82	18
März 45	34	22
April	8 (bis 10.4.45) ?	
Summe	124	40

Die Meldung über die Flugzeugver-teilung im Februar 1945 (Ge.Qu.,6. Abt.IIIC) nennt leicht abweichend nur eine Industrielieferung von 81 He 162, wovon 63 an Nachrüstbetriebe, zwei an den General der Fliegerausbildung und 16 an TLR gingen. Ursache dieser Abweichung war die Zerstörung einer Maschine durch Feindeinwirkung. Die-se Fertigungs- und Lieferzahlen sind auch im alliierten Nachkriegsbericht A.D.I.(K) Report No. 333/45 enthalten, der zusätzlich die im April gebauten Flugzeuge mit 170 schätzt. Aus den zi-tierten für die Sieger angefertigten Über-sichten der Fertigung in Bernburg und Rostock und den Schätzungen für Wien ergeben sich aber nur insgesamt 180 bis 185 fertiggestellte He 162. Etwa zwei- bis dreimal soviel dürften bei Kriegs-ende in halbfertigem Zustand bzw. als Großbauteile vorgelegen haben. Sieg-fried Günter gab im Juni 1945 in einem Bericht für die Amerikaner für April 100 fertige He 162 und Einzelteile für etwa 800 Maschinen als Schätzung an.

Nach dem Heinkel-Wochenbericht v. 5.2.45 wurden im Januar in Wien 12 und in Rostock 10 Maschinen industrie-fertig übernommen. Warum diese in den

Im Sommer 1945 wurden die liegengebliebenen fertigen He 162-Rümpfe aus der Hinterbrühler Seegrotte geholt und verschrottet.

So wie diese He 162 fanden die Sieger bei Kriegsende zahlreiche der Heinkel-Jäger in halbfertigem Zustand vor.

Unterlagen des Generalstabs nicht auftauchen, ist unklar. Vielleicht sind sie in den Februarzahlen enthalten oder nicht erfasst, da zumindest die Wiener Maschinen alle als Versuchsmuster im Werk blieben.

Erprobung und Einsatz der He 162 bei der Luftwaffe

Ebenso wie die Serienfertigung der He 162 parallel zu Bau und Erprobung der Versuchsmuster ablief, sollte auch die Einführung in die Luftwaffe sofort beginnen, um den geplanten Großeinsatz baldmöglichst zu realisieren. Deshalb schlug das Kommando der Erprobungsstellen der Luftwaffe (KdE) am 27. Dezember 1944 in einem Fernschreiben an den General der Jagdflieger (GdJ) vor, für die Erprobung der He 162 ein Verfahren wie bei der Me 262 anzuwenden. Ein Erprobungskommando in etwa Staffelstärke in Lärz sollte Keimzelle für eine erste mit der He 162 auszurüstende Gruppe sein, die auf einem Platz in unmittelbarer Umgebung von Lärz aufzustellen wäre. Das E´Kdo 162 sollte demnach etwa am 1.2.1945 einsatzfähig sein.

Am letzten Tag des Jahres 1944 beantragte dann der GdJ Galland in Abstimmung mit dem Generalstab, 6. Abteilung, und KdE die Aufstellung des Erprobungskommando 162 (Kdo. Weise) auf die Dauer von sechs Monaten in Gruppenstärke mit drei Staffeln zu je 12 Flugzeugen und einem Gruppenstab mit 4 Flugzeugen. Begründet wurde dies mit der Notwendigkeit, die Erprobung schnellstens auf Einsatzbasis in Gruppenstärke zu erweitern. Die Durchführung sollte durch KdE in Einvernehmen mit den GdJ erfolgen. Das Kommando war truppendienstlich und technisch dem KdE, einsatzmäßig dem General der Jagdflieger zu unterstellen. Aufstellungsort sollte ein Platz in unmittelbarer Nähe von Rechlin oder des Flugzeugwerks sein, der noch nicht feststand. Der Aufstellungsbefehl gemäß diesem Antrag erfolgte am 9. Januar durch das OKL, Generalstab, Gen.Qu. 2. Abteilung, über Fernschreiben. Als Termin für die Vollzugsmeldung durch das Luftflottenkommando 10 war der 1. Februar angesetzt. Am 12.1.1945 stellte die Abteilung Luftwaffen-Bodenorganisation beim Generalquartiermeister der Luftwaffe den Fliegerhorst Parchim für die Auf-

*Die Maschinen des Jagd-
geschwader 1 „Oesau"
wurden im Mai 1945 in
langen Reihen aufgestellt
an die Briten übergeben.*

stellung von zwei Staffeln des E´Kdo 162
für ein bis eineinhalb Monate zur Mitbe-
nutzung zur Verfügung. Dies erfolgte
vorbehaltlich der Beanspruchung Par-
chims durch Me 262-Verbände. Schon
am 14. Januar wird in einem Fernschreiben des KdE an das Erprobungs-

kommando 162, Oberst von Halden, in
Parchim Anweisung erteilt zur Einweisung und zum Arbeitseinsatz auf zunächst unbestimmte Zeit einen Kom-
mandoführer und 26 Soldaten (Flug-
zeug-Mechaniker und –Warte) zur Firma
Heinkel in Marienehe zu entsenden. Die-

Die He 162 A-1, W.Nr. 310003, „gelbe 5" mit den drei Staffelabzeichen der I./JG 1 war eine der fünf nach dem Krieg von Frank reich übernommenen Maschinen.

Insgesamt sollen die Engländer in Leck 31 He 162 vorgefunden haben.

se trafen am nächsten Tag im Werk ein und nahmen den Dienst auf. Am 18. Januar trafen vier weitere Soldaten des E´Kdo 162 in Rostock ein. Damit existierte dieses auf dem Kommandowege aufgestellte Erprobungskommando ab Mitte Januar 1945 in Parchim, verfügte aber über keine Flugzeuge. Die Fertigung und Auslieferung der Serienmaschinen verzögerte sich durch die sich aus dem Absturz der He 162 V-1 und die laufende weiter Erprobung ergebenden Verzögerungen.

Dessen ungeachtet bat der GdJ am 21. Januar mit Genehmigung des Luftwaffen-Führungsstabs und im Einvernehmen mit den beteiligten Dienststellen um die Aufstellung einer I. Gruppe des Jagdgeschwaders 200 mit 3 Staffeln zu je 12 Flugzeugen und zusätzlich einen Gruppenstab mit vier Maschinen. Die Begründung lautete auf Erweiterung der anlaufenden Erprobung He 162 auf

Einsatzbasis in Gruppenstärke. Die I/JG 200 sollte truppendienstlich, technisch und einsatzmäßig dem Luftflotten-Kommando Reich, ausbildungsmäßig dem GdJ unterstellt sein. Aufstellungsort war Parchim. Das fliegende und Bodenpersonal sollte zum großen Teil aus der IV. Gruppe des JG 54 entnommen werden. Weiter war eine Stabsstaffel JG 200 (Kommando Weise) auf die Dauer von 6 Monaten in Staffelstärke mit 12 Flugzeugen gemäß der vorläufigen Kampfstärke einer Me 262-Staffel aufzustellen. Deren Aufgabe bestand in der technischen Erprobung der He 162. Sie war in jeder Hinsicht dem KdE unterstellt und sollte von diesem im Einvernehmen mit GdJ gebildet werden. Die vorhergehende Verfügung vom 9. Januar zur Aufstellung des E´Kdo 162 war aufzuheben. Vier Tage später erfolgte dann der Aufstellungsbefehl für einen entsprechenden Verband durch den Generalquartiermeister der Luftwaffe. Allerdings war er erneut umbenannt. Gleichzeitig wurde der Aufstellungsbefehl für das Erprobungskommando 162 für unwirksam erklärt, die entsprechende Verfügung war zu vernichten. Der Befehl lautete jetzt „Aufstellung mit sofortiger Wirkung des Stab I./Jagdgeschwader 80 (ohne Luftnachrichten-Zug) mit Stabsstaffel, Stabskompanie und 1. bis 3. Staffel." Vollzugsmeldung durch das Lfl.Kdo. Reich sollte bis 20.2.1945 erfolgen. Es ist erstaunlich mit welchen „Sandkastenspielen" sich das Oberkommando der Luftwaffe in dieser Zeit des unmittelbar bevorstehenden Zusammenbruchs des Reichs noch beschäftigte. Innerhalb von nur zwei Wochen wird die Aufstellung von drei Verbänden (E´Kdo 162, I./JG 200 und I./JG 80) angedacht, befohlen bzw. wieder aufgehoben, alles verbunden mit hohem bürokratischen Aufwand. Das alles, wohlgemerkt, ohne dass bis dahin eine Serienmaschine der He 162 im einsatzfähigen Zustand verfügbar war. Am 27. Januar richtete der Kommandeur der Erprobungsstellen, Oberst Petersen, ein Fernschreiben an die verschiedenen

Die He 162 A-2 (W.Nr. 120074) vor ihrer Übergabe an die Sieger.

Führungsstellen im Generalstab der Luftwaffe, den General der Jagdflieger und HDL Saur im Rüstungsstab. Dieses lautete: „Zwecks Aufnahme des Februar-Ausstoßes und Beschleunigung und Verdichtung der Truppenerprobung 162 wird gebeten, zum 15.2.45 eine Jagdstaffel der I./JG 80 nach Wien-Aspern (Schleuse 162) zu verlegen. Der Rest JG 80 Parchim und Stabsstaffel JG 80 Rechlin übernehmen den Ausstoß von Werk Rostock und Bernburg." Damit war die später erfolgte Aufteilung der 162-Produktion vorgezeichnet und auch die Standorte des zu diesem Zeitpunkt JG 80 genannten Erprobungsverbandes festgelegt. Am 31. Januar wurde die Durchführung der Aufstellung des Stabs der I./JG 80 durch das Luftwaffen-Kommando-West anstelle der Luftflotte Reich befohlen. Den Grundstock für die Besetzung der Personal-Planstellen sollte das durch Umwandlung der IV./JG 54 in die II. Gruppe JG 7 freiwerdende Personal der nicht mehr aufzustellenden 4. Staffel der IV./JG 54 bilden. Am gleichen Tag reagierte der neue General der Jagdflieger Gollob auf die ausbleibenden Lie-

ferungen der He 162 und beantragte bei der 2. Abteilung des Generalstabs die befohlene Aufstellung I./JG 80 aufzuheben. Stattdessen sollte „für den laufenden Einsatz 162 das JG 1" vorgesehen werden unter gleichzeitiger Umwandlung auf Gruppenstärke mit drei Staffeln je 12 Flugzeuge, zusätzlich 4 Flugzeuge für den Gruppenstab. Die truppendienstliche und einsatzmäßige Unterstellung sollte beim Lfl. Kdo. Reich liegen, Umrüstort Parchim sein. Das überzählige Bodenpersonal der 4. Staffel vordringlich zur Aufstellung der Stabsstaffel JG 1 und Auffüllung der Fehlstellen bei der II. und III. Gruppe des JG 1 nach deren Rückverlegung aus Ostpreußen dienen. Die Stabsstaffel JG 80 war in Stabsstaffel JG 1 umzuwandeln. Diesem Antrag des GdJ wurde eine Woche später, am 7. Februar, vom Luftwaffen-Organisationsstab durch Befehl gefolgt. Vollzugsmeldung durch Lfl.Kdo Reich an Genst.Gen.Qu.2.Abt. sollte zum 1.3.1945 erfolgen, also einen Monat später als in der ersten Planung zur Aufstellung des Erprobungskommandos He 162. Damit endete die papierne Existenz der I./JG

*Die He 162 A-2, „weiße 4",
der 1./JG 1 in Kassel, nach
ihrer Überführung von Leck
und Übergabe an die
Amerikaner.*

Wien 30 Flugzeuge einsatzklar stehen. Der tatsächliche Stand am 10.2. war: kein Flugzeug einsatzfähig, vier flugfähig und 14 Hc 162 in Änderung bzw. Endmontage. Direktor Francke gab als Termin der Auslieferung einsatzklarer Flugzeuge die zweite März-Hälfte an. Etwa zum 10. März rechnete man auch mit der Auslieferung der ersten Maschinen für die Erprobung in Lärz.

Am 20.2.1945 galten nach Firmenangaben folgende Termine für die Auslieferung der ersten dreißig He 162 aus den Industrieschleusen, die eingerichtet wurden, um die Serienmaschinen mit den sich aus der Erprobung ergebenden Änderungen zu versehen. Zehn Stück aus Wien flugklar bis 2.3.45, ebenfalls 10 aus Rostock, die bis 5. März flugklar sein sollten und weitere 10 aus der Junkers-Fertigung bis zum 10.3.1945. Die Flugzeuge, der Wiener Fertigung, die nicht für die Werkflugerprobung gebraucht wurden, waren für die I./JG 1 vorgesehen. Etwa die ersten zwanzig Stück aus Bernburg und Rostock sollten einer Schnellflugerprobung in Lärz dienen, die übrigen zur Einweisung und Verbandsaufstellung JG 1 nach Parchim kommen. Von diesen in den Endzustand versetzten Flugzeugen hatte noch ein gewisser Prozentsatz undichte Flügeltanks. Sie sollten trotzdem übernommen werden, da der Rumpfkraftstoff für Erprobung und Einweisung ausreichte. Im Februar 1945 wurde vom GdJ eine Staffel des JG 1 als Auffangstaffel 162 nach Wien-Heidfeld kommandiert, um die ersten Umschulungen auf die He 162 vorzunehmen. Bei EHAG bereitete man sich auf die Unterstützung der Staffel im Sinne der Einweisung und Einführung des Musters vor.

Flieger-Stabsing. Heinrich Beauvais, Jagdflugzeugreferent bei der E-Stelle Rechlin, war am 22. und 23. Februar in Schwechat, wo er die Musterflugzeuge M-3, M-25, M-21 und M-20 nachflog. Auch Flugbaumeister Malz von TLR, Fl-E 2, flog in der gleichen Woche die 162 in Wien. Das zusammengefasste Urteil lautete: „Soweit ohne Höhenflug

80 nach zwei Wochen, ohne dass diese Gruppe je eine He 162 gesehen hätte. Wahrscheinlich hat es außerhalb der Schreibstuben auch keine Aktivitäten gegeben. Die einzige positive Konsequenz der bisherigen Tätigkeit von OKL, KdE, GdJ und anderer beteiligter Führungsstellen war die Kommandierung von 31 Mann technischen Luftwaffenpersonals zur Arbeit in den Heinkel-Werken Rostock Mitte Januar 1945.

Am 10. und 11. Februar 1945 besuchten der General der Jagdflieger und KdE das Wiener Heinkel-Werk. Dabei flogen Oberst Gollob und Stabsing. Rauchensteiner die He 162 M-3. Deren Urteil lautete: „Man merkt, dass man einen Jäger fliegt, aber recht nett. Die von EHAG vorher bekanntgegebenen Mängel wurden ebenfalls festgestellt, besonders die Labrigkeit im Höhenruder und Schwäche im Seitenruder. Gollob wollte möglichst bald wiederkommen und das Flugzeug fliegen, wenn keinerlei Festigkeits- und Geschwindigkeitsbeschränkungen gemacht werden brauchen." Gollob teilte mit, dass dem Führer eine Meldung gemacht sei, dass in

*Der Kommandeur der
I. Gruppe des JG 1 und
seine Staffelkapitäne in
Leck vor ihren He 162.
V.l.n.r.: Hptm. Wolfgang
Ludewig (Stkpt. 2./JG1),
Maj. Zober (Kdr. I./JG 1),
Hptm. Künnecke (Stkpt.
1./JG 1) und Oblt. Demuth
(Stkpt. 3./JG 1).*

und Hochgeschwindigkeitsflüge beurteilt werden kann, sind die Eigenschaften des Flugzeuges so, dass man unter den augenblicklichen Verhältnissen dem Einsatz zustimmen kann." Am 27.2.1945 erfolgte die erste Information über das Aussehen der He 162 an die deutschen Flakeinheiten, um den Beschuss durch eigene Einheiten zu vermeiden.

Am 27. Februar traf die Auffangstaffel (Stabsstaffel) des JG „Oesau" (2./JG 1) mit zehn Flugzeugführern unter Führung von Lt. Hachtel in Wien ein. Für die Einweisung erhielt sie zuerst die He 162 M-19, wobei als Flugbeschränkungen eine angezeigte Höchstgeschwindigkeit von 500 km/h in 3000 m Höhe und eine Flugzeit von 15 Minuten galten, da die Maschine die sich aus der Erprobung ergebenden Änderungen noch nicht besaß. Eine kurz danach in Wien eingetroffene Gruppe der Auffangstaffel Parchim mit fünf Flugzeugführern unter Leitung von Oberleutnant Demuth musste wieder abreisen, da nur die eine Maschine (M-19) zur Verfügung stand. Am 3. März sprach sich Carl Francke in einem Fernschreiben an Oberstlt. Petersen (KdE) gegen die von dort vorgesehene Erprobung der 162 in Lechfeld aus, da dieser Platz von Wien aus verkehrstechnisch ungünstig lag. Francke hielt eine Erprobung in Rechlin und Betreuung durch Werk Rostock für vernünftiger.

In einem Telegramm an Oberst Gollob meldete Lt. Hachtel am 7. März, dass bis dahin 8 Flugzeugführer ohne besondere Schwierigkeiten auf die 162 umgeschult, das technische Bodenpersonal aber noch nicht eingetroffen war.

Warten auf die Engländer.

*Hptm. Künnecke, Maj. Zober, Oblt. Demuth, Hptm. Ludewig
und Hptm. Reinbrecht vor der He 162 A-2 „weiße 3".*

Die He 162 A-2 (W.Nr.120086) während einer Ausstellung im September 1945 im Londoner Hyde Park. Sie erhielt in England die Registriernummer 62 des Air Ministry und ist heute in Canada in Rockliffe, Ontario, eingelagert.

Die zur Bedienung des Triebwerksstandes nötigen Instrumente der He 162 waren funktionsfähige Originale, die Flugüberwachungsgeräte sind zugeklebt.

Der Rechliner Triebwerks-exerzierstand bestand aus einer He 162-Kabinen-attrappe und einem lauffähigen Triebwerk BMW 003.

Am 16.11.1944 waren beim OKL, General der Flieger-ausbildung, die für die Ausbildung am 8-162 nötigen Lehrgeräte und Unterrichtsmaterialien festgelegt worden. Darin enthalten war ein von der E-Stelle Rechlin, Abt. E 3d, anzufertigendes Exerzier-triebwerk.

Der Pilotensitz des Rechliner Übungsgeräts war aus einer einfachen Sperrholzplatte geformt.

Das Aufnahmedatum dieses Bildes soll der 5.10.1945 gewesen sein.

Am 16.3.1945 wurde durch einen Aufschlagbrand die der JG 1-Staffel in Wien zur Verfügung stehende Maschine He 162 M-19 beim ersten Flug des Uffz. Daus von der 2./JG 1 durch Pilotenfehler zerstört. Der Flugzeugführer kam ums Leben, als er die Maschine neben der Landebahn auf Fässern aufsetzte. In der Woche vom 12. bis 18. März konnten in Wien erstmals He 162 nachgeflogen werden, die allen bis dahin herausgegebenen Änderungsanweisungen entsprachen und so mit einer angezeigten Geschwindigkeit von 700 km/h (ent-

sprechend wahren 900 km/h) in Flughöhen bis 5000 m auszufliegen waren. Zum Nachfliegen waren Flugbaumeister Malz und Fl.Stabsing. Bader in Wien und Heinrich Beauvais von der E-Stelle Rechlin flog am 15. und 16. März u. a. die M-32. Durch die in der Woche stattgefundenen starken Luftangriffe auf den Bezirk Wien waren die Wasser- und Stromversorgung, Telefon- und Verkehrsverbindungen zusammengebrochen, was die Arbeiten stark behinderte. Am 21. März beklagte sich Dir. Francke darüber, dass er seine Zusage, zum 10.

Die He 162 A-2 „weiße 23" (W.Nr. 120230) nach der Übernahme durch britische Einheiten in Leck. Unklar ist, warum die an die Amerikaner übergebene „weiße 23", die sich heute in der Sammlung des NASM in Silver Hill befindet, die Werknummer 120222 am Leitwerk trägt. Ob das Leitwerk ausgetauscht wurde, oder ob es sich gar um eine zweite „weiße 23" handelt, ist in der Literatur nicht endgültig geklärt.

bzw. 20. März die ersten frontklaren Flugzeuge für die Truppenerprobung an Lt. Hachtel abzugeben, nicht erfüllen konnte, da die Umrüstarbeiten durch die Firma Amme-Lutter-Sack in der Halle 47 in Heidfeld nicht termingemäß abliefen. Francke hatte sich mehrfach gegen die völlige Übernahme der Umrüstarbeiten durch eine Fremdfirma ausgesprochen und plädierte für die Verstärkung des Musterbaus in Heidfeld. Dieser sollte solche Stoßarbeiten, wie die Auslieferung von 20 frontklaren Maschinen im März mit übernehmen. Schon jetzt würden wegen der Terminverzüge bei ALS 50% der dortigen Arbeiten von eigenen Kräften erledigt, die dem Musterbau fehlten. Amme-Lutter-Sack sollte im März 14 He 162 auf den neuesten Änderungszustand umrüsten. Die Werknummern 220007, 220010 bis 220012 und 220017 in Halle 47 in Heidfeld und die Werknummern 220018 bis 220025 und 220086 in Theresienfeld. Weitere sechs Maschinen aus dem Untertagebetrieb Languste in Mödling sollten im Heinkel-Musterbau in Heidfeld umgerüstet werden. In den Tagen nach dem 20. März flogen Carl Francke und Otto Butter zu allen Nachbaufirmen und Umrüstbetrieben. Dabei wurde

festgelegt, die Halbautomatik zur Einstellung des Düsenquerschnitts der BMW-Turbine in die im März frontklaren Flugzeuge noch nicht einzubauen, da BMW mit den Teilen und Zeichnungsunterlagen in Verzug war. Angestrebt werden sollte folgende März-Lieferung frontklarer Maschinen:

Bernburg	18
Rostock	10
Oranienburg	5
Ludwigslust	10
Wien	15.

Rostock und Bernburg hätten mehr Maschinen liefern können, wenn mehr Triebwerke und Tragflächen zur Verfügung gestanden hätten. Mit Major Behrens, KdE, und Fl.Stabsing. Bader,

Ein weiteres Bild aus der Serie der USA-Bilder der W.Nr. 120222.

Hier ist die „weiße 23" im Oktober 1945 in den USA in Wright Field aufgenommen, wo sie die Werknummer 120222 trägt.

Dieses Bild der W.Nr. 120230 wurde von einem britischen Kameramann in Leck aufgenommen. Im Hintergrund erkennt man ein Leitwerk mit der Werknummer 120233.

Noch eine weitere Ansicht der 120222 in Wright Field. Die Maschine erhielt in den USA die USAAF-Registrierung FE-504, später T-2-504.

E-Stelle Rechlin, wurde vereinbart, dass vorbehaltlich Befehl Gen.St., 6. Abteilung (Generalquartiermeister), 18 Flugzeuge aus der Junkers-Märzlieferung und 7 aus der Wiener Fertigung für die Erprobung an KdE und die Stabsstaffel JG 1 gehen sollten. Damit hätten im März 25 He 162 für die Ausrüstung weiterer Luftwaffenverbände verwendet werden können, wenn man annimmt, dass die acht aus der Wiener Fertigung verbleibenden Maschinen in die Werkserprobung gingen. Die auf 15 verringerte Wiener Lieferung lag an Schwierigkeiten in Theresienfeld. Gleich die erste Maschine war dort bauchgelandet, da es dem Flugzeugführer Gleuwitz nicht gelang, das Bugfahrwerk auszufahren. Die alliierte Luftaufklärung beobachtete in zunehmender Zahl He 162 in Schwechat. Allein am 23. März waren es 8 Maschinen.

Die genaue Zahl der an die Erprobungsstellen ausgelieferten He 162 ist auch nicht mehr feststellbar. Flugbucheintragungen belegen Triebwerkserprobungsflüge mit der „E3+51" vom 16. bis 22. April 1945 in Lechfeld. In Lechfeld sind ebenfalls die He 162 mit den Kennzeichen E2+51, E2+52 und E3+52 nachgewiesen. Die Existenz der E2+53 ist nicht klar belegt. Nach Lechfeld waren die Aktivitäten von Rechlin Ende März

Dieses Bild entstand in Frankreich. Es zeigt die als Nr. 02 erprobte W.Nr. 120015, die später im Pariser Musée de l´Air ausgestellt wurde.

verlegt worden. Bei der Abteilung E3 (Triebwerke) arbeitete man auch noch an der Entwicklung eines Frontprüfstands für die BMW-Triebwerke der He 162.

Der Verlauf der Auslieferungen der He 162-Serienmaschinen für Einsatzerprobung, Schulung und Bewaffnung des Jagdgeschwader 1 als erstem Luftwaffenverband ist nicht mehr zweifelsfrei zu klären. Die wenigen erhaltenen Meldungen enden etwa einen Monat vor dem Waffenstillstand. Vom Heinkel-Werkflugplatz in Marienehe sind noch am Tage des Einmarsches der sowjetischen Truppen (1. Mai 1945) die letzten He 162 in Richtung Westen abgeflogen.

Fünf der in Leck erbeuteten He 162 kamen nach Frankreich, darunter zwei He 162 A-1 aus der Junkers-Fertigung, die aber nicht geflogen wurden. Hier ist eine He 162 A-2 während der Erprobung als Nr. 03 in Frankreich zu sehen. Ihre ursprüngliche Werknummer war 120093.

Dokumentarisch belegt sind folgende Auslieferungen:

14.2.1945	1 He 162	Fl.Tech. Schule Parchim
14.2.1945	1 He 162	Fl.Tech. Schule Bayreuth (nur Rumpf)
27.2.1945	16 He 162	TLR (Technische Luftrüstung) für KdE
14.3.1945	1 He 162	Fl.Tech. Schule Bayreuth (nur Rumpf)
26.3.1945	2 He 162	E-Stelle Rechlin
27.3.1945	1 He 162	Fl.Ü.G. 1 (Überführungsgeschwader 1)
30.3.1945	1 He 162	KdE (Kommandeur der Erprobungsstellen)
30.3.1945	6 He 162	III./JG 1
31.3.1945	7 He 162	III./JG 1
31.3.1945	2 He 162	Stab/JG 1
31.3.1945	2 He 162	Erg.Fl.Ü.G.1
3.4.1945	2 He 162	Erg.Fl.Ü.G.1
4.4.1945	3 He 162	TLR
5.4.1945	3 He 162	Stab/JG 1
6.4.1945	2 He 162	Fl.Tech.Schule Faßberg (ohne Triebwerke)
6.4.1945	2 He 162	I./JG 1
10.4.1945	4 He 162	Stab/JG 1

Fünf weitere Aufnahmen von der Erprobung der He 162 in Frankreich, aufgenommen in Orléans-Bricy. Da die Flugzeuge komplett umgespritzt sind, ist ihre frühere Identität nur schwer feststellbar. Es handelt sich um die französischen Nr. 02 und Nr. 03.

Diese Liste stimmt mit dem „Überblick über die 8-162 Lieferung" der 6. Abteilung Gen. Qu. mit Stand vom 20.3.1945 überein. Darin sind für Februar 1945 insgesamt 82 Flugzeuge als Zugang aus der Industrie verzeichnet, wovon 63 zur Nachrüstung gingen und 18 von der Luftwaffe übernommen wurden. Eine der Nachrüstmaschinen ging verloren. Bis zum 20. März gingen weitere 11 He 162 zur Nachrüstung und eine an die Luftwaffe. Von den 19 bis dahin von der Luftwaffe übernommenen Maschinen waren 16 für KdE und 3 als Lehrmodelle für Technische Schulen bestimmt. Die beiden an die FTS 6 in Bayreuth-Bindlach zur technischen Schulung gelieferten He 162-Rümpfe wurden beim Anrücken der Amerikaner zerstört. Bei einem dieser Rümpfe geschah dies am 10. April 1945 am Verlagerungsort Weidenberg nahe Bayreuth.

Am 26. März 1945 wurde die Verlegung der Gruppen des JG 1 wie folgt befohlen: Stab und I./JG 1 nach Koethen, II./JG 1 nach Wien-Schwechat und II./JG 1 nach Lüneburg. Dieser Befehl wurde am 8. April geändert. Nun sollte die II./JG 1 nicht in Wien, sondern in Rostock-Marienehe auf die He 162 umrüsten, ebenso wurden der Stab und die I. Gruppe des Geschwaders nach Ludwigslust beordert. Ende März begann auch die Umschulung der I./JG 1 in Parchim, die zu einem Großteil auch in der Truppenerprobung des neuen Musters bestand. Ein am 26. März 1945 nach Bernburg in Marsch gesetztes Überführungskommando aus 12 Flugzeugführern sollte dort Maschinen übernehmen und nach Lechfeld überführen, wo in der III./EJG 2 ein Umschulungs- und Einsatzerprobungskommando für die He 162 vorgesehen war. Nach einem

Zwei Aufnahmen von He 162 in Luftfahrtsammlungen der Siegerstaaten.

Vorbeiflug der He 162 A-2 (W.Nr. 120227). Sie erhielt in England die Registrierung Air Ministry 65 und die RAF-Zulassung VH 513. Heute ist sie hervorragend restauriert und befindet sich auf der RAF-Basis in St. Athan in Süd-Wales.

Drei Fotos der im Londoner Imperial War Museum ausgestellten He 162 A-2 (W.Nr. 120235), die 1945 als Air Ministry 63 registriert worden war.

Die sowjetischen Besatzungstruppen erbeuteten insgesamt sieben He 162, die allerdings nicht flugfähig waren. Im Heinkel-Werk Rostock wurden dann zwei weitere He 162 unter russischer Aufsicht fertiggestellt und zur Erprobung nach Moskau überführt. Eine der beiden Maschinen wurde auch im großen Windkanal T-101 des ZAGI vermessen.

Bombenangriff am 8. April auf den Parchimer Platz verlegte die I./JG 1 bis zum 13. nach Ludwigslust, wo die Umschulung bis zum 15. April fortgesetzt wurde. Dann erfolgte die Verlegung nach Leck in Holstein zum Einsatz. In der zweiten Aprilhälfte begann die Umschulung der II. Gruppe des JG 1 in Marienehe. Wie auch bei der I. Gruppe kam es zu Unfällen, wobei am 24. April der Gruppenkommandeur Hptm. Paul-Heinrich Dähne bei seinem ersten Flug in der He 162 den Tod fand. Er katapultierte sich durch das geschlossene Kabinendach. Insgesamt gab es bei dieser Umschulung bei 68 Flügen acht Unfälle, davon fünf tödliche. Einer der Abstürze war provoziert, als der Einflieger das Verhalten bei bewusst extrem überzogenen Schiebewinkeln untersuchte und sich

dann aus der trudelnden Maschine katapultierte. Die Verlegung der Gruppe nach Leck mit Zwischenlandung in Kaltenkirchen begann am 30.4.1945 unmittelbar vor dem sowjetischen Einmarsch in Rostock. Die III./JG 1 lag bis zum 27. April ohne Flugzeuge in Lüneburg, bevor die Verlegung nach Markgrafenheide östlich von Rostock erfolgte. Zu einer Übernahme von He 162 kam es jedoch nicht mehr. Die Männer der Gruppe setzten sich aus Warnemünde an Bord eines U-Boot-Jägers nach Schleswig-Holstein ab. Ab Mitte April kam es zu Kampfeinsätzen der He 162 des JG 1 in Leck. Ob es bei den Luftkämpfen mit alliierten Flugzeugen zu Luftsiegen der He 162 kam, ist unbelegt. Dokumentarische Nachweise, zumindest Abschussbestätigungen, fehlen. Die Ereignisse des letzten Kriegsmonats sind nur in sich manchmal widersprechenden Erinnerungsberichten festgehalten, die sich heute der Nachprüfung entziehen. So soll nach der Beobachtung eines damals 14-jährigen Schülers, der am 4. April 1945 auf dem Turm des Ludwigsluster Schlosses zur Flugwache eingeteilt war, ein „Jäger mit aufgesattelter Turbine" nach dem Beschießen den Führungsbomber eines Verbandes durch Rammen zum Absturz gebracht haben. Die B-24 stürzte in zwei Teilen

ab, nur ein Besatzungsmitglied rettete sich am Fallschirm. Ritterkreuzträger Oberst Adolf Dickfeld berichtet in seinen Memoiren von zwei P-47-Abschüssen am 11. und 12.4.1945 bei einem von ihm aufgestellten Erprobungs-JG 333 in Merseburg. Den ersten will er selbst erzielt haben, den zweiten schreibt er Lt. Bartz zu. Merseburg wurde am 14./15. April von amerikanischen Truppen erreicht. Der Einsatz des EJG 333 soll am 19. April zu Ende gewesen sein, die He 162 des JG 1 wurden nach der Kapitulation in Leck an die Engländer übergeben. Alle heute in Museen vorhandenen „Volksjäger" stammen aus Leck und wurden in Marienehe gebaut. Von den ebenfalls beim JG 1 geflogenen He 162 A-1 aus der Bernburger Junkers-Fertigung blieb anscheinend keine erhalten. Ebenso keine in Wien gebaute He 162, obwohl beschädigte Maschinen im süddeutschen Raum gefunden wurden. Die hastige, teils chaotische, Einführung und Schulung auf der He 162 verursachte zahlreiche Verluste durch Brüche und Todesstürze. Ursache waren einmal die mangelnde Qualität der Bauausführung, die meist vorhandene Unerfahrenheit der jungen Flugzeugführer und auch der Maschine noch anhaftende Kinderkrankheiten. Beispielsweise bestand die Gefahr, dass beim

seitlichen Schieben ein Seitenleitwerk in den Triebwerksstrahl geriet, woraus meist ein unkontrollierbarer Flugzustand mit nachfolgendem Absturz resultierte.

Der erfahrene englische Testpilot Fl.Lt. Eric Brown, der die He 162 ab dem 7. September 1945 mehrmals flog, bescheinigte der Maschine, sie sei in der Hand eines erfahrenen Piloten ein hervorragendes Flugzeug gewesen, das durch seine ruhige Fluglage eine gute Schießplattform darstellte. Start und Landung waren schwieriger, was teils auf die Handbetätigung und Funktionsweise der Landeklappen zurückging und auch an der bis Kriegsende nicht eingebauten halbautomatischen Düsenregelung des Triebwerks BMW 003 lag. Ein massenhafter Einsatz mit lediglich

Die He 162 A-2 (W.Nr. 120072) beim Royal Aircraft Establishment (RAE) in Farnborough 1945. Mit dieser Maschine mit der Air Ministry Kennung 61 stürzte Flt. Lt. R. A. Marks am 9.11.1945 in Aldershot tödlich ab, als bei einer Tiefflugrolle das Leitwerk wegbrach.

Die He 162 A-2 (W.Nr. 120077) wurde in den USA mit dem Kennzeichen FE-489 (später T-2-489) versehen. Sie ist heute im „Planes of Fame" Museum auf dem Chino Airport in Kalifornien ausgestellt.

in Segelflugschnellkursen ausgebilde-ten jungen aus der Hitlerjugend hervor-gegangenen Flugzeugführern hätte nur deren sicheren Tod bedeutet. Die Idee war eine Ausgeburt der damaligen „End-zeitideologie". Auch nach dem Krieg for-derte die He 162 noch ein Todesopfer, als die Maschine von Fl.Lt. R. A. Marks bei einem Flugtag am 9. November 1945 in Farnborough bei einer Tiefflug-Rolle auseinanderbrach. Eine fast makabre Wiederholung des Todessturzes von Gotthold Peter beim zweiten Flug des He 162-Prototyps in Wien 11 Monate vorher.

Negativ war die fliegerische Be-urteilung des Heinkel-Jägers in der Sowjetunion. Die sowjetischen Truppen hatten sieben He 162 erbeutet, die sich aber alle nicht in flugfähigem Zustand befanden. Deshalb ließ man nach der Besetzung in Rostock aus den vorlie-genden Teilen zwei He 162 A-2 montie-ren, die in die Sowjetunion verbracht wurden. Die Flugerprobung durch den Versuchspiloten Georgi M. Schijanow begann am 8. Mai 1946. Es zeigten sich mangelnde Längs- und Querstabilität, eine hohe Minimalgeschwindigkeit und sehr lange Startrollwege (1350 m). Des-halb brach man die Flugerprobung bald ab. Eine Maschine wurde noch im gro-ßen Windkanal T-101 des ZAGI in Mos-kau untersucht, die andere im dortigen Büro für Neue Technik in die Hauptbau-

teile zerlegt. Besonderes Interesse erreg-te der pyrotechnisch betriebene Schleu-dersitz, auch eine Reihe anderer der technologisch gut durchdachten kon-struktiven Lösungen fanden Verwen-dung bei der Entwicklung der sowjeti-schen Strahlflugzeuge. Ein „Salaman-der" genannter, stark an die He 162 angelehnter, Entwurf von Oleg K. Anto-now wurde nicht gebaut.

Strahljägerprojekte der letzten Kriegsmonate

Objektschutz-Kleinstjäger Heinkel P 1077 „Julia"

Unter der Tarnbezeichnung „Julia" lief 1944 bei den Heinkel-Werken in Wien die Entwicklung eines einfachen Ob-jektschutzjägers, der im Hinterland und in Frontnähe eingesetzt werden sollte. Seine Projektnummer war P 1077. Pri-vat wird berichtet, dass der Tarnname „Julia", jener der Wiener Freundin von Ing. Benz gewesen sei. In der von Ing. Wilhelm Benz verfassten Projektbe-schreibung vom 16. November 1944 wird die Julia als „Zwischenlösung zwi-schen einer bemannten Flakrakete und einem schnellen billigen Kleinst-Jäger mit R-Antrieb" bezeichnet. Es sollten zwei bis drei Anflüge gegen einen Bom-

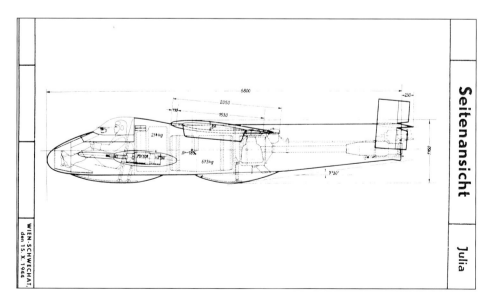

Varianten der „Julia" wurden mit Sitz- und auch Liegekanzel vorgesehen.

berverband mit höchster Geschwindigkeit möglich sein. Als Sofortlösung war Horizontalstart vorgesehen, wobei der „Senkrecht- oder Steilstart aus einer billigen und einfachen leicht transportablen Haltevorrichtung ohne Führungsschienen" für den geplanten Einsatz bei Massenangriffen ohne Flugplätze als notwendig betrachtet wurde. Einfachste Konstruktion war Voraussetzung um die Fertigung „mit bisher für den Flugzeugbau ungenutzter Baukapazität" durchzuführen. Die Julia sollte kein „reines Verbrauchsgerät" sein. Deshalb wurde wegen der „Gefahr des Beschusses der am Fallschirm hängenden Piloten durch den Gegner und aus Materialerhaltungsgründen eine Kufe vorgesehen, welche die Außenlandung im Regelfall gestattete". Die Entwurfsauslegung erlaubte es, alle Arten neuartiger Bewaffnung vorzusehen, ohne dass größere Änderungen oder Leistungsverluste eintreten würden.

Der Senkrechtstart war bis dahin bereits mehrfach im Modellversuch erprobt worden.

Projektiert waren zwei Varianten mit liegendem bzw. sitzenden Piloten. Ende November wurden in einem Anschreiben Franckes an Prof. Dr. Hertel, der damit eine Projektmappe „Julia" erhielt, einige Erklärungen gegeben. Darin hieß es: „Einige V-Muster wollen wir mit Sitz- und einige mit Liegekanzel

ausführen. Den Hauptvorteil der Liegekanzel erkennen wir darin, dass für den liegenden Piloten große Steigwinkel (über 40°) viel bequemer sind. Außerdem lässt sich der liegende Pilot bei gleicher Beschusssicherheit mit wesentlich weniger Gewicht panzern. Während der sitzende Pilot ohne Katapultsitz verhältnismäßig schlecht aussteigen kann, ist beim liegenden Führer der Ausstieg nach unten risikolos. Weitere Angaben lauten: Eine Höhenkammer bis 15 km Höhe ist für später geplant. Als Bewaffnung sind zuerst 2 x MK 108 mit je 40 Schuss vorgesehen, „März" und „Föhn" lassen sich ebenfalls einbauen. Als Triebwerk wird zuerst das normale A-Gerät benötigt, später wollen wir das Gerät 109-509 mit Marschkammer einbauen. Die Endausführung sieht 4 Starthilfen zu je 1200 kg 10 Sek. Brennzeit vor. Eine einfache Landekufe mit geringstem Gewichtsaufwand für 2,0 m/s Stoßgeschwindigkeit war projektiert. Für den Start sollte ein zusätzlicher Gleitpantoffel dienen, in dem die Maschine auf dem günstigsten Abhebewinkel montiert ist, wodurch die Gleitstrecke auf ca. 50 m zurückgeht. Funkausrüstung war nicht geplant.

Der Bericht „Bewaffnung schneller Jagdflugzeuge" vom Juli 1945 enthält einige Ergänzungen. Die Rohrbewaffnung der „Julia" sollte entweder aus zwei seitlich unten im Rumpf eingebau-

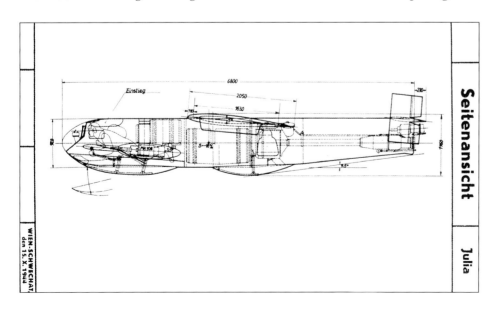

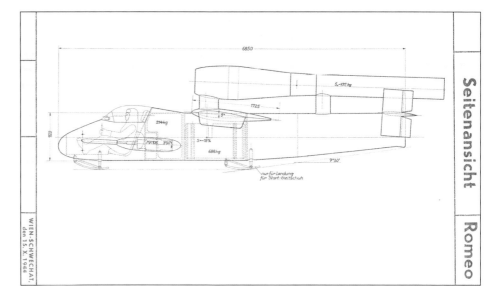

Als alternativen Antrieb für die „Julia" zog man Argus-Pulsostrahlrohre in Betracht. Diese Version erhielt die Bezeichnung „Romeo", wie die Seitenansicht vom 15. Oktober 1944 zeigt.

ten 30-mm-Kanonen MK 108 mit je 40 Schuss oder dem Gerät SG 119 bestehen. Dabei handelte es sich um eine 49-er Rohrbatterie MK 108. Sämtliche 49 Schuss wurden in etwa 0,3 Sekunden abgefeuert, so dass der Pilot weniger als eine Sekunde zielen musste. Das Gerät sollte über dem Flugzeug in genügendem Abstand auf einem Verbindungssteg montiert werden. Die aerodynamische Verkleidung wurde mittels Abbrennband vor dem Abfeuern aufgeteilt und abgeworfen. Die Auslösung der Schüsse erfolgte durch eine elektrische Schaltwalze. Das Gesamteinbaugewicht einschließlich Munition betrug 210 kg.

Bei einer zentralen Entwicklungsbesprechung am 21./22. November 1944 wurde beschlossen, wegen der Wichtigkeit des Objektschutzes die dazu laufenden Projekte in folgender Rangfolge einzuordnen: 1) Me 262 mit Zusatzraketenschub (Projekt „Heimatschützer", 2) Heinkel „Julia", 3) Messerschmitt Me 263 (Ju 248) und 4) Bachem „Natter". Die Konstruktion der Julia wurde vor Weihnachten 1944 abgeschlossen. Die Attrappe verbrannte im Dezember bei den Luftangriffen auf Wien. Am 22. Dezember 1944 empfahl die Entwicklungshauptkommission dem Chef TLR die Einstellung der Arbeiten an allen anderen Objektschutzjägern und wollte nur die Me 263 und die Entwicklung des Me 262 „Heimatschützers" weiterlaufen

lassen. Lediglich die Natter-Startversuche, die kurz bevor standen, sollten noch ausgeführt werden, aber auch hier alle Vorbereitungen für den Serienbau beendet werden. Bei Heinkel wollte man jedoch die Arbeiten an der Julia abschließen und je zwei Versuchsmuster mit und ohne Antrieb bauen und im Flug erproben. Ende Januar 1945 war der Stand der Windkanal- und Startversuche der Julia wie folgt: Ein in Wien gebautes Gesamtmodell im Maßstab 1:8 war ab 12.11.1944 Windkanal der DVL in Berlin-Adlershof und ab 5.12.1944 im Windkanal IV der AVA Göttingen vermessen worden. Die Ergebnisse der 6-Komponenten-Messungen bei allen Anstell- und Schiebewinkeln lagen vor. Ein von der Firma Schaffer in Linz gebautes Gesamtmodell in Originalgröße, war auf Stabilität und Abkippen um alle drei Achsen im 8-m-Kanal der LFA Braunschweig ab 5.1.1945 untersucht worden. In Vorbereitung befanden sich Messungen zum Abwurf der Startraketen am 1:8-Gesamtmodell im Hochgeschwindigkeitskanal der LFA Braunschweig. Bei den Wiener Metallwerken war ein Gesamtmodell der Julia im Maßstab 1:4 für Hochgeschwindigkeitsmessungen bei der DVL Berlin noch in Arbeit. In St. Pölten liefen Steilstartversuche mit modellähnlichem Schub an dynamisch der Julia ähnlichen Modellen 1:8. Drei bei Schaffer in Linz bereits fertiggestellte Original-Julias sollten ab 20. Februar bei der E-Stelle Karlshagen den Steilstart für verschiedene Raketenanordnungen erproben. Dazu erhielt die Technische Direktion in Wien am 27.1.1945 eine Mitteilung von der DVL: „Messbasis in Karlshagen geeignet. Leucht- und Nebelgeräte zur Sichtbarmachung der Flugbahn verfügbar. Beim 2. Flug bereits Bestimmung der Längsstabilität möglich. Außer Absprung des Flugzeugführers erscheint Abwurf von Trägerflugzeug möglich. Trägerflugzeug Go 242 mit Bremsschirm (von) der He 111 oder Ju 88 G geschleppt. Abwurf-Körper kann auf Trägerflugzeug aufgebaut und in senkrechtem Sturz ausgeklinkt werden. Go 242 ist beschaffbar."

Ob und welche Flug- oder Startversuche noch stattfanden ist unklar, da täglich die Planungen geändert wurden. Beispielsweise gab das Berliner Heinkel-Büro am 14.2.1945 telefonisch die

Antwort des Büro Lusser auf eine Anfrage des BB vom 10. d. M. nach Wien. Darin heißt es, dass in der letzten Besprechung zwischen Dir. Lusser und Gen.Stabsing. Lucht festgelegt wurde, dass der Stoppbefehl (Julia) von der EHK erst aufgehoben wird, wenn die neueren Untersuchungen zwischen Sonderkommission Gen.Stab und OKL/TLR durchgesprochen sind und eine Einigung über den weiter einzuschlagenden Weg erfolgt ist. Da diese Besprechung wegen der Termin- und Verkehrsschwierigkeiten bisher nicht erfolgte", wurde auf spätere Mitteilung verwiesen. Angefragt war, ob der Stoppbefehl aufgehoben und die 10 Stück erstellt werden können. Ebenfalls am 14. Februar wurde ein Schreiben des Vorsitzenden der EHK Lucht vom 5. Februar an Dir. Francke übermittelt. Darin beklagt sich dieser über die Ignorierung des Dezember-Stoppbefehls durch Heinkel und

Typenblatt des Projekts „Julia" vom 16. August 1944, das sich in einer Reihe von Punkten von der später projektierten Ausführung unterscheidet.

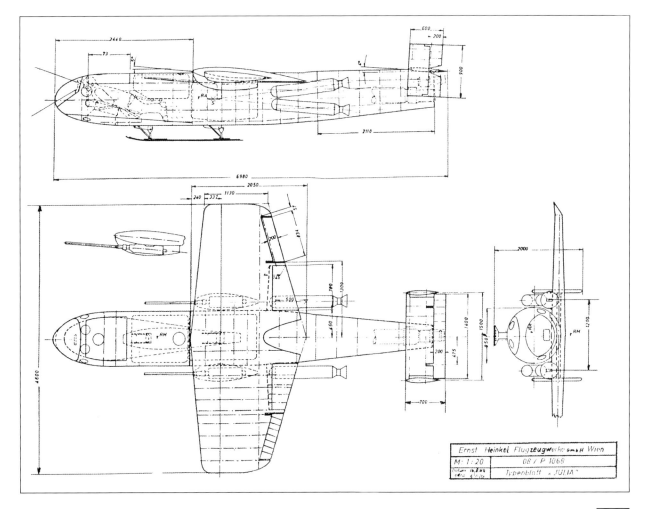

Wie dieses zwei Monate später entstandene Typenblatt der „Julia" zeigt, sind insbesondere die Landekufen und die Anbringung der Bewaffnung geändert worden.

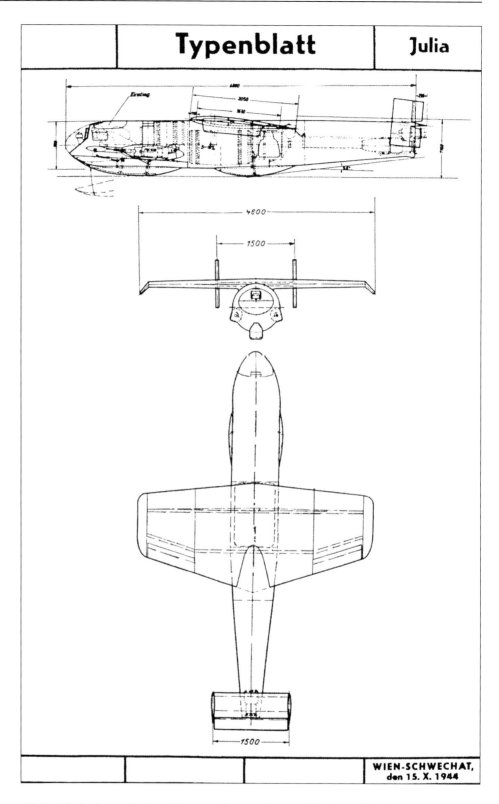

fühlt sich dadurch lächerlich gemacht. Lucht verlangte von Francke, „dass trotz inzwischen vielleicht an dem Projekt vorgenommener Verbesserungen, die Arbeit sofort eingestellt wird." Am 15. Februar teilte Carl Francke dem Wiener Betriebsdirektor Huffziger mit, dass

Generaldirektor Frydag entschieden hatte, die „Julia in der heutigen Lage nicht zu stoppen, sondern das, was jetzt läuft laufen zu lassen, damit die Leute wenigstens beschäftigt sind". Am 16. Februar wurde von der Technischen Direktion wiederholt, dass die vier Versuchsmuster (zwei mit und zwei ohne Triebwerke) wie bisher weiterlaufen sollen. Weitere Versuche, die von Francke nicht genehmigt waren, sollten unter keinen Umständen angefangen oder weitergeführt werden. Darunter fielen auch die Steilstarts. Gleichzeitig wurde erneut betont, dass Gen.Stabsing. Lucht von der EHK sein Befremden ausgedrückt habe, dass trotz Gegenbefehl an der Julia weiter gearbeitet wurde. Einen Tag später meldete dann Ing. Benz, dass Fl E (Gen. Ing. Hermann bzw. Malz) die Senkrecht-Startversuche mit den Versuchsträgern Julia haben wollten. Die Geräte waren fertig, die Versuche aber auf Anordnung EHK gestoppt. Am 21.2. gab Francke den endgültigen Stoppbefehl für Julia von Lucht an Ing. Jost in Neuhaus und Dir. Huffziger in Wien weiter, wollte aber gleichzeitig die Arbeiten „so laufen lassen, wie Arbeitskräfte dafür frei sind". Dabei werden die Tischlereien in Krems, St. Pölten und Melk genannt.

Vom 6. März 1945 stammt das Protokoll einer Besprechung am Vortag, an der neben Dir. Francke, Siegfried Günter, Ing. Butter, Prof. Dr. Schrenk und die Ing. Benz und Gerloff teilnahmen. Darin wird festgehalten: Laut Anruf von Gen. Direktor Frydag (5.3.) hat die EHK entschieden, das Julia weiterbearbeitet werden kann. Da die bei der Firma Geppert in Krems laufenden Arbeiten abge-

stoppt wurden und diese jetzt durch deren Belastung im He 162-Programm nicht mehr weitergeführt werden können, soll untersucht werden, ob Fa. Schaffer in Linz diese Arbeiten übernehmen kann und zu welchen Terminen. Deren bisheriger Auftrag lautete auf zwei Segelflugzeuge, Ausführung M-2, und zwei Motorflugzeuge, Ausführung M-4. Da auf Grund des Stoppbefehls die Vorrichtungen abgebaut sind, wird untersucht, ob es einfacher ist, die beiden Flugzeuge M-2, die schon 90 % fertiggestellt sind, zu Ende zu bauen oder alle weiteren Flugzeuge nach Muster M-4 zu bauen und davon die ersten zwei ohne Triebwerk auszurüsten und als Segelflugzeuge einzufliegen. Zu den zur Aufgabe Julia gehörenden Fragen wird dabei auch die „Durchführung von Versuch Feuerross in Waldsee" erwähnt. Die Baumusterleitung wurde Herrn Eugen Jost übertragen. Der Sitz der Baumusterleitung befand sich im Hotel „D´Orange" in Neuhaus an der Triesting. Dorthin waren auch die gesamten Julia-Arbeiten zu verlagern.

Am 27. März besuchte Roluf Lucht das Heinkel-Werk in Wien. Darüber berichtete Carl Francke: „Lucht hat Julia noch nicht genehmigt. Ich habe ihm den Fall vorgetragen und vorgeschlagen, es jetzt so laufen zu lassen. Ich befürchte, er selbst möchte von seiner Stopp-Entscheidung nicht gerne zu-

Die Bauteile der „Julia", hier ein Rumpf-Ringspant, wurden auf einfachste Weise gefertigt und montiert.

Herstellung von Teilen der „Julia" in einer Möbeltischlerei.

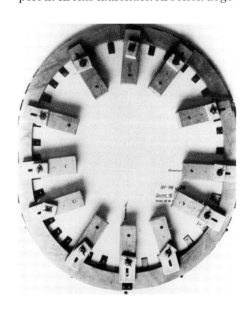

Sitz der Baumusterleitung für das Projekt „Julia" war 1945 das Hotel „D´Orange" in Neuhaus an der Triesting.

rück, weil er diese vor einem großen Auditorium gemacht hat und Angst hat, dass man ihm nachsagen könnte, die Industrie mache doch nicht, was er will. Er wollte mit Frydag Rücksprache nehmen und mir noch schriftlichen Bescheid geben." Das war vier Tage vor dem Angriff der sowjetischen Truppen auf Wien, kann also auf die Arbeiten an Julia keinen Einfluss mehr gehabt haben. Was aus den fertiggestellten oder im Bau befindlichen Mustermaschinen der Julia wurde, ist bis heute unbekannt geblieben. Es gibt einen Bericht, dass die Flugzeuge bei Schaffer in Linz von den Insassen eines Gefangenenlagers bei Kriegsende zerstört wurden.

Noch völlig unbekannt sind Aussehen und eventuell erreichter Bauzu-

stand eines weiteren Heinkel-Projektes, von dem bisher nur einige „Allgemeine Gerätelisten" (AG-Listen) und zugehörige Änderungsmittcilungen für vier Versuchsmuster aufgetaucht sind. Diese lassen auf ein Julia-ähnliches Flugzeug schließen, stammen aber aus dem Rostocker Heinkel-Werk und tragen eine Typenbezeichnung, die sich in keines der bisher bekannten Schemata einpasst. Die Maschine wird lediglich als „5035" bezeichnet. Aus den Angaben der Liste lassen sich einige Fakten entnehmen. Die 8-AG 5035 V-1 u. V-2 wurde am 24.11.1944 entworfen und beschreibt ein einfaches einsitziges Fluggerät mit primitivster Instrumentierung aus je einem Fahrtmesser, Höhenmesser und Variometer. Dazu kam als einziges Navigationsgerät ein Armbandkompaß. Der Pilot hatte einen Rückenbänderfallschirm RH 28 oder als Ausweichlösung einen normalen Rückenfallschirm. Der Pilot lag im Flugzeug und ab V-2 sollte der RH 28 mit Höhenatmer und Höhenauslöser versehen sein. Die ersten beiden Versuchsmuster hatten keine Bewaffnung und sollten zuerst auch keinerlei Antrieb bekommen. Mit Änderungsmitteilung AG 3 vom 16.1.1945 wurde vorgesehen, die Maschinen mit zwei Starthilfsraketen auszurüsten. Dafür waren wahlweise zwei 500-kp-Raketen 109-502 oder zwei 109-503 mit je 1000 kp Schub einsetzbar. Für die Landung waren zwei luftgefederte Stoßdämpfer MFO1-21 vorgesehen. Aus der AG-Liste 5035 M-3 und M-4 ist ersichtlich, dass diese V-Muster bereits mit einem Walter-Raketentriebwerk 109-509 A-1 im Rumpf und vier Startraketen Schmidding 109-533 A-1 mit je 1200 kp Schub ausgerüstet werden sollten und eine Bewaffnung von zwei 30-mm-Kanonen MK 108 mit je 40 Schuss trugen. Die beiden C- und T-Stoff-Behälter befanden sich im Rumpf des Flugzeugs.

Die Flugüberwachungsgeräte und Navigationsgeräte blieben gegenüber den ersten beiden V-Mustern unverändert, lediglich das Variometer fiel weg. Dafür waren zwei Druckmesser zur

Triebwerksüberwachung ergänzt. Als Zielgerät für die Bewaffnung war ein Reflexvisier Revi 16 B vorgesehen. Ob es sich bei diesem „Gerät 5035" um ein weiteres Notjäger-Projekt der Heinkel-Werke handelt, oder um eine bisher unbekannte Tarnbezeichnung der „Julia" muss hier offen bleiben. Auf die eventuelle Übereinstimmung mit der P 1077 deuten die Verteiler der beiden Änderungsmitteilungen, in denen einmal der Name Benz und im zweiten Fall Jost und Benz auftauchen.

Projekt eines einstrahligen Jägers Heinkel P 1078

P 1078 war die Projektbezeichnung für mindestens drei einstrahlige Jagdflugzeugentwürfe unterschiedlicher Konfiguration, die bei Heinkel bis zum Kriegsende bearbeitet wurden. Sie entstanden Ende 1944/Anfang 1945 in Konkurrenz zu den Projekten EF 128 von Junkers und P 212 von Blohm & Voß. Alle drei Tagjäger sollten ein TL-Triebwerk Heinkel-Hirth He S 011 mit 1300 kp Schub besitzen. Die drei bekannt gewordenen Varianten der Heinkel P 1078 bauten auf einigen grundsätzlichen Ausschreibungs-

bedingungen auf und versuchten, diese mit völlig unterschiedlichen Auslegungen zu erfüllen. Es sollte ein leichtes einsitziges Jagdflugzeug mit einem Triebwerk entworfen werden, das vorerst nur eine Bewaffnung aus zwei 30-mm-Kanonen MK 108 erhalten sollte, wobei deren Schussfolge auf 900 Schuss/ Minute gesteigert war. Weitere Bewaffnungsvarianten konnten für eine spätere Realisierung projektiert werden. Ein Bordradar mit Parabolantenne, damals FT-Zielspiegel genannt, war vorzusehen. Die Zeichnungsnummer des schwanzlosen Entwurfs mit einem in 25% Profiltiefe um 40 Grad rückwärtsgepfeilten Mövenflügel mit auffallend nach unten abgeknickten Außenbereichen ist bisher unbekannt. In zeitgenössischen Darstellungen findet sich die Projektbezeichnung P 1078, die in der Literatur dafür oft verwendete Bezeichnung P 1078 C ist unbelegt. Der Projektbericht Nr. 114/45 stammt vom Januar 1945. Zwei weitere Varianten P 1078 A und P 1078 B sind im September 1945 in Landsberg am Lech von der Heinkel-Projektgruppe unter Leitung Siegfried Günters für die Amerikaner erarbeitet worden. Die Bearbeiter dieses Projekts

Für fast alle Projekte bei Kriegsende war der Einbau des ersten TL-Triebwerks der zweiten Schubklasse, Heinkel-Hirth He S 011, geplant.

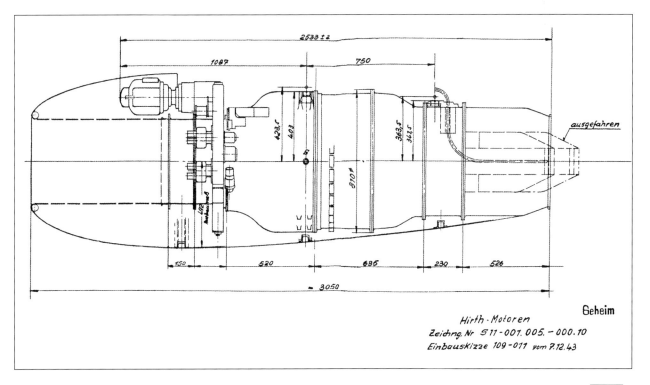

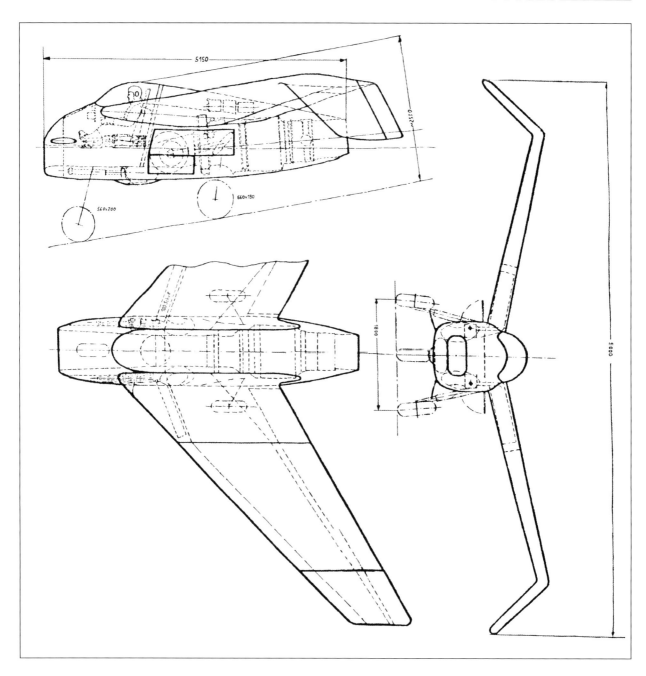

Der schwanzlose Entwurf der Heinkel P 1078 aus dem Januar 1945 nach der Originalzeichnung rekonstruiert.

waren Gerhard Eichner und Walter Hohbach. Die P 1078 A (P1078.01) hatte einen um 40 Grad rückwärts gepfeilten Flügel mit V-Stellung und nach unten abgeknickten Enden zur Verbesserung der Schieberollmomente. Das Triebwerk war unten im Rumpf montiert, darüber trug ein Ausleger mit Kreisquerschnitt das gepfeilte Normalleitwerk. P 1078 B (P1078.05) war ein Entwurf, der mit einem möglichst kleinen Verhältnis von Gesamtoberfläche zu Flügelfläche einem Nurflügelflugzeug sehr nahe kam. Die Tragfläche mit ebenfalls abgeknick-

ten Enden hatte 40° Pfeilung. Der Lufteinlauf für das Triebwerk lag in der Mitte zwischen zwei hervortretenden Rumpfspitzen. In der rechten befanden sich Bordradar, Bewaffnung und Bugfahrwerk, links die Kabine. Die projektierten Leistungen der Nurflügelversion lagen etwas über denen der Normalauslegung.

Realisiert wurde keiner dieser Entwürfe, da die Heinkel-Werke damals mit den Arbeiten an der He 162 voll ausgelastet waren. Dies trifft ebenso auf die weiteren Heinkel-Projekte von 1945 zu.

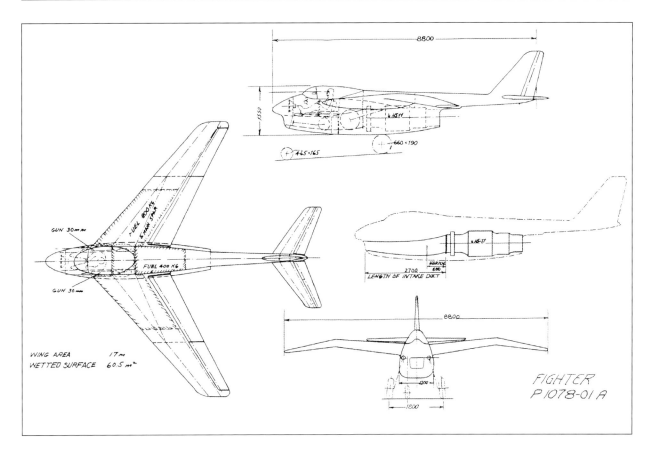

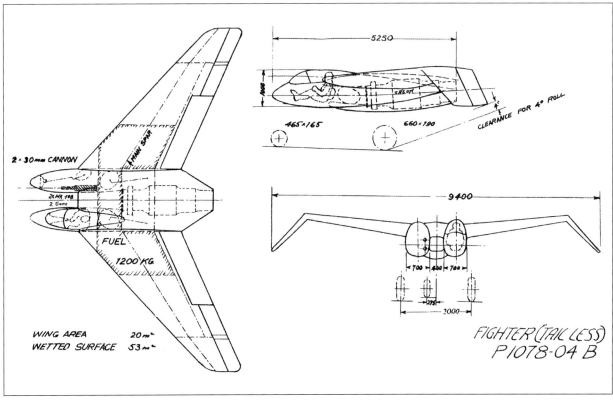

Im September 1945 stellten die Konstrukteure Eichner und Hohbach
vom Heinkel-Projektbüro in Landsberg (Lech) die Beschreibungen der
He P 1078 A und B für die Amerikaner erneut zusammen.

Auch vom Nacht- und Allwetterjäger Heinkel P 1079 wurden Varianten als Pfeil- und Nurflügler durchgerechnet und die Projektunterlagen nach dem Krieg an die Sieger übergeben.

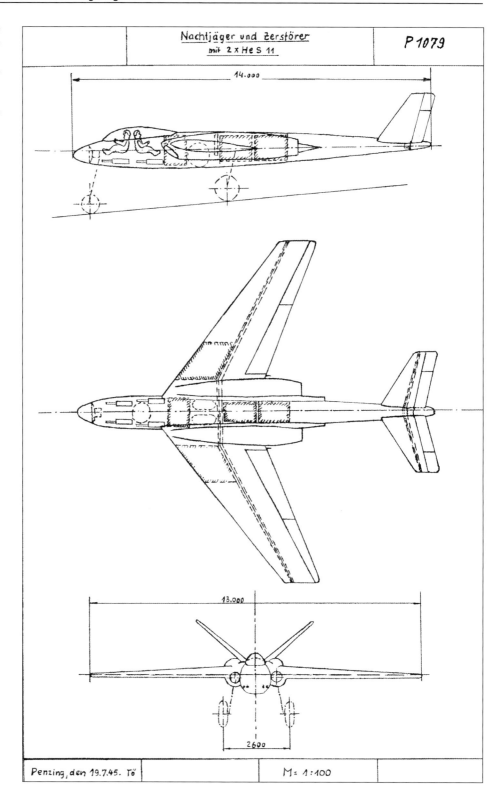

Nacht- und Schlechtwetterjagdflugzeug Heinkel P 1079

Am 27. Februar 1945 stellte der Chef der Technischen Luftrüstung die Forderungen zur Entwicklung eines Nacht- und Allwetterflugzeugs. Neben den im März 1945 von der DVL verglichenen und einheitlich bewerteten Entwürfen von Arado (I: schwanzloser Tiefdecker mit Pfeilflügel, II: normaler Hochdecker mit Pfeilflügel), Blohm & Voß P 215 (schwanzloser Mitteldecker mit Pfeilflügel), Dornier P 256/1 (normaler Tief-

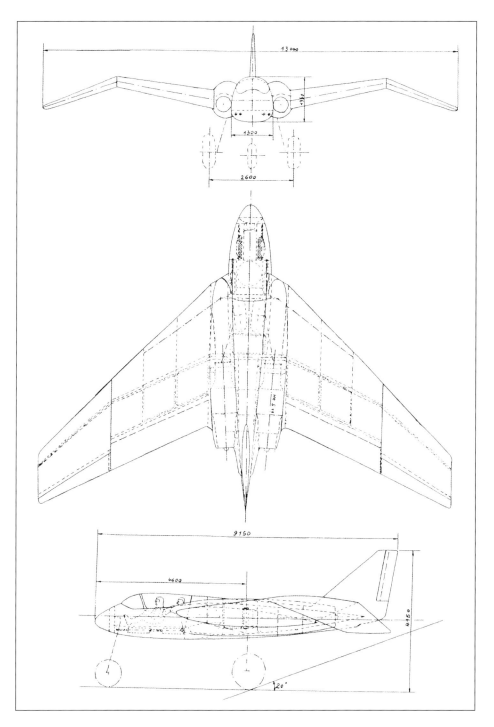

decker in Anlehnung an Do 335), Gotha P 60 C (Nurflügler mit starker Pfeilung) und den Focke-Wulf-Entwürfen II und III (normale Pfeilflügel-Mitteldecker) hatte man bei Heinkel die P 1079 projektiert. Das war ein zweimotoriger Zerstörer und Nachtjäger mit zwei He S 011 mit je 1300 kp Schub. Verschieden große und mit unterschiedlichen Pfeilwinkeln versehene Varianten wurden durchgerechnet, um die günstigste Kompro-

misslösung hinsichtlich Start, Steigen, Flugstrecke und Geschwindigkeit zu finden. Neben den beiden Triebwerken waren allen Entwürfen im Wesentlichen folgende Dinge gemeinsam. Eine Vorwärtsbewaffnung aus 4 x MK 108 und 2 MG 151/20 nach hinten gerichtet, 220 kg Panzerung, Funkanlage aus Lang- und Kurzwellenstation, Peilanlage, Blindlandeeinrichtung, Bordradar mit Parabolspiegeln nach hinten und vorn sowie

Einbauzeichnung des TL-Triebwerks He S 011, das auch in der He P 1079 verwendet werden sollte.

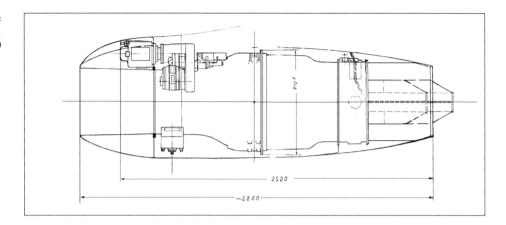

zwei Mann Besatzung. Die Grundauslegung sah gepfeilte Tragflächen mit Triebwerken in den Flügelwurzeln und ein ebenfalls gepfeiltes V-Leitwerk vor. Drei Entwürfe mit 35° Pfeilung, einer Streckung von 4,8 und jeweils 30, 35 und 45 m² großen Flügelflächen und einer mit F = 30 m², Streckung 4,0 und 45° Pfeilwinkel wurden berechnet. Dazu alternativ, ebenfalls entsprechend zur P 1078, eine schwanzlose Maschine. Bei dieser war der Flügelknick weiter als bei der P 1078 nach innen an den Querruderbeginn verschoben. Aus Schwingungsgründen und wegen der möglichst vollständigen Erhaltung des Pfeileffekts wurde eine Zentralseitenflosse eingesetzt. Sämtliche hier verwendeten Angaben stammen aus den im August 1945 für die amerikanische Besatzungsmacht erarbeiteten Unterlagen, die vom Heinkel- Projektleiter Siegfried Günter und den Bearbeitern Walter Hohbach und Gerhard Eichner unterzeichnet sind.

Jagdflugzeug mit Staustrahlantrieb Heinkel P 1080 („Lorin-Jäger")

Noch im März 1945 wurde bei TLR beschlossen, dass die Heinkel-Werke in Zusammenarbeit mit Lippisch einen Jäger mit Staustrahlantrieb (SST, sogenannte Lorin-Düse) für feste Brennstoffe entwerfen sollten. Das Heinkel-Entwurfsbüro erhielt daraufhin die Angaben zur Lorin-Düse, die von Dr. Sänger in Ainring entwickelt wurde. Auf dieser Basis entstand das zweistrahlige Projekt Heinkel P 1080. Das Projektbüro musste sich

in seinen Überlegungen an den vorliegenden Motordaten orientieren. Der Schub des SST hängt vom Verhältnis der Gaseintritts- und Austrittstemperatur ab, wobei Verbrennungstemperaturen von etwa 2500° C angesetzt wurden. Deshalb musste der heiße Teil des Strahlrohrs möglichst frei im Fahrtwind sein, um eine ausreichende Kühlung zu gewährleisten. Dann betrugen die Kühlverluste durch Wärmeübertragung und –Abstrahlung weniger als 10 % des gesamten Wärmeumsatzes. Eine entsprechende Kühlung war beim Einbau des Triebwerks im Rumpf oder in den Tragflächen nur mit hohen Zusatzwiderständen oder eben geringerer Verbrennungstemperatur und damit Leistung erreichbar. Am Stand war kein Schub vorhanden, dieser wuchs mit der zweiten Potenz der Geschwindigkeit. Das von Dr. Sänger vorgeschlagene Triebwerk hatte einen Lufteintrittsdurchmesser von 600 mm, einen größten Durchmesser von 1500 mm und eine Masse von 345 kg. Der Schub in Bodennähe betrug bei 500 km/h Geschwindigkeit 1170 kp, bei 1000 km/h 4370 kp und fiel auf Werte von 520 bzw. 1900 kp in 9000 m Höhe bei den vorgenannten Geschwindigkeiten. Beim Start mussten mit Raketen möglichst schnell optimale Steiggeschwindigkeiten erreicht werden. Da bei der Landung der Schub erneut ausfiel, sah man dafür eine Kufe und für den Start einen abwerfbaren Startwagen vor. Bei Vergleichsrechnungen mit dem Entwurf P 1078 B zeigte sich, dass die P 1080 hervorragend als Stratosphärenflugzeug geeignet war, da

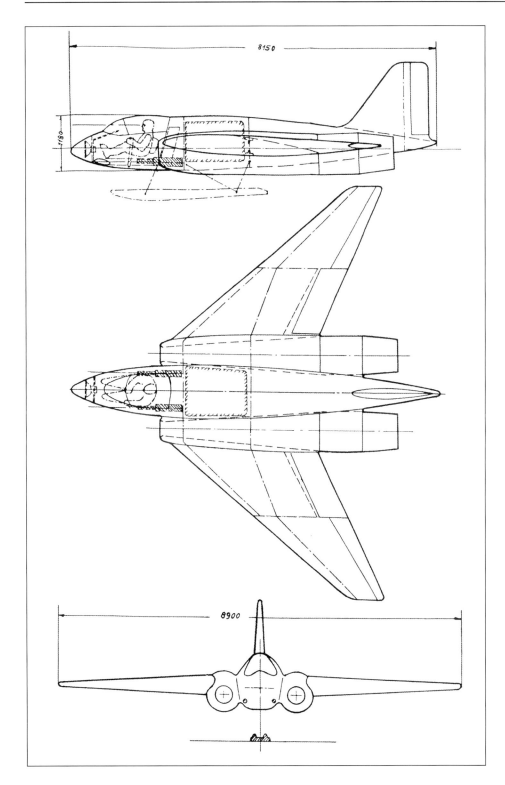

Erst im März 1945 begannen die Projektstudien für einen mit zwei Staustrahltriebwerken für feste Brennstoffe (Kohlenstaub) ausgerüsteten Jäger bei Heinkel. Siegfried Günter bearbeitete den Entwurf nach Kriegsende weiter für die Amerikaner.

sie sehr große Steiggeschwindigkeiten und Gipfelhöhen erreichen konnte. Der Entwurf wurde zweistrahlig ausgelegt, da dies bessere Sicht für den Piloten ergab. Weiterhin berechnete man für die dafür vorgesehenen kleineren Geräte mit 900 mm Durchmesser ein geringeres instabiles Moment um die Hochachse.

Zur Energieversorgung der Bordgeräte und Waffen sollte in jeder Lorin-Düse ein luftschraubengetriebener Generator von etwa 3 kW Leistung dienen.

Das ganze Projekt war erst rudimentär ausgearbeitet. Es gab noch keine Gewichtsberechnungen und Datenblätter.

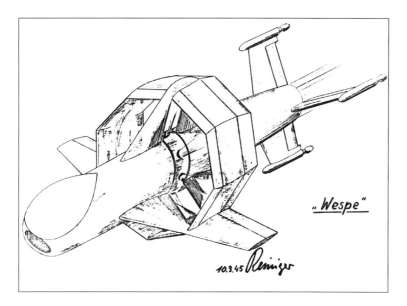

"Wespe"

10.3.45 Reiniger

Perspektivische Zeichnung des Senkrechtstarterprojekts Heinkel „Wespe" aus dem Werks-Bericht vom 8. März 1945.

Mehrseiten-Ansichtsskizze der „Wespe", rekonstruiert nach dem Originalbericht von Karl Reiniger vom März 1945.

Ringflügel-Senkrechtstarter-Projekt Heinkel „Wespe"

Am 8.3.1945 legte Karl Reiniger vom Wiener Heinkel-Projektbüro einen Bericht mit dem Titel „Vorschläge zur Geschwindigkeitssteigerung von Otto-Jägern durch Verwendung eines Luftschraubenmantelringes als Tragflügel unter Ausnutzung des Senkrechtstarts" vor. Ausgehend von der Erhöhung des Schnellflugwirkungsgrades von Luftschrauben durch Mantelringe wurde vorgeschlagen, durch die Verwendung eines solchen Rings als Tragflügel neben der erzielbaren erheblichen Oberflächen- und damit Widerstandsverringerung gleichzeitig auch Senkrechtstart und –landung zu verwirklichen. Dies ging auf Anregung von Dipl.-Ing. Hohbach zurück. Es wurden Gewichts- und Schwerpunktrechnungen für insgesamt vier Projekte ausgeführt, wobei die dabei zu Grunde gelegten aerodynamischen Annahmen noch versuchsmäßig zu bestätigen waren. An den Rechnungen war auch Gerhard Schulz beteiligt.

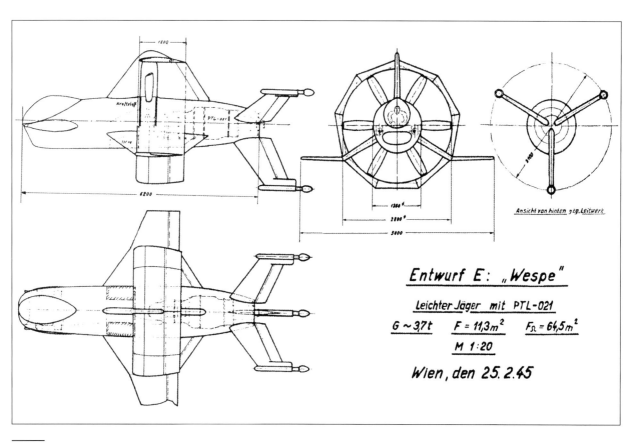

Ansicht von hinten geg. Leitwerk

Entwurf E: „Wespe"

Leichter Jäger mit PTL-021

$G \sim 3,7t$ $F = 11,3 m^2$ $F_\Omega = 64,5 m^2$

$M 1:20$

Wien, den 25. 2. 45

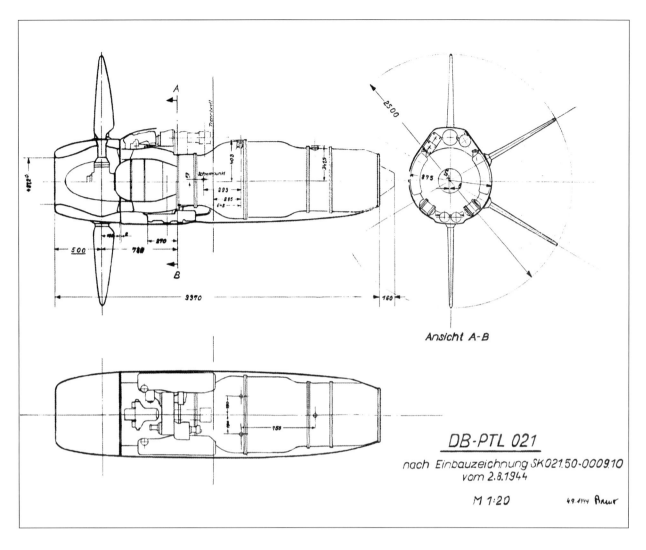

DB-PTL 021

nach Einbauzeichnung SK021.50-0009.10
vom 2.8.1944

M 1:20   4.9.1944 Braun

Ansicht A-B

Die Projekte waren:

„Lerche I" als leichter Jäger mit einem Motor DB 603 E oder DB 603 N,

„Lerche II" als Schlachtflugzeug mit zwei DB 605 D,

„Lerche III" als schwerer Jäger (Nachtjäger) mit 2 x DB 603 N und

„Wespe" als leichter Jäger mit einer Propellerturbine DB 021.

In der Zusammenfassung werden die Besonderheiten zusammengefasst. Danach konnte durch Senkrechtstart und –landung auf das normale Fahrwerk verzichtet „und außerdem die Flächenbelastung über die üblicherweise durch Start und Landung gegebenen Grenzen hinaus vergrößert werden. Dadurch ergibt sich ein kompakter Aufbau der Zelle verbunden mit kleinem Zellengewicht. Entsprechend den kleinen Leistungsgewichten (< 1,5 kg/PS)

ergeben sich durchweg außerordentlich günstige Steigleistungen und gute Höchstgeschwindigkeiten." Die Flugzeiten sollten auf 0,75 bis eine Stunde beschränkt werden. Als günstig für bessere Steig- und Höchstgeschwindigkeiten erwiesen sich zusätzliche Flügelstummel an den Ringflügeln, die in den Entwürfen „Lerche III" und „Wespe" vorgesehen waren. Die Verwendung des PTL-Triebwerks war rechnungsmäßig günstiger als die von Otto-Motoren. Zu den vorgeschlagenen nötigen weiteren Untersuchungen im Windkanal kam es nicht mehr.

Die Grundlage für das Wespe-Projekt stellten die damals vorliegenden Angaben zum in Entwicklung stehenden PTL-Antrieb DB 021, wie diese Einbauzeichnung, dar.

Anhänge

Bezeichnungen der deutschen Raketen- und Strahltriebwerke

Neubezeichnung der beim HWA in Entwicklung befindlichen Geräte

(nach: LC 8 Nr. 312/38 g.Kdos. vom 15. September 1938)

Bezeichnung (alt)	Bezeichnung (neu)	Aufgabe
R 101a	R II 101	Triebwerk für He 112 V4, Vorstudie für He 176 mit Druckförderung
R 101b	R II 101a	Triebwerk für He 112 V4, Vorstudie für He 176 mit Pumpenförderung
R 102	R II 102	Triebwerk für He 176
R 103	R0 101	Grundsätzliche Arbeiten an Hochdruck-Brennkammern
R 104	S I 002	Grundsätzliche Entwicklung für Turbopumpen
R 105	R0 102	Triebwerk für 2000 kp Schub für Fliegenden Prüfstand

Bezeichnungen der im November 1939 in Entwicklung befindlichen Sondertriebwerke

(nach: Generalluftzeugmeister LC 3 Nr. 1006/39 g. Kdos. vom 16.11.1939, betr.: Verringerung der Entwicklungsvorhaben auf dem Gebiet des Triebwerkes)

Muster	Kennzeichnung	Auslief.-Termin	Bemerkungen bzw. Einführungsreife
H. Walter, Kiel			
R I 202a	500 kp Starthilfe, mech. Ausl. für He 111	ab Dez. 1939	Serie 75 Geräte
R I 202b	500 kp Starthilfe, elektr. Ausl. f. He 111 u. Ju 88	ab Dez. 1939	Serie 50 Geräte
R I 203	1000 kp Starthilfe m. Verbrennung u. Pressluftförderung f. Ju 88	Febr. 1940	
R I 206	1000 kp Starthilfe m. Verbrennung u. Pumpenförd. f. Ju 88	Mai 1940	
R I 208	2500 kp Starth. m. Verbr. u. Pumpenförd. f. He 177	Mai 1940	
R II 201a	1000 kp Raketentriebwerk f. He 112	--	alle Arbeiten werden eingestellt
R II 203	750 kp Raketentriebwerk f. Me 163, Delta 4	--	alle Arbeiten werden eingestellt
R II 204	Raketentriebwerk f. He 176	--	alle Arbeiten werden eingestellt
R II 205	Raketentriebwerk für Me 163 (Me 209)	Nov. 1939	Triebwerk f. Zellenstudien
R II 206	300 kp Raketentriebwerk f. Me 164	Nov. 1939	Triebwerk f. Zellenstudien

Jenbacher Berg- und Hüttenwerke

R I 202b	500 kp Starthilfe m. el. Ausl. f. He 111/Ju 88	ab Dez. 1939	Serienfertigung 600 Stück

Heereswaffenamt

R I 100	1000 kp Starthilfe Alkohol/Sauerstoff	1.2.1940	
R II 101a	Raketentriebwerk Alk./Sauerstoff f. He 112	ausgeliefert	
R II 102	Raketentriebwerk Alk./Sauerstoff f. He 176	1.1.1940	

BMW

R I 701	1000 kp Starthilfe (Aurol m. Hydrazinhydrat und Methanol)	Sept. 1940	
L II 751	600 kp TL-Triebwerk f. P 1065	1.7.1940	Bau von 4 Prüfstands-geräten
L II 752	1400 kp TL-Triebwerk	Entwurf	
L II 753	ML-Triebwerk (Bramo 325), Einbau in Fw 44	1.11.1939	grundsätzliche Untersu-chungen u. Bau eines V-Musters
L II 754	ML-Triebwerk (Bramo 323), Einbau in Do 17	1.4.1940	Entw. u. Herst. v. V-Mustern
L II 755	ML-Triebwerk (Bramo 801), Einbau in Me 210	Ende 1940	Entwicklung, Modellversuche
L II 756	ZTL-Triebw. f. Zerstörer	TL-Erfahrungen abwarten	Entwurf des Triebwerks
L II 757	600 kp TL-Triebwerk (gegenläufig) f. P 1065	1.10.1940	Bau von 8 V-Mustern
L II 758	600 kp TL-Triebwerk (gleichläufig) m. 2stuf. Turbine f. P 1065	1.12.1940	Bau von 7 V-Mustern

Jumo

L II 401	600 kp TL-Triebwerk f. P 1065	1.7.1940	Entwickl. u. Bau von 8 V-Mustern
L II 402	ML-Triebwerk (Jumo 222)	Termin n. unklar	
L II 403	Luftstrahltriebwerk mit Luftschraube		alle Arbeiten werden eingest.
L III 401	Abgas-Rückstoßdüsen für Ju 88	lauf. Auslieferung	Entwicklung

Daimler-Benz

L III 601	Abgas-Rückstoßdüsen	lauf. Auslieferung	Entwicklung

EHF Rostock

L II 302	600 kp TL-Triebwerk f. He 280	1.4.1940	0-Serie von 60 Stück

Anmerkungen zu dieser Tabelle:

Hier ist eine erste Systematisierung auf dem damals sogenannten Gebiet der Sondertriebwerke erkenn-bar, wie sie von der zuständigen Abteilung im Technischen Amt des RLM eingeführt war. Alle Triebwerke trugen eine Gattungsbezeichnung aus einem Buchstaben und einer römischen Ziffer. Dabei stand der Buchstabe R für Raketenantriebe, L für Luftstrahlantriebe. Die römische Ziffer I für Starthilfen, II für Trieb-werke, III für Abgasdüsen zur Zusatzschuberzeugung. Es folgte eine dreistellige arabische Zahl, deren erste Ziffer den Hersteller identifizierte.

Folgende Hersteller sind nach dieser Liste zuzuordnen:

1 Heereswaffenamt (Peenemünde-Ost)

2 Hellmuth-Walter-Werke Kiel

3 Ernst-Heinkel-Flugzeugwerke

4 Junkers-Motorenwerke

5 fehlt

6 Daimler-Benz

7 BMW

Während die nachfolgenden beiden Ziffern nur eine fortlaufende Zählfunktion einer bestimmten Triebwerksgattung bei jedem Hersteller darzustellen scheinen, gibt es zwei Ausnahmen. Einmal die beim Heereswaffenamt verwendete Zahl 100 und die bei BMW erst bei 751 einsetzende Zählung der Luftstrahlantriebe. Weiter fallen die bei HWK und EHF fehlenden Zahlen 201 bzw. 301 auf. Diese dürften vermutlich für die vorher erprobten Versuchstriebwerke stehen, deren Erprobung erledigt war. Das wären das erste kalte Walter-Triebwerk, mit dem die Versuche in der He 72 D-EPAV geflogen wurde und das He S 3 b der He 178.

Interessant ist auch anzumerken, dass offensichtlich für die Strahljägerentwicklung bei Heinkels He 280 nur auf das L II 302, also das HeS 8 gesetzt wurde, während für den vom RLM bestellten Messerschmitt-Konkurrenzentwurf P 1065 (der späteren Me 262) vier Triebwerksmuster in Auftrag gegeben worden waren. Offensichtlich war man bei Heinkel zu dieser Zeit nicht daran interessiert, Triebwerke der anderen Hersteller zu adaptieren, sondern wollte selbst in das Geschäft einsteigen.

Die Zuordnung dieser bisher unveröffentlichten frühen Triebwerksbezeichnungen zu den in der Literatur zu findenden späteren ist schwierig. Bei den für die Messerschmitt Me 262 (P 1065) in Entwicklung stehenden Mustern ergibt sich folgende wahrscheinliche Zuordnung:

RLM-Bezeichnung Nov. 1939	Projektbezeichnung d. Herstellers	spätere RLM-Bezeichnung	Chefkonstrukteur
Junkers L II 401	T 1	109-004	Anselm Franz
BMW L II 751	P 3302	109-003	Hermann Oestrich
BMW L II 757	P 3304	109-002	Helmut Weinreich
BMW L II 758	F 9225		Kurt Löhner

Bekannte Organisationen und Untergliederungen der Holzteilfertigung für die He 162 (Holz-Baukreise)

Eine vollständige Übersicht der für die Holzteilfertigung der He 162 aufgebauten bzw. in Organisation begriffenen Fertigungsgemeinschaften existiert bisher nicht. Es wurden verschiedene holzverarbeitende Firmen und Möbelfabriken eingeschaltet, die in sogenannten Organisationen, auch als Bau- oder Fertigungskreise bezeichnet, zusammengefasst waren. Diese hatten zuerst ihre Fertigung selbständig zu organisieren, wurden dann aber den Endmontagewerken zugeordnet. wegen der immer drückender werdenden alliierten Luftüberlegenheit, des Schrumpfens des Reichsgebiets und des Zusammenbruchs der Transportverbindungen versuchte man, die Holzteilfertigung am Ende in die Nähe der Endmontagebetriebe zu verlegen bzw. dort neu aufzubauen.

Die Holzteile erhielten für den Nachrichtenaustausch Tarnbezeichnungen, die jedoch nicht immer und konsequent verwendet wurden. So war, wie von der EHAG-Normenabteilung am 7.12.1944 betont wurde, „Salamander" das Codewort für die

Tragfläche der He 162 und nicht, wie in der Literatur oft zu finden, das Flugzeug selbst. Im Januar 1945 verwendete man dann männliche Vornamen in den Berichten über die Holzbauteilfertigung, z. B. „Otto" für den Flügel, „Walter" und „Max" für Seitenflosse und -ruder, „Heini", „Karl" und „Kurt" für die Klappen von Fahrwerk, Bugrad und Waffen usw.

Folgende Holzbaukreise sind aktenkundig:

1) Organisation (Fertigungs/Baukreis) Wächter in Zeulenroda/Thüringen bzw. Neustadt/Orla
2) Organisation (Baukreis) Kalkert in der Mitteldeutsche Metallwerke GmbH in Erfurt (Mimetall), dazu gehörten die
   Firma Bähre in Springe,
   Firma Albrecht in Weitramsdorf,
   Firma Robert Hartwig in Sonneberg/Thüringen
3) Organisation (Fertigungskreis) Dr. May bzw. Fertigungskreis Süd oder Fertigungskreis Esslingen in Esslingen/Württemberg
4) Deutsche Edelmöbel-AG (Deag) bzw. Org. Müller-Strobl in Butschowitz bei Brünn/Mähren
5) Organisation Heyn bzw. Deutsche Werkstätten AG in Dresden-Hellerau, dazu gehörte anfangs die Firma Schwade in Erfurt, die später dem BK Kalkert angegliedert war.
6) Organisation Heinke (oder Hainke) in Langenöls/Schlesien
7) Mitteldeutsche Holzbau GmbH in Halle/Saale, Dir. Brandt
8) Baukreis Schaffer (Firma Franz Schaffer) in Linz mit
   Firma Josef Oberlächner in Spittal a. d. Drau und
   Firma Penz in St. Pölten
9) Baukreis Mecklenburg
10) Baukreis Brand (eventuell identisch mit BK Mecklenburg oder Mitteldeutsche Holzbau GmbH ?)
11) Tischlerhandwerk Lichtenfels (baute Seitenleitwerke und war angelaufen f. Organisation Kunze, d.h. die geplante und dann aufgegebene Fertigung im Mittelwerk)

Diese Aufstellung kann lediglich ein erster unvollständiger Versuch sein, da viele der damaligen Strukturen und Zuordnungen heute aus Mangel an Originalunterlagen noch nicht rekonstruierbar sind. Die Gothaer Waggonfabrik führte beispielsweise eine Reihe von Untersuchungen zu möglichen anderen Bauarten des He 162-Flügels durch. Ihr Verhältnis zu den aufgeführten Holzbauorganisationen ist aber unklar.

Datenblätter

Die Herkunft der in der Literatur zu findenden Daten der hier betrachteten Heinkel-
Flugzeuge und -projekte ist oft unklar und beruht teilweise auf Schätzungen oder
falschen Annahmen. Letzteres trifft insbcsondere auf die He 176 und He 178 zu. Aber
auch die „offiziellen" damaligen Datenblätter sind größtenteils Projektdaten, deren
Einhaltung vom Werk in gewissen Grenzen garantiert wurde. Zum Vergleich sind hier
einige der überlieferten technisch-taktischen Daten mit ihrer jeweiligen Herkunft
wiedergegeben.

He 176
Raketenversuchsflugzeug

Abmessungen:

Aerodynamische Fläche	m²	5,5
Spannweite	m	5,0
Länge	m	ca. 6,5

Triebwerk:

He 176 V-1:	1x HWK R II 204 mit 50 - 500 kp Schub
He 176 V-2:	1 x HWA R II 102 mit 725 kp Schub

Quellen: Schriftwechsel AVA Göttingen/EHF über Windkanalerprobung
u.a. zeitgen. Dokumente
Datum: Sommer 1938

He 280
Strahljagdeinsitzer

Abmessungen:

Aerodynamische Fläche m²		21,5
Spannweite	m	12,0
Streckung		6,7

Triebwerk:		2 x HeS 8a	2 x HeS 8a	2 x HeS 8b
		ohne	mit	mit
		Gittersteuerung		
Standschub	kp		2 x 500	2 x 600	2 x 750
Schub b. 900 km/h in 9 km Höhe	kp		2 x 200	2 x 367	2 x 432

Gewichte: (mit 3 x MG 151/20 mit je 300 Schuss):

Rüstgewicht	kg	3199	3229	3334
Munition	kg	161	161	161
Besatzung	kg	100	100	100
Abfluggewicht	kg	4330	4360	4690

Flugleistungen (bei mittlerem Gewicht und Vollgas):

Höchstgeschwindigkeit	in 0 km	km/h	730	800	880
	in 9 km	km/h	660	825	850
Flugdauer mit Vollgas	in 0 km	min	25,1	21,6	21,9
	in 9 km	min	70,8	36,0	37,9

Steiggeschwindigkeit	in 0 km	m/s	16,5	22,6	30,6
	in 5 km	m/s	8,7	19,2	26,0
	in 10 km	m/s	1,2	11,9	18,2
Dienstgipfelhöhe		km	10,5	15,4	17,0
Rollweg		m	750	620	590

Anmerkung: Sämtliche Flugzeiten gelten als Vergleichswerte ohne Berücksichtigung des Verbrauchs für Start, Steigen, Rest.
Quelle: Heinkel-Datenblatt
Datum: 19.7.42

He 280
Strahljagdeinsitzer Argus-Zusatzantrieb

Abmessungen:

Aerodynamische Fläche	m^2	21,5
Spannweite	m	12,0
Streckung		6,7

Triebwerk:		2 x HeS 8a	2 x HeS 8a
		ohne	mit
		Gittersteuerung	
und		2 x As-PST	2 x As-PST
Standschub	kp	2 x 500	2 x 600
		+ 2 x 150	+ 2 x 150
Schub b. 900 km/h in 9 km Höhe	kp	2 x 200	2 x 235
		+ 2 x 90	+ 2 x 90

Gewichte: (mit 3 x MG 151/20 mit je 300 Schuss):

Rüstgewicht	kg	3472	3472
Munition	kg	161	161
Besatzung	kg	100	100
Abfluggewicht	kg	4828	4828

Flugleistungen (bei mittlerem Gewicht und Vollgas):

Höchstgeschwindigkeit	in 0 km	km/h	860	920
	in 9 km	km/h	760	800
Flugdauer mit Vollgas	in 0 km	min	17,9	17,1
	in 9 km	min	54,0	47,7
Steiggeschwindigkeit	in 0 km	m/s	24,6	30,6
	in 5 km	m/s	12,7	16,8
	in 10 km	m/s	4,0	6,4
Dienstgipfelhöhe		km	12,0	13,0
Rollweg		m	710	620

Anmerkung: Sämtliche Flugzeiten gelten als Vergleichswerte ohne Berücksichtigung des Verbrauchs für Start, Steigen, Rest.
Quelle: Heinkel-Datenblatt
Datum: 19.7.42

He 280
Strahljagdeinsitzer mit BMW-TL

Abmessungen:

Aerodynamische Fläche	m²	21,5
Spannweite	m	12,0
Streckung		6,7

Triebwerk: 2 x BMW P 3302

Standschub	kp	2 x 680
Schub b. 800 km/h in 0 km Höhe	kp	2 x 580
in 6 km Höhe	kp	2 x 400

Gewichte: (mit 3 x MK 108 mit je 70 Schuss):

Rüstgewicht	kg	3784
Munition	kg	106
Besatzung	kg	100
Kraftstoff	kg	1030
Abfluggewicht	kg	5020

Flugleistungen:

Höchstgeschwindigkeit	in 0 km	km/h	760
	in 3 km	km/h	795
	in 6 km	km/h	815
	in 9 km	km/h	800
	in 12 km	km/h	750
Flugdauer	in 0 km	min	23,5
	in 3 km	min	29,5
	in 6 km	min	37,0
	in 9 km	min	48,0
	in 12 km	min	65,0
Steiggeschwindigkeit	in 0 km	m/s	15,9
nach Start	in 3 km	m/s	13,7
	in 6 km	m/s	10,7
	in 9 km	m/s	7,0
	in 12 km	m/s	2,4
Steigzeit	auf 3 km	min	3,4
	auf 6 km	min	7,5
	auf 9 km	min	13,5
	auf 12 km	min	25,0
Dienstgipfelhöhe		km	13,0
Rollweg		m	750

Quelle: Heinkel-D.Bl. Kurzbeschr. He 280
Datum: Dez. 1942

He 280
Strahljagdeinsitzer mit Heinkel-Hirth HeS 8-Triebwerken

Abmessungen:

Aerodynamische Fläche	m²	21,5
Spannweite	m	12,0
Länge in Fluglage	m	10,40
Höhe in Fluglage	m	2,56
Streckung		6,7

Triebwerk:

		2 x HeS 8
Standschub	kp	o. A.

Gewichte:

Leergewicht	kg	2960
Zuladung	kg	1040
Besatzung	kg	100
Kraftstoff	kg	780
Abfluggewicht	kg	4000

Flugleistungen:

Höchstgeschwindigkeit	in 0 km	km/h	720
	in 6 km	km/h	780
	in 9 km	km/h	795

Quelle: sowjet. Beuteunterlagen
Datum: o. A.

Strabo 16 to
Strahlbomber mit 4 x Jumo 004 C

Abmessungen:

Aerodynamische Fläche	m²	42,0
Spannweite	m	18,0
Seitenverhältnis		1:7,85

Triebwerk:

		4 x Jumo 004 C
Standschub	kp	4 x 1015
Schub b. 900 km/h in 6 km Höhe	kp	4 x 563
Schub b. 900 km/h in 10 km Höhe	kp	4 x 367

Gewichte:

Ausrüstung	kg	1045
Besatzung	kg	200
Summe milit. Last	kg	2745
Flugwerk	kg	4600
Triebwerk	kg	3540
Behälter (6100 Liter)	kg	615

Kraftstoff	kg	4500
Abfluggewicht	kg	16000
Landegewicht m. 500 kg Kraftstoff	kg	10500

Flugleistungen:

Höchstgeschwindigkeit	in 0 km	km/h	860
	in 6 km	km/h	860
	in 10 km	km/h	805
Flugstrecke mit Vollgas	in 0 km	km	520
	in 6 km	km	840
	in 10 km	km	1220
größte Flugstrecke m. 1,5 t Bomben		km	1400
	mit 2,0 t	km	1250
	mit 0,5 t	km	1870
in Flughöhe		km	11,5
Steigzeit	auf 6 km	min	8,0
	auf 10 km	min	18,5
Rollweg		m	1000
Dienstgipfelhöhe		km	11,0
Landegeschw. m. 500 kg Kraftstoff		km/h	165

Quelle: D.Bl. 1400
Datum: 1.2.44

P 1068
Strahlbomber

Abmessungen:

Aerodynamische Fläche	m²	60.0	60,0	43,0	45,0
Spannweite	m	19,0	19,0	16,0	16,0

Triebwerk:

		4 x HeS 11	6 x HeS 11		4 x HeS 11
Standschub	kp	4 x 1300	6 x 1300	4 x 1300	

Gewichte:

Munition	kg	100	100	100	100
Ausrüstung	kg	1075	1075	1000	1000
Besatzung	kg	200	200	200	200
Abwurflast	kg	1500	1500	1400	1400
Flugwerk	kg	7002	7092	5280	5580
Triebwerk	kg	3950	5925	3950	3950
Behälter	kg	803	708	530	530
Kraftstoff	kg	7670	6900	5500	5500
Abfluggewicht	kg	22300	23500	17960	18260
Landegewicht	kg	13900	15790	11510	11810

Flugleistungen:

Höchstgeschwindigkeit in 0 km	km/h	825	930	910	894
in 6 km	km/h	853	896	888	895
in 10 km	km/h	825	850	850	872
Flugstrecke in 0 km	km	850	550	670	630
in 6 km	km	1310	830	955	960
in 10 km	km	1910	1170	1315	1350
Steiggeschwindigkeit	m/s	20,0	33,0	28,5	28,0
Rollweg	m	1080	1200	900	1000
Dienstgipfelhöhe	km	11,1	13,2	12,7	12,5

Quelle: Flugwelt nach EHAG-Entwurfsunterlagen
Datum: Heft 3/1951

P 1073
Jagdeinsitzer mit 2 TL-Triebwerken

Abmessungen:

Aerodynamische Fläche	m^2	22,0	22,0
Spannweite	m	12,0	12,0
Seitenverhältnis		1:6,5	1:6,5

Triebwerk:

		2 x HeS 11	2 x Jumo 004 C
Standschub	kp	2 x 1300	2 x 1015
Schub b. 1000 km/h in 6 km Höhe	kp	2 x 750	2 x 580
Schub b. 1000 km/h in 11 km Höhe	kp	2 x 500	2 x 345

Gewichte:

Waffen (3 x MG 151/20)	kg	225	225
Munition (3 x 120 Schuss)	kg	90	90
Panzerung	kg	110	110
sonst. Ausrüstung	kg	205	205
Besatzung	kg	100	100
Summe milit. Last	kg	730	730
Flugwerk	kg	1850	1750
Triebwerk	kg	1800	1600
Behälter	kg	220	220
Kraftstoff	kg	1500	1500
Abfluggewicht	kg	6100	5800
Landegewicht m. 300 kg Kraftstoff	kg	4900	4600

Flugleistungen:

Höchstgeschwindigkeit	in 0 km	km/h	1000	950
	in 6 km	km/h	1010	940
	in 11 km	km/h	950	880
Flugdauer mit Vollgas	in 0 km	h	0,37	0,39
	in 6 km	h	0,59	0,56
	in 11 km	h	0,98	0,93

mit 1 t Zusatzkraftstoff	in 0 km	h	0,62	
	in 6 km	h	0,95	
	in 11 km	h	1,68	
Flugstrecke mit Vollgas	in 0 km	km	360	370
	in 6 km	km	570	570
	in 11 km	km	850	960
mit 1 t Zusatzkraftstoff	in 0 km	km	580	
	in 6 km	km	940	
	in 11 km	km	1500	
größte Flugstrecke		km	1000	1000
in Flughöhe		km	14	12
mit 1 t Zusatzkraftstoff		km	1650 in 13,7 km Höhe	
Steiggeschwindigkeit	in 0 km	m/s	35,0	31,0
	in 6 km	m/s	24,0	18,0
	in 11 km	m/s	14,0	7,0
Steigzeit	auf 6 km	min	4,3	5,0
	auf 11 km	min	10,0	14,5
Rollweg		m	600	710
Startstrecke auf	20 m	m	780	930
Landegeschw. m. 300 kg Kraftstoff		km/h	165	160

Quelle: D.Bl. 1417
Datum: 6.7.44

P 1073
Jagdeinsitzer mit BMW 003 A-1

Abmessungen:			
Aerodynamische Fläche	m²	11,0	11,16
Spannweite	m	7,0	7,2
Streckung		4,5	4,65

Triebwerk:			
		BMW 003A-1	BMW 003A-1
Standschub	kp	800	800
Schub b. 800 km/h in 11 km Höhe	kp	265	265

Gewichte:			
Waffen (2 x MG 151/20/ 2x MK 108)	kg	148	125/195
Munition (2 x 120/50 Schuss)	kg	67	57/58
Panzerung	kg	50	77
sonst. Ausrüstung	kg	145	100
Besatzung	kg	90	100
Summe milit. Last	kg	500	459/530
Flugwerk	kg	725	833
Triebwerk	kg	725	653
Behälter	kg	75	80
Kraftstoff	kg	475	475

| Abfluggewicht | kg | 2500 | 2500/2571 | |
| Landegewicht m. 20% Kraftstoff | kg | 2120 | 2120/2190 | |

Flugleistungen:

Höchstgeschwindigkeit	in 0 km	km/h	810	790
	in 6 km	km/h	860	840
	in 11 km	km/h	800	780
Flugdauer mit Vollgas	in 0 km	min	20	20
	in 6 km	min	33	33
	in 11km	min	57	
Flugstrecke mit Vollgas	in 0 km	km	270	265
	in 6 km	km	440	430
	in 11 km	km	660	
größte Flugstrecke	in 12 km	km	730	700
Steiggeschwindigkeit	in 0 km	m/s	22,0	21,5
	in 6 km	m/s	13,5	12,5
	in 11 km	m/s	4,5	3,5
Steigzeit	auf 6 km	min	6,4	6,6
	auf 11 km	min	19,5	20,0
Rollweg		m	650	650
Rollweg mit 1000 kp Zusatzschub		m	320	320
Landegeschw. m. 20% Kraftstoff		km/h	166	165
Dienstgipfelhöhe		km	12,0	

Im oben angegebenen Abfluggewicht ist der für Rollen, Warmlauf, Start und Beschleunigung nach dem Abheben notwendige Kraftstoff nicht enthalten.

| Quelle: | D.Bl. 1439 | D.Bl.1439b |
| Datum: | 8.9.44 | 23.9.44 |

He 162
Jagdeinsitzer mit BMW 003 A-1

Abmessungen:

Aerodynamische Fläche	m²	11,16
Spannweite	m	7,2
Streckung		4,65

Triebwerk:

	BMW 003A-1
Standschub	kp	800
Schub b. 800 km/h in 11 km Höhe	kp	265

Gewichte:

Leergewicht	kg	
Rüstgewicht	kg	
Waffen (2x MK 108)	kg	180
Munition (2 x 50 Schuss)	kg	58
Panzerung	kg	70

sonst. Ausrüstung	kg	100	
Besatzung	kg	100	
Summe milit. Last	kg	508	
Flugwerk	kg	839	
Triebwerk mit Behältern	kg	673	
Kraftstoff	kg	475	
Abfluggewicht	kg	2495	
Landegewicht m. 20% Kraftstoff	kg	2190	

Flugleistungen:			
Höchstgeschwindigkeit	in 0 km	km/h	790
	in 6 km	km/h	840
	in 11 km	km/h	780
Flugdauer mit Vollgas	in 0 km	min	20
	in 6 km	min	33
	in 11km	min	57
Flugstrecke mit Vollgas	in 0 km	km	265
	in 6 km	km	430
	in 11 km	km	660
größte Flugstrecke	in 11,7 km	km	700
Steiggeschwindigkeit	in 0 km	m/s	21,5
	in 6 km	m/s	12,5
	in 11 km	m/s	3,5
Steigzeit	auf 6 km	min	6,6
	auf 11 km	min	20,0
Rollweg		m	650
Rollweg mit 1000 kp Zusatzschub		m	320
Landegeschw. m. 20% Kraftstoff		km/h	165
Dienstgipfelhöhe		km	12,0

Flugleistungen mit 200 kg Zusatzkraftstoff (Abfluggewicht 2700 kg):			
Flugdauer mit Vollgas	in 0 km	min	30
	in 11 km	min	85
Flugstrecke	in 0 km	km	390
	in 11 km	km	1000
Rollweg beim Start		m	800
Rollweg mit 1000 kp Zusatzschub		m	380

Anmerkung: Im oben angegebenen Abfluggewicht ist der für Rollen, Warmlauf, Start und Beschleunigung nach dem Abheben notwendige Kraftstoff (105 kg) nicht enthalten.

Quelle: Baubeschr. 162 u. GL/C-E2 Fl.-Entw.-Blatt
Datum: 4.10.44

He 162
Jagdeinsitzer mit He S 11 und Trapezflügel

Abmessungen:

Aerodynamische Fläche	m²	11,16
Spannweite	m	7,2
Streckung		4,65

Triebwerk:

		He S 11
Standschub	kp	1100
Schub b. 800 km/h in 11 km Höhe	kp	372

Gewichte:

Waffen (2x MK 108)	kg	152
Munition (2 x 50 Schuss)	kg	58
Panzerung	kg	67
sonst. Ausrüstung	kg	93
Besatzung	kg	100
Summe milit. Last	kg	470
Flugwerk	kg	900
Triebwerk mit Behältern	kg	865
Kraftstoff *	kg	675
Abfluggewicht	kg	2910
Landegewicht m. 20% Kraftstoff	kg	2370

Flugleistungen:

Höchstgeschwindigkeit	in 0 km	km/h	850
	in 6 km	km/h	890
	in 11 km	km/h	850
	in 13 km	km/h	830
Flugdauer mit Vollgas	in 0 km	min	25
	in 6 km	min	40
	in 11km	min	66
	in 13 km	min	90
Flugstrecke mit Vollgas	in 0 km	km	350
	in 6 km	km	570
	in 11 km	km	900
	in 13 km	km	1150
größte Flugstrecke	in 14,0 km	km	1350
Steiggeschwindigkeit	in 0 km	m/s	30,5
	in 6 km	m/s	20,0
	in 11 km	m/s	9,5
Steigzeit nach Start	auf 6 km	min	4,7
	auf 11 km	min	11,7
Rollweg beim Start		m	650
Landegeschw. m. 20% Kraftstoff		km/h	169
Dienstgipfelhöhe		km	14,3

Flugleistungen mit 410 kg Zusatzkraftstoff (Abfluggewicht 3,35 t):

Flugdauer mit Vollgas	in 0 km	min	41
	in 13 km	min	145
Flugstrecke	in 0 km	km	580
	in 13 km	km	1900
Rollweg beim Start		m	870

* Zuzüglich 120 kg Kraftstoff für Abbremsen und Start
Quelle: D.Bl. 1445
Datum: 4.11.44

He 162
Jagdeinsitzer mit He S 11 und Pfeilflügel
(30° Pfeilung in der 25 % Flügeltiefe)

Abmessungen:

Spannweite	m	8,00
größte Länge	m	9,25
größte Höhe	m	2,55
Tragfläche	m²	13,6

Triebwerk:

	He S 11	
Tankinhalt	l	1530

Gewichte:

Leergewicht	kg	1900
Rüstgewicht	kg	2300
Zuladung	kg	1450
Gesamtlast	kg	1750
Fluggewicht	kg	3650

Flugleistungen:

Höchstgeschwindigkeit in 7 km Höhe	km/h	920

Quelle: Datenblatt u. Zeichnung f. d. Amerikaner
Datum: 19.7.1945

Reichenberg Re 5
Segelzweisitzer zur Windenschleppschulung für Heinkel 162

Abmessungen:

Aerodynamische Fläche	m²	8,5
Spannweite	m	7,2
Gesamtlänge	m	7,8
Gesamthöhe	m	1,7

Gewichte:

Rüstgewicht	kg	550
Fluggewicht	kg	750

Flugleistungen:

Landegeschwindigkeit	km/h	ca. 105
max. Geschwindigkeit aus 1000 m Höhe bei 450 Bahnneigung	km/h	450
Startrollstrecke	m	35
Startstrecke auf 20 m	m	110
Horizontalstrecke auf 1000 m	m	2050
Gleitwinkel	1 : 12	
Bahngeschwindigkeit dabei	km/h	160
Sinkgeschwindigkeit	m/s	3,5

Quelle:	Kurz-Baubeschreibung Segelflug GmbH Reichenberg
Datum:	6.12.1944

He 162
Jagdeinsitzer mit TLR BMW 003 R

Abmessungen:

Aerodynamische Fläche	m²	11,16
Spannweite	m	7,2
Streckung		4,65

Triebwerk:

1 x TLR BMW 003 R

Standschub	TL	kp	780
	R	kp	1250
Schub b. 800 km/h in 10 km Höhe			
	TL	kp	280
	R	kp	1395

Gewichte:

Waffen (2x MK 108)	kg	157
Munition (2 x 50 Schuss)	kg	58

Panzerung		kg	57
sonst. Ausrüstung		kg	95
Besatzung		kg	100
Summe milit. Last		kg	467
Flugwerk		kg	1000
Triebwerk mit Behältern		kg	788
Kraftstoff fürTL		kg	385
Kraftstoff für R		kg	1200
Abfluggewicht		kg	3840
Landegewicht m. 20% Kraftstoff		kg	2570
Flugleistungen:			
Höchstgeschwindigkeit	in 0 km	km/h	755
nur mit TL ohne R-Kraftstoff	in 5 km	km/h	810
	in 10 km	km/h	760
mit TLR	in 0 km	km/h	1010
	in 5 km	km/h	985
	in 10 km	km/h	965
Flugzeit vom Stand auf	0,1 km	min	0,40
	5 km	min	1,95
	10 km	min	2,78
Flugstrecke v. Stand auf	0,1 km	km	1,15
	5 km	km	19,7
	10 km	km	31,5
Gesamtvollgasflugzeit *	in 5 km	min	24,9
	in 10 km	min	43,8
Vollgasflugstrecke *	in 5 km	km	325
	in 10 km	km	550
Steiggeschwindigkeit	in 0 km	m/s	85,0
	in 5 km	m/s	105,0
	in 10 km	m/s	98,0
Rollweg beim Start		m	600
Landegeschwindigkeit		km/h	173

* Über die angegebene Flugzeit und Flugstrecke hinaus ist in 5 km noch eine taktische Kraftstoffreserve für R-Betrieb von 435 kg, und in 10 km eine Reserve für R-Betrieb von 125 kg vorhanden, die in beiden Fällen ein Weitersteigen auf 12 km mit einer mittleren Steiggeschwindigkeit von ca. 100 m/s gestattet.
Quelle: D.Bl. 1461
Datum: 12.3.45

He 162 A-1
Jagdeinsitzer mit BMW 003 E mit Zusatzeinspritzung

Abmessungen:

Aerodynamische Fläche	m²	11,16
Spannweite	m	7,2
Streckung		4,65

Triebwerk:

		1 x TL BMW 003 E	
		Normalschub	Maximalschub
			30 s *
Standschub	kp	800	920
Schub b. 800 km/h in 11 km Höhe	kp	265	332

Gewichte:

Waffen (2x MK 108)	kg	157
Munition (2 x 50 Schuss)	kg	58
Panzerung	kg	57
sonst. Ausrüstung	kg	95
Besatzung	kg	100
Summe milit. Last	kg	467
Flugwerk	kg	983
Triebwerk mit Behältern	kg	680
Kraftstoff, außer für Start	kg	675
Abfluggewicht	kg	2805
Kraftstoff für Warmlaufen u. Start	kg	102
Vorstartgewicht	kg	2907

Flugleistungen bei mittlerem Fluggewicht 2,45 t:

Höchstgeschwindigkeit	in 0 km	km/h	790	890
	in 6 km	km/h	838	905
	in 11 km	km/h	765	845
Vollgasflugdauer	in 0 km	min	30,0	28,0**
	in 6 km	min	48,0	46,0
	in 11 km	min	83,0	81,0
Flugstrecke Vollgas	in 0 km	km	390	370**
	in 6 km	km	620	595
	in 11 km	km	975	945
Steiggeschwindigkeit	in 0 km	m/s	19,2	26,5
	in 6 km	m/s	9,9	16,0
	in 11 km	m/s	1,6	5,8
Rollweg beim Start		m	850	740

** Es wird angenommen, dass während eines Flugs der erlaubte Maximalschub
für 30 Sekunden sechsmal angewandt wird.
* Die Änderungen für Schub und Kraftstoffverbrauch entsprechen Daten für das
Jumo 004 D/E, die JFM im Januar 1945 herausgab.
Quelle: D.Bl.
Datum: 15.3.45

He 162
Jagdeinsitzer mit Jumo 004 D/E mit Zusatzeinspritzung

Abmessungen:

Aerodynamische Fläche	m²	11,16
Spannweite	m	7,2
Streckung		4,65

Triebwerk:

1 xTL Jumo 004 D/E

		Normalschub	Maximalschub 30 s *
Standschub	kp	1000	1150
Schub b. 800 km/h in 11 km Höhe	kp	315	395

Gewichte:

Waffen (2x MK 108)	kg	157
Munition (2 x 50 Schuss)	kg	58
Panzerung	kg	57
sonst. Ausrüstung	kg	95
Besatzung	kg	100
Summe milit. Last	kg	467
Flugwerk	kg	983
Triebwerk mit Behältern	kg	800
Kraftstoff, außer für Start	kg	675
Abfluggewicht	kg	2925
Kraftstoff für Warmlaufen u. Start	kg	102
Vorstartgewicht	kg	3027

Flugleistungen bei mittlerem Fluggewicht 2,4 t:

Höchstgeschwindigkeit	in 0 km	km/h	885	960
	in 6 km	km/h	889	925
	in 11 km	km/h	823	865
Vollgasflugdauer	in 0 km	min	22,0	20,0
	in 6 km	min	38,0	36,0
	in 11 km	min	59,0	57,0
Flugstrecke Vollgas	in 0 km	km	320	300
	in 6 km	km	530	505
	in 11 km	km	750	720
Steiggeschwindigkeit	in 0 km	m/s	30,3	42,7
	in 6 km	m/s	15,7	25,3
	in 11 km	m/s	4,9	10,7
Rollweg beim Start		m	760	660

* Es wird angenommen, dass während eines Flugs der erlaubte Maximalschub für 30 Sekunden sechsmal angewandt wird. Die Daten für Schub und Kraftstoffverbrauch des Jumo 004 D/E wurden von JFM im Januar 1945 herausgegeben.

Quelle: EHAG-D.Bl. Nr.1462
Datum: 15.3.45

He 162 mit Argusrohr
Jagdeinsitzer mit Pulsostrahlantrieb

Abmessungen:

Aerodynamische Fläche	m²	11,16
Spannweite	m	7,2
Streckung		4,65

Triebwerk:

		2 x As 014	1 x As 044
Standschub	kp	2 x 335	1 x 500
Schub b. 700 km/h in 0 km Höhe	kp	2 x 355	1 x 530
in 6 km	kp	2 x 166	1 x 250

Gewichte:

Waffen (2x MK 108)	kg	155	
Munition (2 x 70 Schuss)	kg	80	
Panzerung	kg	170	
sonst. Ausrüstung	kg	85	
Besatzung	kg	100	
Summe milit. Last	kg	590	590
Flugwerk	kg	930	930
Triebwerk mit Behältern	kg	380	280
Kraftstoff	kg	1400	1100
Abfluggewicht	kg	3300	2900
Landegewicht mit 20 % Kraftstoff	kg	2180	2020

Flugleistungen mit halbem Kraftstoffgewicht:

Höchstgeschwindigkeit	in 0 km	km/h	810	710
	in 3 km	km/h	780	660
	in 6 km	km/h	710	590
Vollgasflugdauer	in 0 km	min	20,0	21,0
	in 3 km	min	29,0	32,0
Max. Flugdauer	in 0 km	min	40,0	45,0
Sparflug	in 3 km	min	40,0	45,0
	in 6 km	min	40,0	45,0
Flugstrecken	in 0 km	km	270	250
	in 3 km	km	350	320
	in 6 km	km	410	380
Steiggeschwindigkeit	in 0 km	m/s	18,5	12,0
	in 3 km	m/s	11,5	6,5
	in 6 km	m/s	5,0	1,5
Dienstgipfelhöhe (1 m/s Steigen)		km	8,0	6,5
Rollweg mit 1000 kp Zusatzschub		m	530	530

Quelle: Heinkel-Bericht
Datum: 30.3.45

Julia
Objektschutzjäger

Abmessungen:

Spannweite	m	4,6
größte Länge	m	6,8
größte Höhe	m	1,00
Flügelfläche	m²	7,2

Triebwerk:

	Walter 109-509 mit Marschkammer und 4 Startraketen
Schub	200 bis 1700 kp
	150 bis 300 kp (Marschkammer)
	4 x 1200 kp Startraketen

Gewichte:

Leergewicht	kg	945
Fluggewicht	kg	1795
Startgewicht mit Startraketen	kg	2275

Leistungen:

Steigzeiten snkrecht auf km	s	31(5)	52(10)	72(15)
Steigzeiten unter 45 Grad	s	44(5)	74(10)	102(15)

Horizontalflug nach senkrechtem Steigen:
mit Marschkammer:

Flugzeit bei 800 km/h in km Höhe	min	4,85(5)	5,0(10)	3,2(15)
Flugzeit bei 900 km/h in km Höhe	min	-	3,1(10)	2,2(15)
Flugstrecke bei 800 km/h	km	64,5(5)	66,5(10)	45(15)
Flugstrecke bei 900 km/h	km		46,5(10)	32,5(15)

mit Normalbrennkammer:

Flugzeit bei 800 km/h	min	3,75(5)	3,8(10)	-
Flugzeit bei 900 km/h	min	3,1(5)	2,6(10)	1,75(15)
Flugstrecke bei 900 km/h	km	46(5)	38,5(10)	26(15)

Landegeschwindigkeit	km/h	160

Quelle:	Leistungsblatt Julia
Datum:	14.11.44

P 1078
Jagdeinsitzer mit Strahltriebwerk HeS 11

		P 1078	P 1078A	P 1078B
Abmessungen:				
Aerodynamische Fläche (40° gepfeilt)	m²	17,8	16,85	20,3
Spannweite	m	9,0	8,8	9,4

Streckung	–	4,55	4,6	4,35
Länge	m	6,10		
Höhe	m	2,35		

Triebwerk:
1 x HeS 11

Standschub	kp	1300	1300	1300
Schub in 0 km bei 900 km/h	kp	1035	1035	1035
Schub in 11 km bei 900 km/h	kp	445	445	445

Gewichte:

2 x 30-mm-Kanonen	kg	180	180	
Munition	kg	116	85	85
Panzerung	kg	100	100	
Ausrüstung	kg	135	135	
Reserve	kg	100	100	
Besatzung	kg	100	100	100
Militärische Last gesamt	kg	700	700	
Flugwerk	kg	990	1250	1100
Triebwerk mit Behälter	kg	1000	900	900
Kraftstoff	kg	1200	1200	1200
Abfluggewicht	kg	3920	4050	3900
Landegewicht (20% Betriebsstoffe)	kg	3120	3090	2940
Rüstgewicht	kg	2454		

Flugleistungen bei mittlerem Gewicht:

Höchstgeschwindigkeit	in 0 km	km/h	1025	980	1025
	in 6 km	km/h	1050 (7 km)	955	975
	in 11 km	km/h		890	910
Flugstrecke (Vollgas)	in 0 km	km		580	580
	in 6 km	km		930	940
	in 11 km	km		1500	1550
Flugdauer (Vollgas)	in 0 km	h		0,6	0,6
	in 6 km	h		1,0	1,0
	in 11 km	h		1,75	1,75
Steigzeit nach Start auf	6 km	min		5,8	4,9
	11 km	min		16,1	12,6
Steiggeschwindigkeit	in 0 km	m/s	29,8	26,3	29,8
	in 6 km	m/s		16,8	19,8
	in 11 km	m/s		6,7	9,5
Dienstgipfelhöhe (1 m/s Steigen)		km		12,9	13,7
Startrollweg		m	700	790	730
mit Startraketen (1000 kp Schub)		m		390	360
Landegeschwindigkeit		km/h	182	160	155
Landerollstrecke		m	640		

Quelle:	Jägernotprogramm T/l Rpt. A-471	D.Bl.1502	D.Bl.1502	
Datum:	28.2.45/24.7.45	11.9.45	11.9.45	

P 1079
Zerstörer und Nachtjäger mit 2 x HeS 11

		P 1079	P 1079 B
Abmessungen:			
Aerodynamische Fläche (35° gepfeilt)	m²	35,0	41,5
Spannweite	m	13,0	13,0
Streckung	_	4,83	
Länge	m	14,0	9,15
Höhe	m	3,90	4,15
Triebwerk:			
2 x HeS 11			
Standschub	kp	2 x 1300	2 x 1300
Schub in 0 km bei 900 km/h	kp	2 x 1035	2 x 1035
Schub in 11 km bei 900 km/h	kp	2 x 445	2 x 445
Gewichte:			
4 x 30-mm- u. 2 x 20-mm-Kanonen	kg	530	530
Munition	kg	300	300
Panzerung	kg	220	
Ausrüstung	kg	850	
Besatzung	kg	200	200
Militärische Last gesamt	kg	2100	
Flugwerk	kg	2740	
Triebwerk mit Behälter	kg	2010	
Kraftstoff	kg	3150	3450
Abfluggewicht	kg	10000	
Flugleistungen bei 8500 kg Gewicht:			
Höchstgeschwindigkeit in 0 km	km/h	950	1015
in 6 km	km/h	940	
in 11 km	km/h	880	910
Flugstrecke (Vollgas) in 0 km	km	750	850
in 6 km	km	1200	
in 11 km	km	1900	2160
Flugdauer (Vollgas) in 0 km	h	0,8	
in 6 km	h	1,3	
in 11 km	h	2,25	
Steigzeit nach Start auf 6 km	min	8,0	
11 km	min	25,0	
Steiggeschwindigkeit in 0 km	m/s	20,7	
in 6 km	m/s	12,2	
in 11 km	m/s	3,4	

Dienstgipfelhöhe	km	12,3
Rollweg	m	1300
Rollweg mit Startraketen (2000 kp)	m	700
Startstrecke auf 20 m Höhe	m	1710
Landegeschwindigkeit	km/h	172

Quelle:	D.Bl.1500
Datum:	1.8.45

P 1080
Jagdeinsitzer mit 2 x Sänger SST

		P 1080
Abmessungen:		
Aerodynamische Fläche	m²	20,0
Spannweite	m	8,9
Länge	m	8,15
Triebwerk:		
1 x Sänger SST		
Standschub	kp	2 x 0
Schub in 0 km bei 900 km/h	kp	
Schub in 11 km bei 900 km/h	kp	
Gewichte:		
2 x 30-mm-Kanonen	kg	180
Munition	kg	85
Besatzung	kg	100
Kraftstoff	kg	1000

Quelle:	Zeichnung P1080.01
Datum:	

Heinkel „Wespe"
Ringflügel-Senkrechtstart-Jagdeinsitzer

Besatzung:	1 Mann	
Bewaffnung	2 x 30-mm-MK MK 108	
	(2 x 40 Schuss)	
Abmessungen:		
Tragfläche	m²	11,3
Spannweite	m	5,0
Rumpfdurchmesser	m	1,25
Rumpflänge	m	6,2
Ringdurchmesser	m	2,8
Ringtiefe	m	1,2

Triebwerk:

1 x PTL DB 021 mit 2000 PS Schraubenleistung

Kraftstoff:	550 kg im Rumpf und 450 kg im Ringflügel	
Gewichte:		
Flugwerk	kg	1010
Triebwerk	kg	1200
Ausrüstung	kg	310
Rüstgewicht	kg	2520
Zuladung	kg	1170
Startgewicht	kg	3690

Flugleistungen:			
Höchstgeschwindigkeit	in 0 km Höhe	km/h	850
Höchstgeschwindigkeit	in 8 km Höhe	km/h	860
Steiggeschwindigkeit	in 0 m Höhe	m/s	50
Steiggeschwindigkeit	in 8 km Höhe	m/s	24
Landegeschwindigkeit		km/h	ca. 193

Quelle:	Datenblatt „Wespe" in Bericht Reiniger
Datum:	8.3.1945

Bekannte Mustermaschinen He 162

Muster	W.Nr.	SKZ	Bauausf.	Auslief.	Erstflug	Absturz/Bruch	Anmerkungen
M-1	200001		MK 108	2.12.44	6.12.44	10.12.44 (Peter+)	1. V-Muster
M-2	200002		MK 108	7.12.44	22.12.44		Waffenerprobung
M-3	200003		MK 108	20.12.44	16.1.45	25.2.45 (Full+)	Flugeigenschaften (vergr. HLW),
M-4	200004		MK 108	29.12.44	16.1.45	8.2.45 (40%)	1. Masch. m. verst. Fläche, Störl.,
M-5	200005		-	22.12.44	-		Bruchrumpf, Vers. ab 24.12.44
M-6	200006	VI+IF	MK 108	17.1.45	23.1.45	4.2.45 (Wedemeyer+)	Flugeigenschafterpr.,
M-7	200007	VI+IG	MG 151	24.1.45	02.45		Heckbremsschirm
M-8	200008		MK 108	29.1.45	02.45	12.3.45 (100%)	leichteres Fahrw.,
M-9	200009		MK 108				2-s. Musterfl. (Prot.18.2.45)
M-10	200010		MK 108				2-s. Musterfl. (Prot.18.2.45)
M-11	220017		A-2				Musterfl. Jumo 004 gepl.(9.12.44)
M-12	220018		A-2				Musterfl. Jumo 004 gepl.(9.12.44)
M-14							Musterfl. He S 11 gepl.(9.12.44)
M-15							Musterfl. He S 11 gepl.(9.12.44)
M-16	220019		A-2				2-s. Musterfl. gepl. (9.12.44)
M-17	220020		A-2				2-s. Musterfl. gepl. (9.12.44)
M-18	220001		A-2/A-01	10.1.45	24.1.45		Störleiste
M-19	220002		A-2/A-02	16.1.45	28.1.45	14.3.45 (Uffz. Daus+)	20° HLW,
M-20	220003		A-2/A-03	18.1.45	9.2.45?		Stab.-ausschnitt Landekl.
M-21	220004		A-2	21.1.45	02.45	7.3.45 (20%)	
M-22	220005		A-2	24.1.45	2.3.45		Vers.tr. Stab. Querachse
M-23	220006	VI+IP	A-2	25.1.45			
M-24	220007		A-2	27.1.45			
M-25	220008		A-2	28.1.45	02.45	2.3.45 (60%)	1. verl. Rumpf, später Bruch-vers.
M-26	220009		A-2	30.1.45			2. verl. Rumpf
M-27	220010		A-2	30.1.45			
M-28	220011		A-2	1.2.45			
M-29	220012		A-2	1.2.45			
M-30	220013		A-2				EZ 42 „Adler"
M-31	220014		A-2				ausgefallen (Prot.18.2.45)
M-32					16.3.45		Stabilitätsmessungen (WB 11.3.45)
M-35	220023		A-2	4.3.45?			
M-36	220024		A-2	4.3.45?			
M-37	220025		A-2	4.3.45?			
M-41							3. verl. Rumpf

Quellenangaben

Bei der Ausarbeitung dieses Manuskripts wurde versucht, weitestgehend nur auf zeitgenössische Originalquellen, Erinnerungen damals Beteiligter u. ä. Basismaterial zurückzugreifen. Nachkriegsveröffentlichungen sind nur dann verwendet worden, wenn sie entsprechendes Originalmaterial erkennbar, beispielsweise als Faksimilenachdruck oder Zitat, enthalten. Eine genaue Auflistung aller verwendeten Dokumente in Form von Fußnoten o. ä. würde den vorhandenen Platz überschreiten, deshalb wird darauf verzichtet.

Eine Hauptquelle war das ehemalige Heinkel-Archiv in Stuttgart, dessen Grundbestand von den amerikanischen Truppen erbeutete Unterlagen waren, die nach Verfilmung und Auswertung etwa dreißig Jahre nach Kriegsende zurückgegeben wurden. Da nicht alles Material seinen Weg hierher fand, ist auch teilweise auf die in den USA erhältlichen Filme zurückgegriffen worden. Der Bestand des Heinkel-Archivs ist heute fast vollständig in der Sondersammlung des Deutschen Museums München archiviert.

Einzelne Dokumente sind aus Privatbesitz oder den Sammlungen und Archiven von Korrespondenzpartnern beigesteuert worden. Einige wichtige, teilweise nicht in den als Hauptquellen genannten Archiven gefundene, Quellen werden zusätzlich nach den Kapiteln geordnet, aufgeführt.

Benutzte Archive:

A
Heinkel-Archiv Stuttgart
Bestände geordnet nach Flugzeugtypen, Triebwerksentwicklung und Personen

B
Sondersammlungen und Archive Deutsches Museum München
Die aus dem Heinkel-Archiv Stuttgart übernommenen Akten sind als Firmenarchiv (FA) unter der Signatur FA 001/xxxx erfasst.

C
National Air and Space Museum, Smithsonian Institution, Washington D.C.
German Captured Air Technical Documents Microfilms
Captured German Documents (World War II), Fort Eustics Library (FE), FE 692 c, FE 720, FE 724b, c, FE 746

D
The National Archives, Washington D.C.
Microfilms, Records of the Reich Air Ministry, Bestand T-177
Records of the Headquarters of the German Air Force High Command, Bestand T-321

E
Archiv der Deutschen Forschungsanstalt für Luft- und Raumfahrt e.V., Göttingen

Verwendete Literatur (Auszug):

Bentele, Max, Engine Revolutions: The Autobiography of Max Bentele, Society of Automotive Engineers, Warrendale PA 1991

Conner, Margaret, Hans von Ohain: Elegance in Flight, AIAA, Reston VA 2001

Heinkel, Ernst, Stürmisches Leben, ed.: Jürgen Thorwald, Ernst Gerdes Verlag, Preetz 1963

Neufeld, Michael J., The Rocket and the Reich, The Free Press, New York u.a. 1995

(deutsch: Die Rakete und das Reich, Henschel Verlag, Berlin 1999)

Stüwe, Botho, Peenemünde-West, Bechtle, Esslingen/München 1995

Herbert Wagner, Dokumentation zu Leben und Werk, DGLR, o.J.

Weitere Quellen (Auszüge) geordnet nach den Kapiteln:

Kapitel 3:

- Forschungsbericht Nr. 1078, W. Ahlborn, Flugmessungen an einem Stück des Flugzeugmusters FW 56 mit Walter-Rückstoßgerät, DVL 1939
- Antz, Gegenwärtiger Stand und künftige Entwicklungsarbeit auf dem Gebiete des Schnellfluges mit Strahltriebwerk, 14.10.1938
- AVA Göttingen, Bericht 38/31 vom 22.11.1938, Auftrag E 106, Untersuchungen an einem Heinkel-Modell „He-Kü"
- Korrespondenz zwischen den Ernst Heinkel Flugzeugwerken und der AVA Göttingen über die Messungen „He-Kü", Archiv DFLR, Abt. Bibliotheks- und Informationswesen, Göttingen
- Wernher von Braun papers, U.S. Space and Rocket Center, Huntsville AL, file 422-1 (Hertel files)
- Gespräch mit Flugkapitän i.R. Kurt Heinrich am 16.6.1992
- H. Hertel, Erinnerungen an die Arbeiten zur Anwendung von Flüssigkeitsraketen im Flugzeugbau und an die Entwicklungen mit Wernher von Braun, DGLR-Mitt. Heft 1/2, 1970
- E. Kruska, Das Walter-Verfahren, ein Verfahren zur Gewinnung von Antriebsenergie, Z. VDI, Bd. 97 (1955), Nr. 3 ff.
- W. Künzel, Manuskript eines Vortragsentwurfs für die Deutsche Raketengesellschaft, n. veröffentlicht, ohne Datum (1963)
- Briefwechsel mit Dipl.-Ing. Max Mayer, Auszüge aus dessen Tagebuch von 1939
- U. Pauls, Was geschah in Peenemünde West?, Manuskript, September 1977
- H. Regner, Die He 176, das erste Raketenflugzeug der Welt, Flugwelt 9/1953
- Niederschrift der Besprechung zw. Ing. Riedel, HWA, und Dipl.-Ing. Tschirschwitz, DVL, am 8. Juni 1936 in Kummersdorf
- W.H.J. Riedel, Raketenentwicklung mit flüssigen Treibstoffen von den Anfängen mit Max Valier bis zur Fernrakete A 4 (V 2), Westcott, Juli 1950
- IWM Duxford, Report H.E.C. 230/3 „Summarising report about the progress of development of the propulsion units R II 203" (Übersetzung des HWK-Versuchsberichts L 64 vom 1.2.1943)
- Halstead Exploiting Centre, BIOS/Gr.2 HEC 10670, Information on Walter Rocket Propulsion Units developed from 1936 to 1945 by F/Lt. A.B.P. Becton
- E. Warsitz, Vortrag zur Pressekonferenz am 15. September 1959 in Speyer, Manuskript

Kapitel 4:

- M. Bentele, Das Heinkel-Hirth Turbostrahltriebwerk He S 011 -Vorgänger, charakteristische Merkmale, Erkenntnisse-, Manuskript eines Vortrags auf dem DGLR-Symposium „50 Jahre Turbostrahlflug" am 26./27.10.1989 in München
- CIOS-Report 23-14, Turbine engine activity at Ernst Heinkel Aktiengesellschaft, May 1945
- CIOS-Report 21-5, Heinkel-Hirth gas turbine engine, London 1945
- A. Franz, Turbinen-Luftstrahltriebwerk, Stand der Entwicklung bei Übernahme durch MSD im Juli 1939, Dessau 5.8.1939
- H. Jacobs, Die Diagonalstufe im Strahltriebwerk, unveröff. Manuskript, o. D.
- K. Matthaes, Aufzeichnungen über seine Tätigkeit bei den Ernst Heinkel Flugzeugwerken und Korrespondenz zum Thema TL-Entwicklung, unveröffentlicht
- H. Meschkat, Das erste Düsenflugzeug der Welt, Manuskript vom 8.10.1951
- Navy Department, Bureau of Aeronautics, Ernst Heinkel Jet Engines, Übersetzung aus dem Deutschen, Juni 1946
- Korrespondenz Hans von Ohain mit W. Gundermann, K. E. Heinkel, S. Günter u. a. (aus dem Familienarchiv Ohain)
- H. J. Pabst v. Ohain, Besonderheiten der Strahltriebwerke radialer Bauart, Vortrag gehalten auf der Arbeitstagung der Luftfahrt-Akademie über Strahltriebwerke am 31.1.1941
- Hans von Ohain, An account of the development of the von Ohain turbo-jet engine in Germany, Mitschrift

eines Interviews durch Prof. J.J. Ermenc auf der Wright-Patterson AFB am 29.10.1964
- Hans von Ohain, Turbo-Strahltriebwerke, ihre Anfänge und Zukunftsmöglichkeiten, Vortragsmanuskript für das DGLR-Symposium „50 Jahre Turbostrahlflug" am 26./27.10.1989 in München
- Headquarters USAAFE, Technical Intelligence Rept. no. I-18 vom 14.5.1945, Verhör der Herren v. Ohain und Hartenstein von Heinkel-Hirth und Seidel von BMW in Kolbermoor
- Hans von Ohain, Übersicht über die Entwicklung des Gerätes 109-011, Kolbermoor, den 16. Juli 1945
- S. T. Robinson, Befragung von Dipl.-Ing. Helmut Schelp, o.D. (1945)

Kapitel 5:
- EHF, Erprobung He 280 V 1, Allgemeine Übersicht 22.9.40 bis 13.1.43
- Protokolle Entwicklungsbesprechungen bei GFM Milch
- A.I.2 (g)-Report No. 2214 vom 21.12.1943, German jet-propelled fighter aircraft
- Deutsche Luftfahrtforschung, Untersuchungen und Mitteilungen Nr. 3530/1 und 3530/2, H. Runkel, Messungen mit dem Flugzeug He 280 V7, Ainring Oktober 1944
- USSAFE TI No. 1-61, 24.6.1945, Verhör Dipl.-Ing. Wilhelm Mohr, Testpilot und Flugversuchsingenieur DFS Ainring zur He 280 V7
- Auszüge aus einer detaillierten sowjetischen technischen Beschreibung der He 280
- F. Schäfer, Flugerprobung des Heinkel Strahljägers He 280 im Jahre 1941, Vortrag auf dem 1. Symposium der Einrichtung für Flugversuchspersonal, Oberpfaffenhofen 21.-23.9.1971
- Ministry of Supply, Translation No. GDC 18/59T, 162 mit Argusrohr, Heinkelbericht vom 30.3.1945
- Interpretation Report No. L.29, The Volksjäger (162) jet-propelled fighter, 5.4.1945
- A.I.2(g) Report No. 2335 v. 21.4.45, He 162, Ta 152 H and Fw 190 D-9 single seat fighters
- No. 1 Field Intelligence Unit (Austria) Report No. 53 vom 8.5.45, Schwechat airfield
- Junkers Flugzeug- und Motorenwerke AG, Zweigwerk Bernburg, Fragenkatalog Mil.-Reg., Major Peck v. 9.5.45, Antwort vom 11.5.1945
- Air Technical Intelligence Aircraft Report A-686 vom 11.5.45, He 162 A-1 Volksjäger Jet Propelled Fighter
- K. Heinrich, Antwortprotokolle zur Befragung durch die sowjetische Beutekommission, Rostock Sommer 1945
- Aussagen von Oberst E. Petersen zur He 162, APWIU Report APO 149 vom 14.6.1945
- A.D.I(g) Report No. 340/1945 vom 26.6.1945, Arguments for and against the Volksjäger
- CIOS Evaluation Report No. 149, Junkers Aircraft Targets, London 1946 (Ausschnitte)
- CIOS Evaluation Report No. 166a vom 7.7.1945, Jet-fighter Heinkel 162 (Volksjäger), Aussagen E. Heinkel und K. Frydag
- A.P./W.I.U. Report No. 87/1945, The story of the 8-162, Befragung von Oberst Knemeyer
- Interim Report No. F-IM-1113A-ND vom 14.5.1946, German Jet-Fighter Heinkel 162
- K. Reiniger, Vorschläge zur Geschwindigkeitssteigerung von Otto-Jägern durch Verwendung eines Luftschraubenringes als Tragflügel unter Ausnutzung des Senkrechtstarts, Wien 8.3.1945
- J. Schötz, Bewaffnung schneller Jagdflugzeuge, Unterlüss 27.7.1945, Bericht für das British Air Ministry
- Flugbücher Borstorff, Büttner, Gleuwitz, Kirchner, Kröger, Osterwald, Pancherz, Peter, Riehl, Schäfer, Schierge, Schlarb, Schmidt, Schmitt, Steckhan, Wollenweber